날개 달린 형제, 꼬리 달린 친구

Ich spürte die Seele der Tiere

© 1997 Franckh-Kosmos Verlags-Cmbh & Co. KG, Stutgart
Original title: Solisti/Tobias, Ich spürte die Seele der Tiere
Translation is based on English edition by the title: Kinship with Animals, updated edition, published by Council Oak Books,
www.counciloakbooks.com
All rights reserved.

KOREAN language edition © 2009 ByBooks

KOREAN translation right arranged with Franckh-Kosmos Verlags-GmbH & Co. KG, Stuttgart, Germany and Council Oak
Books c/o Sylvia Hayse Literary Agency, USA through EntersJorea Co., Ltd., Seuol, Korea

날개 달린 형제,
꼬리 달린 친구

초판 1쇄 발행 _ 2009년 8월 17일
개정판 1쇄 발행 _ 2021년 2월 15일

원제 _ Ich spürte die Seele der Tiere

지은이 _ 제인 구달 외
옮긴이 _ 채수문

펴낸곳 _ 바이북스
펴낸이 _ 윤옥초
편집팀 _ 김태윤
디자인팀 _ 이민영

ISBN _ 979-11-5877-228-4 03490

등록 _ 2005. 7. 12 | 제 313-2005-000148호

서울시 영등포구 선유로49길 23 아이에스비즈타워2차 1005호
편집 02)333-0812 | 마케팅 02)333-9918 | 팩스 02)333-9960
이메일 postmaster@bybooks.co.kr
홈페이지 www.bybooks.co.kr

책값은 뒤표지에 있습니다.

책으로 아름다운 세상을 만듭니다. ― 바이북스

미래를 함께 꿈꿀 작가님의 참신한 아이디어나 원고를 기다립니다.
이메일로 접수한 원고는 검토 후 연락드리겠습니다.

인간과 동물 사이,
그 사랑과 우정의
커뮤니케이션

제인 구달 외 지음
채수문 옮김 | 최재천 감수

날개 달린 형제,
꼬리 달린 친구

바이북스
ByBooks

날개 달린 형제, 꼬리 달린 친구

일본 쿄토대학의 영장류연구소에는 이 세상에서 컴퓨터를 가장 잘 다루는 침팬지 모자가 산다. 원래는 아이Ai라는 이름의 암컷 침팬지가 컴퓨터상에서 문제를 푸는 데 기록보유자였는데 2000년에 태어난 그의 아들 아유무Ayumu가 어느 순간부터는 더 빠른 속도로 문제를 풀어내기 시작했다. 이 모자가 문제를 푸는 속도는 말할 나위도 없이 기가 막힐 일이지만 인간이 아닌 다른 동물이 그런 문제를 풀어낼 수 있다는 사실 자체도 많은 사람들에게는 믿기 어려운 일일 것이다.

침팬지의 뇌는 이처럼 다분히 기계적으로 문제를 풀어내는 데 필요한 지능뿐 아니라 창피함과 자존심 등 마치 인간만이 가질 수 있을 법한 감정도 다듬어낸다. 아이는 문제를 풀 때 거의 틀리는 법이 없지만 아주 가끔 틀릴 때면 곧바로 주변을 살피는 행동을 보인다. 자기가 실수한 장면을 목격한 사람이 아무도 없다고 생각되면 그냥 계속 문제를 풀지만, 만일 누구라도 자신의 실수를 지켜보았다는 걸 알면 손바닥으로 유리벽을 후려치거나 주변에 있는 물건들을 닥치는 대로 집어던지곤 한다.

그런 성깔 있는 아이가 참으로 신기하게 내가 방문하면 거의 예외 없이 내 쪽으로 다가와 유리에 입술을 댄다. 그저 일 년에 한 번이나 볼까 말까 한 우리 둘이 만날 때마다 번번이 이처럼 진한 키스를 나누는 걸 보며 그곳의 연구소장이자 세계적인 영장류 인지과학자인 테츠로 마츠자와Tetsuro Matsuzawa 교수는 우리가 전생에 부부였을 것이라고 농담을 했다. 그래서 나는 양손 모두 가로로 길게 한 줄로 나 있는 내 손금을 펴 보이며 아마 그런 것 같다고 맞장구를 쳤다. 가로로 한 줄인 손금은 바로 침팬지 손금이다. 인간에게는 그리 흔하지 않지만 침팬지는 모두 갖고 있는 손금이다. 어쩌면 나는 털을 밀고 인간 세계에 잠입하여 살고 있는 침팬지인지도 모른다.

『날개 달린 형제, 꼬리 달린 친구』은 인간과 동물이 교감하는 이야기들로 가득 차 있다. 특히 게리 코왈스키가 전하는 아드리안 코르트란트의 침팬지 이야기는 특별한 여운을 남긴다. 먹으려고 들고 다니던 파파야를 땅에 내려놓은 채 석양의 장관을 지켜보던 침팬지가 결국 파파야도 잊은 채 숲으로 어슬렁거리며 들어가더라는 얘기. 이 책에는 아직 '과학적으로' 완벽하게 검증되지 않은 많은 이야기들이 담겨 있다. 하지만 지나치게 엄격한 과학의 잣대로 일축하지 말기 바란다. 비판적인 눈은 또렷이 뜨고 있더라도 마음의 문은 따뜻하게 열어두었으면 한다. 언젠가는 과학이 동물의 마음도 환히 들여다볼 수 있는 역지사지易地思之의 눈을 갖추게 될 테니까.

이 책에 첫 글을 쓴 세계적인 침팬지 연구가 제인 구달 박사는 우연한 기회에 나와 동료가 되어 우리나라를 벌써 세 차례나 방문한 바 있다. 2006년에 방문했을 때 여성민우회의 초청으로 열린 강연에서 나는 여느 때와 마찬가지로 통역을 했다. 이 책에서 마크 베코프가 소개한 디트로이트 동물원의 침팬지 조조와 구경을 왔다 물에 뛰어들어 조조를 구한 릭 스워프라는 사람의 이야기를 통역하는 장면에서 나는 그만 치미는 눈물을 참지 못해 그 많은 청중들 앞에서 거의 소리 내어 흐느끼고 말았다. 왜 물에 빠진 침팬지를 위해 목숨을 던졌느냐는 질문에 조조의 눈이 "누가 나를 살려줄 사람 없나요?"라고 말하더라는 릭의 얘기는 구달 박사 강의에 단골처럼 등장하는 이야기인지라 그 이야기를 처음 통역한 것도 아니었다.

우리 집에는 여러 마리의 개가 산다. 일명 '소시지 개'라고 불리는 닥스훈트인데 엄마 개와 아빠 개 그리고 그 자식들 여럿이 함께 살고 있다. 엄마 개는 아들 녀석이 지어준 '부머Boomer'라는 다분히 남자 이름 같은 이름을 갖고 있는 참으로 영리한 개다. 부머는 몇 년 전 홍역을 앓아 거의 목숨을 잃을 뻔했다. 우리 가족의 갖은 노력에도 불구하고 부머의 상태는 점점 더 악화되어갔다. 어느 날 나는 부머가 더 이상 버티기 어려운 상태에 이르렀다고 판단하고 마지막 작별의 시간을 갖기로 했다. 부머는 내 팔에 안긴 채 평소 뛰어놀던 뜰에서 천방지축 이리 뛰고 저리 뛰고 하는 새끼들과 우리 가족을 번갈아 쳐다보았다. 그러는 동안 하루 종일 제대로 가누지도 못했던 고개가 서서히 곧추서기 시작했다. 우리는 그때 부머의 눈에서 새로운 생명의 의지를 느꼈다. 부머는 결국 여러 달 동안 계속된 고통스러운 치료를 이겨냈고 비록 상처를 안고 있긴 하지만 지금도 우리 곁에 있다.

과학은 아직 저녁노을을 바라보던 침팬지가 도대체 무슨 생각을 했는지 밝혀내지 못하고 있다. 과학자들은 아직 그날 부머의 뇌 속에서 어떤 결심의 메커니즘이 작동했는지 들여다보지 못한다. 실제로 학계에서는 이 같은 일들을 입에도 담지 못하던 시절이 있었다. 그리 멀지도 않은 옛날이다. 그 엄청난 아집의 장벽을 처음으로 부수기 시작한 사람은 다름 아니라 박쥐의 반향정위echolocation 메커니즘을 밝힌 그리핀Donald R. Griffin 박사였다. 1984년에 출간된 그의 용감한 저서 『동물의 생각Animal Thinking』 덕택에 과학자들은 이제 당당히 동물들의 내적 세계를 들여다보게 되었다. 나는 이 책을 읽은 독자들 중에 언젠가 이런 관찰들이 단순히 이야기 수준이 아니라 과학 데이터로 보도되는 데 기여할 수 있는 학자들이 나타나길 기대해본다. 베코프가 말하는 대로 '과학적 센스'와 '상식적 센스'의 조화를 이끌어낼 길을 찾아야 한다.

2004년에 우리말로 번역된 『물개』라는 책에 '내일 또 누가 우리 인간의 바보짓에 신음할까?'라는 제목의 추천사를 쓴 적이 있다. 우연히 바닷가에서 연주한 바이올린 소리를 듣고 찾아온 물개들과 교감하며 그들의 보전에 헌신하게 된 한 스코틀랜드 여성의 이야기를 담은 책인데 이 책과 함께 읽으면 감동이 배가될 것이라고 생각한다. 나를 아는 많은 사람들은 "알면 사랑한다"는 구절도 함께 기억한다. 동물들에 대해 보다 많이 알게 되면 그들을 신음하게 만드는 바보짓을 멈출 수 있을 것이다. 이 책이 훌륭한 첫 걸음이 되어줄 것이다.

최재천
『생명이 있는 것은 다 아름답다』의 저자

최재천

이화여자대학교 에코과학부 석좌교수이며, 동물행동학의 세계적인 권위자다. 하버드대학교에서 생물학 박사학위 취득했으며, 미국 곤충학회의 젊은 과학자상과 제1회 대한민국 과학문화상, 한일국제환경상, 대한민국과학기술훈장 등을 수상했다. 『생명이 있는 것은 다 아름답다』를 비롯해 다수의 교양과학서를 집필했다.

인간과 동물의 하모니

지구상에 존재하는 생물의 한 종種으로서, 우리 인간은 자연의 위대한 실패작이며, 결점투성이에다 오만하기 짝이 없는 자칭 성자聖者다. 인간은 자연을 자기만을 위해 이용하고 자연의 다른 구성원들을 존중하지 않음으로써 자연의 질서를 파괴해왔다. 자연은 이제 우리에게 그 대가를 요구하고 있다. 게다가 엄청난 재앙이 우리를 기다리고 있다. 그것은 인류뿐만 아니라 지구상의 모든 생물의 멸종을 가져올 심판이다. 어떻게 하면 이러한 재앙으로부터 우리 모든 생명의 삶의 터전인 지구를 구할 수가 있을까?

가장 중요한 것은 인간과 동물이 서로에 대한 이해와 사랑의 관계를 형성하는 것이다.

이것은 우리가 자연의 깊은 내면의 세계를 들여다보고 우리 자신을 돌아볼 때만이 가능하다. 이 책은 그러한 일을 하고 있는 인간과, 꼬리와 발굽, 발톱과 턱을 가진 동물에 대한 놀라운 이야기들을 수록하고 있다. 동물을 사랑하는 모든 사람들은 이 이야기를 좋아할 것이라고 믿는다. 지구라는 별에서 살아가는 많은 다른 생명체들과 나누는 이 훈훈하고 감동적인 이야기에 자신도 모르는 사이에 웃고, 울고, 놀라게 될 것이다. 인간 사회에서 사라져가는 소중한 모든 것들을 우리는 동물의 세계에서 찾아나갈 수 있을 것이다. 우리의 가장 친한 친구인 그들은 그들 나름대로의 모양과 방법으로 그 소중한 가치들을 보존하고 있다.

이 책은 이러한 진리를 먼저 깨달은 사람들과 그들의 친구 동물들이 빚어내는 헤아릴 수 없이 많은 아름다운 이야기들을 모았다. 이 이야기들은 독자 여러분들을 환희와 감동과 뉘우침의 눈물에 흠뻑 젖게 할 것이다.

이 책을 통해서 독자 여러분들은 동물을 바라보는 시각과 자세를 바꾸게 될 것이다. 이미 누더기가 되어버린 우리의 지구에 그나마 남아 있는 것들을 구원하기 위해 우리 모두가 다 같이 한목소리로 불러야 할 찬송가의 한 귀절이기도 하다.

윌리엄 섀트너 영화배우

우리는 단 하루도 생태학적인 이야기와 부딪히지 않고는 살 수가 없다. 마치 다른 혹성의 이야기 같았던 일들이 이제는 매일매일 뉴스 속보의 첫머리를 장식하고 있다. 동물의 권리에 관한 주장과 일화, 여러 가지 새로운 발견 등이 신비한 기적의 출현처럼 우리 생활의 일부가 되었다. 지구는 우리의 생활공간이다. 수십억의 사람들이 지구 위에서 살아가고 이를 공유할 수 있다는 것은 참으로 큰 행운이 아닐 수 없다. 대부분은 우리가 전혀 알지 못하는 사람들이고 또한 대부분은 서로에 대해 신경 쓰지 않기로 무언의 동의를 한 사람들이다.

하지만, 지구상에는 인간만 살아가는 것이 아니다. 인간 이외의 무수한 종들이 각자의 삶을 영위하고 있다. 다행이도 자연보호단체들 덕분에 점점 더 많은 사람들이 다양하고 희귀하고 귀중한 생물의 존재에 대해 받아들이고 보호하는 운동에 참여하게 되었다. 수억 종류의 종들이 살아가는 세계와 아직 알려지지 않은 수많은 생명체들, 즉 아주 취약하지만 창조적이고, 정열적이고, 신비한 생명체들의 다양성을 인식하게 된 것이다. 이러한 다양한 존재에 대한 직접적인 경험을 대신할 수 있는 정보는 아무리 찾아도 없다. 인간들은 대부분 시골보다는 도시에 집중되어 있으므로 야생에 대해 주의를 기울이는 것은 극히 제한되어 있을 수밖에 없다.

한 번이라도 자연을 연구하려고 마음을 먹으면 여러 가지 계획과 준비를 해야 한다. 어느 캠프로 갈 것이며, 어떤 경험을 할 것인가, 그리고 어떻게 짐을 꾸려야 할 것인가를 고민해야 하고 반드시 예약을 해야 하는 번거로움이 있다.

최근 한 여론 조사에서 도시의 중산층 청소년들이 어떤 형태든지 야생 상태에서 보내는 시간은 평생 15분을 넘지 않는다는 사실을 밝혀냈다. 이 아이들은 수천 가지 상품의 브랜드와 비디오 게임의 이름, 유명 테니스화의 상표 이름과 록 그룹의 이름은 알고 있지만 생물의 종種의 이름은 몇십 개이상 알지 못한다.

하지만 오늘날에는 과거 어느 때보다 더 많이 다른 생물을 알아야 할 필요성에 대해 공감대가 형성되었다. 물론 당연히 이에 역행하는 조류도 있다. 정치적 차이, 문화적 차이, 이념적 분열뿐만 아니라 여러 가지 민감한 차이에 따라 다양하게 구분되고 있다. 그러므로 각각의 개인은 본인의 성향에 따라 다르게 느끼고 있다.

그러나 이러한 모든 차이점을 극복하고 소위 '녹색의 그늘'을 살리기 위해 많은 사람들이 대대적인 양심살리기 운동을 벌여왔다. 이런 운동들은 대부분 자연 다큐멘터리를 시청하거나 동물과 대화를 나눌 수 있는 어린이와 그들의 부모들을 중심으로 이루어져왔다. 이들의 가정은 지구 온난화, 생명체의 멸종과 오염, 인구 과밀에 대해 매일 대화와 토론이 이루어지는 곳이다. 그러므로 자연을 보호해야 한다는 생각을 우리의 생활 속으로, 그리고 우리의 무의식속으로 자연스럽게 스며들도록 하는 곳이다. 그곳으로부터 다른 생명체의 중요성에 대한 깨달음이 시작되고, 궁극적으로는 어린 시절에 경험한 순수함과 믿음과 발견의 기쁨을 도전과 희망의 의식으로 변환시키는 곳이다.

생물의 다양성의 진실은 우리들 안에 있으며, 우리들 주변에 있다. 단지 우리는 이것이 지니고 있는 기적에 우리의 감각을 열어놓기만 하면 되는 것이다. 이 증보판은 전 생애를 다른 동물들과 함께 생명을 공유하며 감정과 경험을 나누었던 이들이 그 경험을 여러 독자들과 공유하기 위해 기록한 책이다. 이 문제에 대해 적극적으로 참여하고 다양한 의견과 감상을 제기하여 주신 분들께 심심한 사의를 표한다.

마이클 토비아스

본 『날개 달린 형제, 꼬리 달린 친구』 증보판은 출판사에서 특별한 열정을 가지고 출간했다. 더구나 동물의 감정과 인식능력에 대해 점점 더 많은 사람들에게 알려지고 있는 때이므로 참으로 시의적절한 결정이었다. 과학자들은 이미 고래에 대한 연구를 통해, 범고래들이 집단별로 각각 다른 인사법을 가지고 있다는 것을 발견할 수 있었다. 위성사진이라는 첨단 과학기술 덕분이기도 하다. 또한 과학자들은 어류들도 감정을 가지고 있으며 학습결과를 다음 세대로 전승한다는 사실도 발견했으며, 파충류 어미들은 우리가 알고 있는 것보다 훨씬 더 소중히 새끼들을 보살피고, 새들은 음악적 구성 속에서 노래하며 즐기고 있다는 것도 알게 되었다. 세월이 지날수록 인간과 동물의 왕국 간의 경계는 좁아져가고 있다. 정말로 다행이고 즐겁고 만족스러운 일이 아닐 수 없다. 이 책을 읽어 나가면서 독자 여러분들은 동물들이 얼마나 풍요로운 삶을 영위하고 있는지, 그리고 우리가 잠시 발을 멈추고 관심을 기울이고 가슴을 활짝 열어준다면, 그리고 그들을 알고 이해하려고 노력한다면, 그들이 우리 인간에게 얼마나 깊은 영향을 미치며 얼마나 배울 것이 많은지 등을 알게 될 것이다. 즐거운 마음으로 이 책을 읽어나가길 바란다.

케이트 솔리스티

1부 🕊 과학, 그 이상의 세계

2부 🐢 동물을 사랑하는 사람들

3부 영혼의 교감

01

과학, 그 이상의 세계

잠자리의 선물

제인 구달

나의 동물에 대한 사랑이 언제 어떻게 시작되었을까? 어머니의 증언에 따르면 내가 겨우 기어다니기 시작했을 때부터 동물 사랑에 빠져들었다고 한다. 한번은 내가 두 돌쯤 되었을 때, 지렁이 몇 마리를 침대로 가지고 가 지렁이들이 베개 위에서 꼬물거리며 돌아다니는 것을 뚫어져라 지켜보고 있었다. 그때 어머니께서 그런 나를 보시고는, "얘야, 지렁이들을 땅으로 돌려보내지 않으면 금방 죽을지도 모른단다" 하고 말씀하셨다. 그 말을 들 자마자 나는 총알같이 지렁이들을 들고 정원으로 달려가 놓아주었다고 한 다. 물론 지금의 난 그 사건을 기억하지 못한다.

동물과 관련해서 내가 가장 생생히 기억하고 있는 것은 어려서 친척들 이 살고 있던 시골에 방문했을 때의 일이다. 아버지의 친척들이 농장을 운 영하셨는데 동물을 무척 사랑했던 런던의 작은 소녀에게는 정말 큰 행운 이자 선물이 아닐 수 없었다. 그곳에서 나는 암소들과 돼지들, 말들, 그리 고 암탉들과 하루 종일 뛰어놀았다.

나는 자그마한 닭장 속에서 매일 달걀들을 꺼냈다. 그 당시에는 배터리

닭장 육추용으로 많이 이용되는 닭장으로 보통 철망으로 만들어진 상자 바깥에 물통과 모이통이 붙어 있고, 배설물은 아래로 떨어지게 되어 있다 -옮긴이 주이 없을 때였다. 나는 매일 나오는 달걀이 너무도 신기했다. 그래서 달걀이 어떻게 나오는지 만나는 사람마다 물어보았다. 아무리 살펴보아도 닭의 몸 어디에도 달걀이 나올 만한 큰 구멍을 찾을 수가 없었고 이에 대해 명확히 설명해주는 사람도 없었다.

나는 좁아터진 닭장 안으로 들어갔다. 지푸라기 덤불 밑에 숨어서 기다리고 또 기다렸다. 아마 적어도 네 시간 이상은 흘렀을 것이다. 날은 점점 어두어져오고 가족들이 나를 찾아 온 동네를 뒤지고 다녔다. 걱정으로 새파랗게 질려가던 어머니가 닭장 속에서 지푸라기를 덮고 있는 나를 발견하셨다. 나를 꾸짖기보다는 흥분에 가득 차 있는 나의 눈을 찬찬히 들여다보며 암탉이 어떻게 달걀을 낳는가를 자세하게 설명해주셨다. 나에게는 얼마나 다행스러웠는지 모른다. 나는 오늘날까지도 생생하게 기억하고 있다. 엉거주춤 일어선 자세로 나에게 등을 돌리고 앉은 암탉 엉덩이의 깃털 사이로 동그랗고 하얀 것이 조금씩 얼굴을 내밀더니 마침내 '퐁' 하고 지푸라기 위로 떨어지는 모습을.

하지만 가장 중요한 사건은 내가 채 한 살이 되기 전에 일어났던 사건이다. 물론 전혀 기억하지 못하는 일이다. 당시 나는 식품 가게 밖에서 유모차에 앉아 있었다고 한다. 우리 집 강아지 불테리어가 나를 지키고 있었고 유모는 가게 안에서 먹을 것을 사고 있었다. 그때 잠자리 한 마리가 날아와서 내 주위를 윙윙거리며 돌고 있었다. 나는 겁이 나서 비명을 지르기 시작했다. 때마침 그곳을 지나가던 사람이 손에 들고 있던 신문지로 잠자리를 쳐서 떨어뜨리고는 구둣발로 밟아서 뭉개버렸다. 집에 가는 동안 내내 나는 비명을 질러대며 울어댔다고 한다. 내가 경기를 일으킬 정도로 걷잡을 수 없이 넘어가자 어머니는 영문도 모르는 채 진정제를 먹여서 나를 재울 수밖에 없었다(어머니는 그 전이나 이후에는 거의 진정제를 사용한 적이 없었다).

45년이 지난 지금, 어머니가 쓴 이야기를 읽으면서 나는 문득 과거로 돌아갔다. 그 전에 내가 아기 방에 누워서 창문을 통해 들어온 잠자리를 바라보고 있었는데, 유모가 나타나더니 얼른 잠자리를 잡아 죽였다. 그러면서 잠자리는 꼬리 길이만큼 긴 침을 가지고 있다고 말했다. 꼬리 길이만큼 큰 침이라니. 그건 정말로 무서운 것이다. 그러니 그 무서운 잠자리가 나의 유모차 주위를 윙윙거리며 날아다니는 것을 보고 얼마나 무서워했을까? 하지만 무서워한다고 해서 반드시 죽이고 싶다는 것은 아니다. 눈을 감고 멋지게 파르르 떨리는 날갯짓과 햇살 속에서 찬연하게 빛나는 푸른 꼬리를 상상해보라. 그런 멋진 존재가 보도블럭 위에 머리가 으깨어진 채 죽어가는 모습을 상상해보라. 잠자리는 나 때문에 죽었다. 아마 엄청난 고통 속에서 죽어갔을 것이다. 그 당시를 생각하면 나는 목을 조여오는 죄의식에 비명을 지르지 않고는 견딜 수가 없다. 아마 내가 경기를 일으킬 정도로 울어댔던 것도 무의식적인 죄책감 때문이었을 것이다.

난 어린 시절 내내 동물에 대해 많은 것을 배우고, 보고, 느낀 것을 기록해놓았다. 나의 영웅은 두리틀 박사Dr. Dolittle, 제1차 세계대전 이후 미국의 아동문학가 로프팅에 의해 창조된 동화 주인공. 『두리틀 선생 항해기』 등이 있다 - 편집자 주와 타잔이었다. 그들처럼 아프리카에서 동물과 같이 사는 꿈을 꾸곤 했다. 이런 나에게 동물과 같이 살아가는 방법에 대해 가르쳐준 첫 번째 스승은 어려서부터 함께 지내온 친구 러스티였다. 러스티는 잡종 개다. 코커스패니얼과 푸들이 혼합된 잡종이지만 언젠가 내가 러스티와 비슷해 보이는 개를 만난 적이 있었는데 그 개의 주인은 순종이라고 우길 정도로 순종 같은 혼혈종이다.

나는 러스티에게서 동물의 행동에 관하여 많은 것을 배웠다. 녀석은 매일매일 개과科 동물이 가지고 있는 놀라운 지적 능력을 보여주었다. 러스티의 성격은 너무나 활발해서 잠시도 가만히 있지를 못했다. 40년이 지난 지금도 나는 녀석이 내 침대 위에서 뛰어내리고, 나를 따라서 사다리를 오르고, 해변에 솟아 있는 야생의 절벽 위를 오르락내리락 뛰어다니는 것이 눈에 선하다. 녀석은 나에게 개들도 정밀한 계획 능력을 가지고 있다는 것을 보여주곤 했다.

예를 들면, 아주 더운 날에는 혼자서 바닷가로 10분 동안 수영을 하러 간다. 큰 도로가 나오면 잠시 멈춰서서 교통상황을 체크하고 나서 달려간다. 물속에 뛰어들어 수영을 하고 나서는 기분 좋게 온몸을 턴 다음 시원하고 만족한 모습으로 집으로 돌아온다. 나는 때때로 창문 너머로 녀석이 출발하고 돌아오는 모습을 몰래 훔쳐 보고 시간을 체크했다. 매번 정확히 10분 걸리는 산책길을 즐긴다. 녀석은 '골무 찾기' 놀이 같은 게임을 좋아했다. 그리고 사람들이 흥분하고 있는지, 진정되어 있는지를 아주 빠르게 구분할 줄 안다. 심지어 녀석은 사람들을 놀리기도 한다. 덤불 속에 숨어서 나를 찾으라고 말하면 일부러 고개를 돌리기도 하고 모르는 척하기도 한다. 내가 어디 있는가를 뻔히 알면서도 찾는 척하며 이리저리 뛰어다니거나 심지어는 바로 내 옆을 스쳐 가기도 한다. 하지만 대략 3분쯤 지나서 스스로 이젠 '찾아볼까' 하고 결정하면 번개같이 내가 있는 곳으로 달려든다.

한번은 일주일 정도 출장을 가야 할 일이 생겼다. 마침 녀석이 다리를 다쳐서 절름거리고 있는 것을 두고 떠나야 했다. 너무도 가슴이 아팠고, 출장 내내 러스티 걱정에 잠을 이룰 수 없었다. 그런 아픈 가슴을 안고 일주일 후에 돌아와 보니 그때까지도 녀석이 절름거리고 있는 것이 아닌가! 나는 그것을 보고 그만 너무도 마음이 아팠다. "오 가여운 러스티! 불쌍해서 어쩌니?" 하고 내가 무릎을 꿇고 털썩 주저앉자, 모든 가족들이 박장대소를 하는 게 아닌가? 녀석의 발은 며칠 전에 이미 다 나았지만 나를 보자마자 다시 절름거리는 척한 것이다.

러스티는 나의 첫 번째 진정한 멘토였다. 인간이 아닌 동물들의 성격을 보다 명확하게 이해해야 하는 나의 평생 작업을 위해 녀석은 학교에서 가르치는 것과는 전혀 다른 미묘한 동물의 행동에 대한 직관적인 지식을 나에게 가르쳐주었다.

1960년, 그러니까 돌아가신 루이스 리키Louis Leakey, 1903~1972 박사님이 나에게 탄자니아의 곰베 국립공원에서 야생 침팬지를 관찰할 수 있는 기회를 주었을 때까지도 나는 대학을 다니지 않았다. 덕분에 나는 그 시대의 전형적이고 전통적인 동물생태학적인 사고방식에 사로잡혀 있지 않았다. 그래서 수많은 침팬지를 구별하기 위해 당시의 과학자들이 주로 사용하는 대로 번호를 붙이는 대신 이름을 붙여주었다. 그들 각자가 다른 침팬지와 어떻게 다른가를 쉽게 알 수 있도록 그들의 실제 성격에 맞는 이름을 붙여준 것이다. 물론 당시에는 인간이 아닌 다른 동물들에게 개성이라는 것이 있다는 생각은 상상조차 하지 못할 때였다. 나는 침팬지들을 단순히 '이것', '저것'하고 부르지 않고 '그', '그녀'라고 사람처럼 불렀다. 또한 그들에게 이성적 사고의 능력이 있다고 확신하고 그들의 감정을 유심히 관찰했다.

침팬지 세계의 러스티라면 데이비드 그레이비어드를 들 수가 있다. "가장 좋아하는 침팬지는 누구입니까?"라는 질문을 자주 받는데 그때마다 나는 늘 데이비드라고 답변한다. 데이비드처럼 넓적하고 지적인 얼굴에 크고 진한 갈색 눈동자, 조용하고 점잖은 성격을 가진 녀석은 또 없을 것이다. 또한 녀석은 아주 결단력이 강하고 자기 방식대로 일을 처리하고자 하는 주관이 뚜렷했다. 아무도 탐험해본 적이 없는 미지의 세계인 야생 침팬지의 세계로 들어가는 문을 나에게 열어준 것도 바로 이 녀석이다.

내가 처음 곰베 강 유역에 도착했을 때, 침팬지들은 그들의 세계를 침범

한 특이한 백색의 유인원을 보고 굉장히 두려워했다. 그러나 웬일인지 데이비드는 다른 침팬지보다는 나를 덜 무서워했다. 다른 녀석들이 나를 보면 부리나케 달아날 때에도 녀석은 슬그머니 나의 주변에 머물러 있었다. 물론 아주 가까이는 아니지만. 내가 처음으로 침팬지 무리 속에 접근했을 때에도 당연히 녀석이 있었다.

어느 날 나는 우연히 작은 침팬지 무리에게 아주 가까이 다가갔다. 데이비드와 그의 가장 친한 친구 골리앗은 마치 내가 방금 나무 덤불에서 나온 녀석들의 친구라도 되는 양 물끄러미 바라보고는 달아나지 않고 서로 털을 골라주는 일을 계속하고 있었다. 드디어 내가 그들의 세계로 받아들여진 것이다. 얼마나 기다리고 기다리던 순간인가! 그때의 뛸 듯이 기뻤던 순수한 환희는 오랜 시간이 지난 오늘날에도 그대로 생생하게 느껴진다.

데이비드 덕분에 곰베 지역 침팬지들이 살아가는 방법에 대한 새롭고 놀라운 사실들을 많이 배울 수가 있었다. 침팬지가 도구를 사용할 줄 안다는 사실을 볼 수 있게 한 것도 데이비드였다. 나는 처음으로 그 역사적인 현장을 떨리는 가슴으로 지켜보았다.

녀석은 풀줄기를 이용하여 땅속의 개미집으로부터 흰개미를 유인해 끌어내는 것을 보여주었다. 침팬지가 잎이 무성한 나뭇가지를 꺾어서 잎을 떼어내고 넓은 가장자리를 뾰족하게 다듬었다. 믿기지 않는 일이었다. 자연의 물체를 사용하기 좋도록 다듬고 있었던 것이다. 바로 도구를 만들었던 것이다. 당시에는 오로지 인간만이 도구를 만들 줄 안다고 생각했다. 도구의 사용이 인간을 동물왕국의 다른 개체들과 구별하는 가장 중요한 요소로 간주되고 있을 때였다. 내가 이 사실을 나의 멘토인 리키 박사님께 전보로 알렸을 때, 박사님은 기뻐서 펄쩍 뛰면서 말했다.

"이제 우리는 '인간'의 정의를 다시 내려야 해. '도구'의 개념도 다시 정하고. 아니면 침팬지를 인간으로 받아들이던가!"

데이비드는 또한 남에게 자기 먹이를 나누어줄 줄 안다는 것을 보여준 첫 번째 침팬지였다. 암컷 침팬지가 먹을 것을 달라고 하자 자신이 사냥한 어린 멧돼지 고기를 선뜻 나누어주었다. 그리고 사냥을 할 때에는 무리를 지어 세밀하게 계획된 작전을 펼쳐가며 사냥하고 있었다. 사냥감을 모는 무리와 매복하며 기다리는 무리로 나누어 소리를 질러서 험한 지형으로 몰아넣어서 잡았다. 인간의 사냥법과 어찌 그리 똑같은지!

시간이 지나면서 데이비드는 나를 그의 친구들에게 소개해주었다. 데이비드는 골리앗 외에도 마이크 JB, 미스터 맥그레고, 리키, 미스터 워즐 등과 같이 모여서 시간을 보내고 있었다. 또한 멜리사, 올리, 마리나, 소피 등과 또 다른 많은 가족이 함께 지냈다.

물론 그 유명한 플로도 당연히 거기에 있었다. 플로는 내셔널 지오그래픽소사이어티가 다큐멘터리와 기사로 만들어 보도함으로써 전 세계적으로 유명해진 암컷 침팬지다. 플로는 나의 접근을 허락한 최초의 어른 암컷이었다. 그녀는 나에게 침팬지 사회에서 가족 간의 유대가 얼마나 중요한지를 가르쳐주었다. 나는 그들 무리들과 오랫동안 같이 지내면서 관찰하고, 기록하고, 주의 깊게 지켜보았다. 자식들의 행동습관이 결정되는 데 어미와 가족 구성원이 중요한 역할을 한다는 사실도 알게 되었다. 그리고 플로의 아들 피본 같은 먼저 자란 형제들도 어린 형제들을 가르치는 데 일정한 역할을 담당한다는 사실도 알게 되었다. 그들의 가족관계 속에는 전통적인 인간 가정에서 볼 수 있는 아버지와 같은 존재는 찾을 수가 없었다. 대신에, 아주 나중에야 알게 되었지만, 수컷들은 한데 모여서 시간을 보내면서 자신들의 암컷과 자식들을 보호하기 위해 영역을 지켜주는 임무를 수행하고 있었다.

그 당시 초기에 잊을 수 없는 또 다른 순간은 처음으로 야생 침팬지를 직접 만져볼 수 있었던 순간이었다. 물론 데이비드였다. 녀석은 조용히 앉아서 플로의 털을 골라주고 있었다. 나는 용감하게도 녀석의 등을 긁어주는 척하며 건드려보았다. 녀석은 나를 슬쩍 쳐다보더니 모른 척하고 제가 하던 짓을 계속하는 게 아닌가. 그러고는 잠시 후에 나의 손을 슬그머니 밀어내는 것이었다. 너무 친한 척하지 말라는 것처럼 말이다. 하지만 그는 다음 기회에도 똑같은 접근을 허락했다. 물론 이번에는 더 길게 말이다.

플로는 아들 플린트가 나에게 다가오는 것을 허락해주었다. 약 5개월쯤 되어 겨우 비틀거리며 걷기 시작한 어느 날, 플린트가 팔을 내밀어 나의 무릎을 건드려보는 것이었다. 그러고는 호기심이 가득한 커다란 눈으로 나를 올려다보았다. 내가 녀석을 쓰다듬자 플로가 그만하라고 팔로 녀석을 안아서 데려갔다. 분명 내가 제 새끼를 만져보는 것을 보면서도 나를 위협하지 않은 것은 이를 허락한 것이다. 얼마 지나지 않아서 플린트의 형인 피건과 피피는 가끔씩 그들의 놀이에 내가 끼어들어도 쫓아내지 않았다. 사실 이 녀석들은 나를 무척이나 무서워해서 몇 달 동안이나 내가 나타나면 피하거나 나무 뒤에 숨거나 또는 슬그머니 숲 속으로 사라지던 녀석들이었다. 녀석들이 나를 믿게 된 것이다.

이렇게 하나둘 씩 나는 곰베 강의 침팬지들과 신체적으로, 정신적으로 가까워져갔다. 침팬지를 촬영하기 위해서 휴고 반 라윅Hugo van Lawick이 내셔널 지오그래픽 소사이어티에서 파견되었다. 연구를 위한 기금도 수년치가 확보되었다. 그리고 자료 수집을 지원하기 위해 학생들도 오기 시작했다. 이러한 인간들의 방문이 늘어가면서 침팬지 사회에도 보이지 않는 변화기 일기 시작했다. 분명한 것은 인간 관찰자와의 반복적인 상호작용이 침팬지의 행동에 심각하게 영향을 미친다는 사실이다. 하지만 시간이 흐르면서 나는 이런 식의 접촉은 이제 그만해야 한다는 것을 깨달았다. 그들이 인간의 존재를 의식하거나, 무엇인가를 기대하거나, 또는 인간의 나쁜 습관을 모방할 수도 있기 때문이다. 또 이들을 다른 방향으로 이용하려는 인간들도 늘어나기 마련이다. 자연은 자연 그대로일 때 가장 아름다운 것이니까! 하지만 나에게 다시 도시로 돌아가 다른 일을 하라고 하더라도 나는 그렇게 하지 않을 것이다. 이러한 친밀한 접촉이야말로 그 어려운 수개월간의 고통에 대한 황홀한 보상이 아닐 수 없기 때문이다.

그러나 흥미롭게도 시간이 흘러감에 따라서 나는 곰베 지역의 침팬지들과 신체적인 접촉을 더 이상 원하지 않게 되었다. 이들의 아름다움을 멀리서도 즐길 수 있고 멀리서도 대화를 할 수 있게 된 것이다. 이들 놀라운 존재들과 나와의 관계는 뭐라고 정의하기가 어렵다. 사람들은 이렇게 묻는다. "그들은 당신에게 가족과 같은 존재가 아닌가요?" 그러나 대답은 '노'다. 애완동물 같은 것도 아니다. 얼마 전에 우리 강아지 중에 한 마리가 몹시 아팠다. 그리고 난 몹시 심난스러웠다. 나 때문에 아픈 것 같아서 죄의식까지 들었다. 애완견을 키워 본 사람들은 대부분 마찬가지일 것이다.

하지만 침팬지와의 관계는 다르다. 그들이 '나의' 침팬지가 아니라는 것이다. 그들은 나로부터 아무런 도움을 받지 않았다. 그들은 야생동물이고 자유로운 존재다. 물론 그들이 병에 걸리면 당연히 도와주겠지만 그들은 결코 나의 도움을 기대하지는 않을 것이다. 그들이 아프거나 고통을 받으면 마음이 아프긴 하지만 결코 책임감을 느끼진 않는다. 이것이 자유로운 야생동물과 집안에서 키우는 동물과의 차이점인 것이다. 만약 내 개가 다쳤는데도 내가 모른 척한다면 이는 하나의 배신행위다. 개의 눈에는 좋은 주인은 신과도 같은 존재다. 하지만 나는 곰베 지역의 침팬지들에게 신이 될 수는 없다. 그들과 나의 관계는 상호 존경과 신뢰의 관계다. 그들 중의 몇몇은 내가 정말 사랑한다. 나는 데이비드를 사랑했고, 플로와 올리와 길카를 사랑했다. 오늘날 내가 우리 집 개와 고양이인 그렘린과 갈라하드, 프로프와 팩스, 스코샤를 사랑하듯이 말이다. 하지만 그들로부터 똑같은 사랑을 받지는 않는다. 반면에 개를 사랑하면 개 또한 그 보답으로 나를 사랑한다.

나는 곰베에서 침팬지 무리들 사이에 둘러싸여 앉아 있을 때가 가장 행복했다. 그들은 나를 의식하지 않고 제 주위에서 자기들이 할 일을 계속하고 있을 뿐이다. 나의 존재 자체가 그들 사이에 자연스럽게 같이 있는 야생의 일부로 인정된 것이다. 단지 주위에서 일어나고 있는 일들을 관찰하고 기록하는 약간의 별난 짓을 하는 존재인 것이다. 그들 사회의 밖에서나 그 안에 살면서 나의 모든 감각은 그들의 행동의 미묘한 뉘앙스에 맞추어져 있었다. 하나의 인간이 거대한 자연의 그림 속으로 들어오자마자 인간으로서의 느낌이나 생각은 없어져버렸다. 그러고는 나는 단지 침팬지 무리를 지켜보는 단순한 존재가 되어버린다.

여러 해가 지나는 동안 점점 더 많은 연구가들이 곰베에서 자료를 수집하고, 관찰하고, 배우고, 연구하면서 많은 시간을 보냈다. 한때 그곳에는 북아메리카와 유럽에서 온 한 팀의 젊은이들이 있었으나 지금은 주변 마을에서 온 탄자니아 사람들이 주로 관찰을 하고 있다. 그들은 아주 미묘한 정보를 수집하고, 8mm 비디오 카메라를 사용하고 자신들이 하는 일에 대해 자부심이 대단하다. 그들이 하는 일에 대해 자기들 가족과 친구들에게 이야기해주고 있다. 가장 중요한 것은 그들이 침팬지를 하나의 인격체로서 대우하고 있다는 사실이다.

우리는 다섯 살부터 열 살 사이의 젊은 수컷 침팬지들을 녹화한 적이 있었다. 한 젊은 수컷 침팬지는 어미가 죽은 후 어린 형제들을 돌보고 있었는데 아주 훌륭하게 보호자 역할을 하고 있었다. 어린 고아 침팬지의 시중을 들어주고, 업고 다니고, 먹을 것을 먹여주고, 잠자리를 만들어주고, 위험으로부터 보호하는 데 최선을 다하고 있었다. 프로프는 네 살배기 팩스를 입양했다. 그리고 스니프는 어미가 죽자 한 살 밖에 안 된 어린 동생을 돌보아주려고 애를 썼다. 하지만 동생은 그로부터 겨우 2주밖에 살지 못했다.

고아가 된 새끼에 대한 입양도 이들 사회에서는 자연스럽게 이루어진다. 인간 사회에서는 입양이란 아주 어려운 문제다. 가족 간에 먼저 상의해야 할 가장 큰 문제 중의 하나다. 하지만 이곳에서는 다르다. 중년의 암컷 지지는 자신은 평생 불임이면서도 전염병으로 어미가 죽은 세 마리의 고아 침팬지를 키우고 있었다. 수년 동안 그녀는 고아 침팬지들의 어미와 친구가 되려고 노력했다. 업어주고 달래주고 온갖 정성을 다하더니 마침내 그녀는 세 마리에 대한 모든 책임을 떠안게 되었다.

가장 감동적인 이야기는 겨우 세 살을 막 넘긴 병든 새끼 침팬지를 입양한 열두 살 난 수컷 청년 스핀들 이야기다. 우리 모두는 새끼 침팬지 멜이 엄마를 잃고 나서 이 세상에 홀로 남겨졌기 때문에 곧 죽을 것이라고 생각했다. 하지만 스핀들은 멜을 매일매일 돌보아주었다. 업고 다니고, 먹을 것을 나누어주고, 잠자리도 같이 쓰면서 위험으로부터 보호해주었다. 분명히 스핀들이 멜의 생명을 구한 것이다. 그와는 아무런 관계도 없으면서 말이다.

왜 스핀들은 멜을 돌보았을까? 멜의 어미의 생명을 앗아간 전염병이 돌던 그 시기에 스핀들도 그의 어미를 잃었기 때문일까? 청년기에 들어선 그의 마음 한구석에 공허함이 있어서 도움이 필요한 어린 것과의 긴밀한 관계를 통해서 이를 채우려 했을까? 아마도 우리는 그 이유를 알 수가 없을 것이다. 세상에는 답을 모르는 의문과 신비한 것들이 많이 있잖은가?

한번은 패션이라고 이름 지은 암컷 한 마리와 그의 딸인 팜이 다른 무리 암컷의 새끼를 잡아먹은 사건이 있었다. 왜 모녀간인 패션과 팜이 무리의 다른 암컷이 낳은 새끼를 잡아먹었을까? 침팬지 무리에게 있어서 새끼가 태어난 지 4년 동안은 위험한 시기다. 따라서 어미의 보호를 받아야 한다. 어미가 네 살이 안 된 새끼를 놔두고 혼자 돌아다니는 것은 안전하지 못하다. 내가 그들과 함께 있는 동안 열한 마리의 새끼가 태어났지만 네 살이 되기 전에 열 마리가 죽었다. 이 중 다섯 마리는 확실하게 다른 암컷에 의하여 살해되었다. 그리고 다른 새끼들도 확인하지는 못했지만 같은 운명을 맞은 것이 틀림없다. 단지 모든 암컷이 동시에 새끼를 낳았을 때만 그와 같은 살륙행위가 멈추었다. 우리는 갑작스런 비정상적인 행동이었다고 생각했다. 하지만 정말 그럴까?

한번은 항상 존경받고 새끼 키우기에 열정을 쏟던 고참 암컷 세 마리가 젊은 암컷인 그렘린내가 가장 좋아하는 녀석을 공격하고 그녀의 갓 낳은 새끼를 뺏으려고 했다. 그들 네 마리는 몇 년 동안 서로 친한 사이였다. 그들의 새끼들도 서로 같이 놀곤 했다. 이는 너무나도 뜻밖에 일어난 공포스런 폭력이었다. 그러나 공격 후 이틀이 지나자 그들끼리는 다시 친해졌다. 그렘린도 아주 얌전해졌다. 누구도 그들이 왜 그랬는지에 대해서는 알지 못한다. 사실 우리는 아직도 알아야 할 부분이 너무도 많다.

침팬지와 같이 지내다 보면, 그들이 인간과 너무도 흡사함을 알 수 있다. 그래서인지 좋아하는 녀석도 생기고 싫어하는 녀석도 생겼다. 나는 패션이 죽기 직전까지도 녀석을 무척 싫어했다. 혼자 잘난 척하고 다른 약한 침팬지를 괴롭히고 먹을 것을 빼앗아가는 것을 목격했기 때문이다. 하지만 깊은 병에 시달리는 그녀가 그 아픔 속에서도 네 살배기 아들 팩스를 돌보려고 애를 쓰는 것을 보고 나는 그녀를 용서했다. 그녀는 결국 한 마리의 침팬지이지 인간이 아니었다. 침팬지는 우리 인간보다는 희생자의 고통을 잘 알지 못하는 것 같다. 분명한 것은 그녀의 행동이 덜 의도적이고 덜 계산된 것이라는 사실이다. 그렇지 않다면 이러한 일들은 우리가 침팬지를 이해하는 데 더 큰 어려움을 줄 것이다.

여러 해 동안 침팬지들은 자연 속에서의 그들의 위치에 대해 나에게 많은 것을 가르쳐주었다. 그리고 아마도 그만큼 자연 속에서의 우리 자신의 위치도 가르쳐준 것이 아닐까? 즉, 지구상에서 살아가는 의미와 인간이 해야 할 역할은 무엇인가 하는 생각을 하게 하는 것이다. 인간도 결국 우리가 한때 믿었던 동물 왕국의 다른 존재들과 크게 다르지 않다는 것이다. 내가 침팬지들로부터 배운 가장 소중한 교훈은 바로 겸손함이다. 우리와 가장 가까운 종種인 침팬지의 복잡한 성격에 대한 발견은 '인간'과 '야수' 사이의 간격을 연결해주는 다리를 놓아주는 데 도움을 주었다. 그리고 이제 외형적인 것뿐만 아니라 정신적인 차원에서도 혁신적으로 지속되고 있다. 결국, 침팬지도 지적인 능력을 가지고 있다는 것을 보여주었다. 우리 인간들에게만 유일하게 주어졌다고 생각되었던 그 능력을. 그들도 ASL 기호미국식 수화법으로 청각장애인들이 사용하고 있다.-옮긴이 주나, 컴퓨터 키보드의 단어 문자를 이해하고 사용하는 것을 배울 수 있다. 그들은 또한 이러한 기호들을 새로운 문장으로 그리고 다른 조합으로 만들어 사용할 수 있다. 이 연구가 순수한 의미에서 언어능력을 가지고 있다는 사실에 대한 증거를 제공하는 것이든 아니든 간에, 이것은 우리에게 침팬지의 지각능력에 관하여 많은 것을 가르쳐주고 있다.

침팬지는 의사소통을 할 때 추상적인 기호를 이해하고 사용하며, 이를 통해 서로의 의사를 주고받을 수 있다는 것을 증명했다. 또한 야생의 세계에서 다양한 소리와 자세, 몸짓으로 의사소통을 한다. 침팬지의 의사소통 방법은 인간들의 방법과 비슷한 내용으로 표현한다. 서로 인사할 때나 격려하거나 위로할 때에는 손을 잡아주고, 서로의 등을 두드려주고 키스하고 포옹한다. 상대를 위협할 때는 큰소리를 질러댄다. 싸울 때는 주먹질하고 때리고 발로 찬다. 이보다 더한 것은 인간이 싸우는 것과 똑같은 이유로 서로 싸운다는 사실이다. 음식 때문에, 섹스 때문에, 영역 다툼으로, 그리고 가족과 친구를 보호하기 위해서 싸운다. 또한 침팬지는 유머 감각과 자아의식도 가지고 있다. 그들은 어린 시절이 아주 길다. 마치 인간세계의 아이들처럼 어린 침팬지들도 다른 침팬지의 행동을 관찰하고 흉내내면서 많은 것을 이 기간에 배운다. 침팬지는 배운 것을 응용하여 변형시킨 행동도 보여준다. 이러한 것들은 관찰 학습을 통해 한 세대에서 다음 세대로 전승되기도 하고 새로운 문명을 만들어내기도 한다.

침팬지들은 또 다른 측면에서 우리와 비슷하다. 가족 구성원과 친구들 사이에 서로 돕고 사랑하는 관계를 50년 이상이 되는 그들의 일생 동안 계속 유지한다는 것이다. 침팬지들은 연민과 이타심과 사랑의 능력을 가지고 있다. 그리고 마치 인간들이 성격상 어두운 면을 가지고 있듯이 침팬지들 역시 마찬가지다. 그들은 때로는 아주 잔혹해지고 어떤 작은 다툼을 가지고 치열한 전쟁으로 확대시키기도 한다. 이런 일은 무리들 간의 다툼에서 종종 일어난다.

침팬지는 과학적으로도 우리와 유사한 면을 가지고 있다. 그들은 99퍼센트 우리와 같은 유전자 구조를 가지고 있다. 그들의 혈액 구성과 면역 반응은 놀라울 정도로 인간과 같고, 해부학적으로 보면 침팬지의 두뇌와 중앙 신경구조는 다른 어떤 생물보다도 우리와 유사하다. 이 때문에 침팬지들은 특정 질환에 대한 연구조사를 위해서 살아 있는 실험체로 사용된다. 에이즈와 간염 실험이 대표적인 경우다. 수백 마리의 침팬지들이 겨우 가로 세로 150센티미터 가량에 높이 2미터도 안 되는 철제 우리 속에 갇혀 있다. 사회성이 아주 높은 그들이 종신형을 받은 것처럼 평생을 혼자 갇혀 지내야 하는 것이다.

미국의 한 연구소에서 조조라고 불리는 어른 수컷 침팬지를 만난 적이 있다. 무릎을 꿇고 녀석의 눈을 들여다보았다. 녀석은 뒤쪽을 보고 있었는데 화가 나 있거나 증오심이 있어 보이지는 않았다. 그러나 그의 눈은 절망과 혼란으로 가득 차 있었다. 그는 이미 10년 이상을 그 작은 감옥에 갇혀 있었다. 나는 곰베의 침팬지들과 그들의 풍요롭고 행복한 생활을 떠올렸다. 재미있고, 흥분과 자극으로 구성된 다양한 숲속에서의 생활과 자유를 즐기며, 나뭇잎으로 덮인 포근한 그늘 속이나 출렁거리는 나무 꼭대기의 침대에서 낮잠을 즐기는 모습을 말이다. 나도 모르게 녀석이 측은해지고 그렇게 만든 사람들에게 화가 나서 견딜 수가 없었다. 한참 동안 쳐다보던 조조가 철망 사이로 아주 천천히 나에게 손을 뻗었다. 그러고는 나의 마스크 위로 떨어지는 눈물을 훔쳐주면서 나의 얼굴을 찬찬히 훑어보았다. 오늘날 조조는 HIV 바이러스에 감염되어 있다. 나머지 생애를 그는 항상 '더러운' 침팬지로 취급받으며 살아갈 것이다.

인간이 하는 많은 일을 가르칠 수 있기 때문에 침팬지는 아이들 대용으로, 서커스나 기타 쇼 무대에서 연기하는 애완동물로 팔리고 있다. 이러한 모든 비자연적인 환경, 즉 이들을 훈련시키는 과정과 이 노동력을 착취당한 불행한 동물의 궁극적인 운명이야말로 잔인하고 비참하기 짝이 없는 것이다. 네 살에서 일곱 살 사이의 침팬지는 보통 사람만큼 자란다. 녀석들은 구속받는 것을 싫어하고 성격적으로 위험하다. 그들은 어떻게 될까? 동물원은 이러한 개체는 받아들이지 않는다. 그들이 정상적인 침팬지처럼 행동하지 않기 때문이다. 그들은 학습할 수 있는 기회가 없다. 결국 그들은 의학 연구소에 팔리게 된다.

아프리카에서는 인구가 폭발적으로 증가하기 때문에 점차 줄어드는 자원을 먼저 차지하려는 경쟁과 생존을 위한 투쟁이 극심해지고 있다. 따라서 침팬지들도 자신들의 영역에서 조금씩 사라져가고 있다. 그들의 숲이 파괴되는 것을 피해서, 또는 사냥을 피해서, 아니면 이 두 가지 모두를 피해서 숨는다. 종종 어미 침팬지는 총에 맞아 죽고 어린 것은 상인에게 팔려 아프리카 밖의 쇼 무대나 의학 연구소로 가게 된다. 시장에서 팔리는 어린 침팬지는 보통 야생동물 고기의 부산물인 경우가 많다. 원주민들은 침팬지의 어미를 주로 고기를 얻기 위해 사냥한다. 하지만 옛날처럼 마을에 있는 자신들의 가족이나 친구를 먹여 살리기 위해서가 아니라 도시인들에게 팔기 위한 사냥이다. 또한 어미를 잃은 새끼는 시장으로 팔려나가게 된다.

리틀 제이는 중앙아프리카의 거대한 시장에 팔려나온 침팬지들 중 내가 처음으로 직접 마주친 아기 침팬지였다. 내리 쬐는 뜨거운 태양 아래 조그만 우리의 꼭대기에 묶여서 소란스러운 군중들에게 둘러싸여 있었다. 탈수 증세로 인해 흐리멍텅한 눈을 하고 있었고 금방이라도 죽을 것같아 보였다. 하지만 내가 무릎을 꿇고 앉아서 침팬지들이 인사할 때 내는 소리를 내자 녀석은 벌떡 일어나 앉더니 나를 찬찬히 훑어보고는 손을 내밀어 내 얼굴을 만지는 것이었다. 만약에 여러분이 이 불쌍한 어린 새끼를 산다면 이런 거래를 계속 이루어지도록 방조하는 것이다. 다행히도 우리는 정부 관리를 설득하여 녀석을 압수할 수 있었다. 원래 허가 없이 침팬지를 거래하지 못하는 법이 있었지만, 한번도 강제 집행한 적은 없었다. 벨기에 출신 가지엘라 코트만 부인이 녀석이 건강해질 때까지 돌봐주기로 했다.

마찬가지로 그레고리를 맨 처음 만났을 때도 잊을 수가 없다. 내가 처음 보았을 때 녀석은 하도 말라서 해골 같은 모습이었다. 그는 피골이 상접한 상태였고 털도 거의 없었다. 그레고리는 1944년부터 브라자빌 동물원의 차갑고 어두운 우리 안에서 갇혀 지내왔다. 나는 그의 늙은 눈을 들여다보았다. 녀석은 팔을 뻗어왔고 마치 늙은이처럼 턱을 우물거리면서 내 소매의 단추를 풀려고 애를 썼다. 우리가 친구 관계를 만들어감에 따라서 동물원에 갇힌 다른 동물들을 위한 여건도 점차적으로 개선되었다.

우리가 계속해서 이들 아프리카의 리틀 제이와 그레고리를 돌보는 것과 같은 이러한 도전을 계속해야 할까? 많은 자연보호론자들은 몇몇 개별적인 동물을 위해 돈을 '낭비'하는 것은 무책임한 일이라고 주장한다. 그 대신에 부족한 자금을 야생에 있는 많은 종들을 보호하는 데 사용해야 한다고 주장한다. 어떤 사람들은 인간들도 굶어 죽어가고 있는데 어떻게 동물을 위해 그런 거금을 쓸 수 있느냐고 묻기도 한다. 하지만 그들도 도움을 필요로 한다.

우리는 자연보호의 현장에서 할 수 있는 일은 모두 했다. 밀림 속 마을 사람들과 같이 일하고, 정부 관리들과 같이 일하고, 사람을 사서 일하기도 하면서 침팬지들을 돕기 위해 노력하고 있다. 우리의 고아 침팬지를 이용하여 관광객을 유치함으로써 외화도 모금했다. 또한 침팬지를 자연보호 교육의 중심으로 활용하여 지역 주민, 특히 어린이들에게 이런 문제에는 우리 모두가 뜻을 같이해야 한다는 것을 설득했다. 만약에 숲과 동물들이 사라진다면 사막이 온 땅을 뒤덮을 것이고 결국 인간들도 사라져가게 될 것이다.

이것은 사실이다. 나는 이들 개별적인 동물들을 외면할 수 없다. 나의 연구는 항상 이들 동물 개개의 중요성과 가치에 초점을 맞추어왔다. 인간들만이 인격을 가지고 있고, 이성적 사고의 능력이 있고, 감정이나 고통을 느낄 수 있는 것이 아니라는 것을 받아들일 수 있는 준비만 되어 있다면 우리와 함께 지구라는 혹성을 공유하고 있는 다른 동물을 대하는 태도가 변하게 될 것이다. 이러한 새로운 이해는 새로운 경외를 이끌어낼 것이며 그 다음에는 우리가 일상생활에서 많은 동물을 부리고 학대하는 것이 과연 윤리적으로 옳은 것인지 의문을 제기하게 될 것이다. 이 의문들은 우리들 스스로 풀어야 할 문제다.

언젠가 동물원에서 강의를 하고 있는데 마지막에 한 학생이 질문했다. 내가 그렇게 많은 어린 침팬지를 위해 헌신하는 과정에서 조금이라도 무책임한 적은 없었는지 다소 거만한 자세로 물었다. 막 답변을 하려는데 문이 열리고 한 젊은 여인이 새끼 침팬지를 안고 들어왔다. 어미에게 버림받아서 인공적으로 키우고 있는 새끼였다. 물론 모든 사람들이 둘러싸고 녀석의 손을 만져보려고 하고, 눈을 들여다보고, 윤기 있는 머리를 쓰다듬어보고 싶어했다. 모두들 자기 자리로 돌아가 앉았을 때 나는 녀석을 안고서 교탁으로 돌아와서 천천히 강의실을 둘러보았다. 그리고 물었다. 어느 누가 이 어린 침팬지를 죽일 수 있는가? 하고. 우리는 두 가지 선택밖에 없다. 잡아서 보호해주거나 아니면 잡아서 죽이거나. 마치 죽음과 같은 침묵이 흘렀다. 그리고 몇몇은 눈물을 흘리고 있었다.

사실 선택의 여지는 없다. 나 자신을 위해서가 아니다. 결국 나는 잠자리를 죽게 만든 한 살짜리 아기의 죄책감을 아직도 용서받지 못하고 있다.

제인 구달 Jane Goodall

제인 구달은 1960년 탄자니아에서 침팬지 연구를 시작했다. 이 연구는 인류학자이자 고생물학자인 루이스 리키 박사의 후원과 지도 아래 이루어졌다. 곰베 강 유역 침팬지 보호구역에서 이루어진 이 연구 결과는 영장류 동물학 관점에서 인간과 동물 간의 관계를 연구하고 재설정하는 기초를 제공했다. 1977년 제인구달연구소 JGI-Jane Goodall Institute를 설립하고 곰베 강 유역에 관한 연구를 계속하였으며, 이 연구소는 침팬지와 그 서식지역을 보호하기 위한 노력을 전 세계적으로 확대하는 데 주도적인 역할을 했다. 또한 이 연구소는 혁신적이면서도 지역 중심의 아프리카에서 생태보호 및 개발 프로그램을 수립하는 데 명성을 얻었다. 또한 뿌리와 새싹 Roots and Shoots 교육 프로그램을 95개국 이상으로 확대하는 데 주도적인 역할을 수행하고 있다.

거북, 원숭이, 그리고 인간에 대한 이해

앤서니 로즈

인간의 머리 속 어두운 시상하부의 원형의 기억 저장 세포에는 우리 조상들의 목소리가 메아리쳐 들려오고 있다. 개인과 공동체의 조화를 만들어 낸 냉철하면서도 열정적이고, 차갑고도 뜨거운 피를 가진 목소리다. 개인을 존중하면서도 공동체를 이룩하는 것, 이것이야말로 오늘 이 순간까지도 모든 동물의 후예들이 추구하고 있는 목표다. 하지만 인간들은 이런 조화와 균형을 깨버리고 자연의 역사로부터 이탈했다. 이제 인간들은 자연에 대한 두려움을 가지고 우리가 걸어온 길을 뒤돌아보아야 한다. 사실은 자연에 대한 두려움이 오히려 자연을 지배하고 정복하는 방향으로 우리의 야망과 의지를 만들어냈다. 과학자, 교사, 정치인, 부모들은 이 오묘하고 알 수 없는 우주의 잠재적인 풍요로움을 잃어버릴까봐 두려워하고 있다. 원시 자연은 우리를 두려워하게 만들고 우리는 이 진실로부터 숨어버린다. 그래서 자연으로부터 떨어져 나오고 이를 혼자 이용하려는 탐욕을 부리는 것이다.

몇 해 전에 어느 국제회의에서 인류학자와 자연보호자들과 대화를 나눈 바 있다. 그들은 자신들의 경험을 회의장에서 보고하는 것을 두려워하고 있었다. 보나 마나 아무도 믿지 않을 것이고 오히려 엄청난 반발이 있을 것이기 때문이었다. 나는 그들에게 걱정하지 말고 그들이 야생동물과 나눈 경험을 회의에서 보고하도록 격려했다. 이제는 드러내놓고 정면으로 이러한 두려움과 맞서야 할 것이며 개인적인 동물과의 교감을 공개적으로 말할 수 있어야 한다고 설명했다. 무작정 반대만 일삼는 비전문가들에게 이들 전문가들이 경험한 바를 간접적으로 경험하게 하고, 경험이 많은 전문가들로 하여금 이종異種 간의 친밀한 관계를 맺기 위한 기초적인 환경을 어떻게 만들어 나갈 것인가를 설명하도록 했다. 그러자 한 과학자가 단정적으로 말했다. "만약 정치인들을 현장으로 데리고 가서 고릴라를 만나게 해 자연보호를 위해 한 표를 행사하게 할 수 있다면, 우리도 동물을 의인화함으로써 저들에게 받을 항의와 반발을 감수할 가치가 있을 것입니다." 그러자 많은 사람들이 이에 동조했다.

아직까지도 "인도주의적인 시각에서 동물을 생각하면 절대로 안 된다. 그것은 비과학적인 것이다!"라고 주장하는 사람들도 몇몇 있다. 아이러니하게도 이러한 편협한 마음을 가진 사람들은 과학적 접근 방법에 대해서도 또한 비판적으로 평가했다. 의식적으로 모든 것을 단순화하고 종류별로 따로따로 구분하는 것이 과학의 일반적인 이론이라는 것이다. 이러한 과학적 요구는 동물을 객관적으로 보려는 움직임을 오히려 과학적 연구를 방해하는 것이라고 몰아 세우고 동물을 보호하고자 하는 인도적인 동정과 동물보호의 정신을 약화시키게 만들고 있다.

다행스럽게도 오늘날에 와서는 동물과의 관계에 대한 개인적인 경험의 가치를 인정하고 높이 평가하는 분위기가 점점 형성되고 있으며 다른 동물들을 이해하고 도와주는 것에 대한 공감대가 확산되고 있다. 야생동물의 세계를 연구하는 사람들은 대부분 동물과 깊은 교감을 경험해왔고 또한 동물의 숨겨진 생활과 비밀스런 진실을 증명할 수 있는 기회가 증가한 것이다.

나는 이러한 자연의 신비한 진실을 내포하고 있는 수백 가지 이상의 많은 사례와 일화들을 수집하고 분석했다. 각각의 개인들의 활동과 스스로 수집한 사례들을 종합하여 '심도 깊은 이종 간의 교감 사례PIES'를 만들어냈다. 이러한 사례들은 자연과 인간의 관계에 대한 세계의 시각의 변화를 촉구하고 있다. 이러한 시각의 변화는 자연과 인간이 다시 친밀한 관계를 회복하기 위해 필수적인 핵심 요소다.

또 다른 핵심 요소는 모든 살아 있는 존재는 우리 인간을 좋아하도록 천부적인 호감성을 가지고 태어났다는 생각이다. 이는 자연과 인간의 친밀감을 회복하기 위해 널리 확대되어야 하며 이미 포유동물로서의 본능이나 인간의 이성적인 노력을 주관하는 피질과 중뇌를 통해서가 아니라, 지금은 진화되어 퇴색해버린 인류의 근원인 파충류의 뇌를 통해 이루어져야 한다. 보수적이고 완고한 과학자들 중 몇몇이 이 일에 뛰어들었다. 많은 사람들이 실험용 생쥐와 사막 거북, 그리고 야생 고릴라들이 사랑스럽고, 깊은 생각을 하고, 영혼을 가진 존재라는 것을 알고 있다. 다만 인간의 거만함과 자존심이 그러한 사실을 인정하고 말하기를 두려워하고 있을 뿐이다.

이러한 일들을 이해하는 데 있어서 가장 큰 장애물은 동물들이 말로 표현하지 못한다는 사실이다. 그들의 생각을 읽고, 문자로 표현하는 것은 아무리 훌륭한 시인이나 작가라 하더라도 불가능한 일이다. 많은 자연과학자들이 남긴 자서전에는 이러한 경험에 대한 암시를 기록하고 있는 예가 많다. "이런 느낌을 말로서는 도저히 표현할 수가 없다", "나는 이 일을 결코 잊을 수 없다" 라고 그들이 느낀 것은 그들의 인생관을 바꾸는 어떤 자연의 현상이 발생하였음을 암시하고 있다. 하지만 이런 암시만으로는 충분하지 않다. 누구나 알아볼 수 있는 매체로 표현해야 한다.

시인, 소설가들과 더불어 동물이 주는 이러한 느낌을 표현하는 방법에 대해 연구해오면서 나는 이 사례들을 글로 표현하여 문자화하는 나 자신의 능력을 발전시키려고 노력했다. 하지만 이 일이야말로 지금까지 내가 한 일 중에서 가장 어려웠던 일이라고 고백할 수밖에 없다. 순간적으로 기발한 생각이 떠올랐거나 여러 사람에게 널리 알려야 하거나 설득해야 할 일이 생겼을 때 그 일이 방금 눈앞에서 일어난 것처럼 독자들이 느낄 수 있도록 시나 글로써 표현하는 것이 얼마나 어려운가를 깨닫게 된 것이다. 특히 동물들과 함께 살아가면서 느끼는 순간적인 영감이나 직관적 통찰은 더욱 그러하다.

오래 전에 소설가들의 워크숍에서 있었던 일이다. 어느 경험 많은 소설가가 내가 오랑우탄과 인간 사이의 의사소통에 관하여 표현하려고 쓴 글에 대한 초록抄錄을 읽은 후에 이렇게 말했다. "오랑우탄은 말을 하지 못하지요?" 나는 한마디로 잘라 말했다. "천만에요. 그들도 말을 합니다." 그러자 워크숍 진행자가 나에게 핀잔을 주었다. "하지만 당신처럼 말하는 건 아니죠."

아직까지 나는 독자들이 "오랑우탄의 언어"의 감각을 확실히 믿을 수 있도록 표현할 수 있는 단어나 문체, 그리고 문장을 찾아내지 못했다. 하지만 나는 계속 노력할 것이다. 열대 우림 속에서 만나는 야생의 오랑우탄이나 사막의 구멍에서 기어나오는 거북과 이야기를 나눌 수 있는 사람은 거의 없다. 하지만 이러한 경험을 할 수 있는 축복과 은총을 받은 극소수의 사람들이 자신의 경험에 대한 이야기를 써놓은 글을 통해서 많은 사람들이 읽고 공감하고 행동할 수 있다.

이런 글을 쓰게끔 하는 것은 사실을 알리고자 하는 의지와 열망이다. 겸손한 마음으로, 우리의 유산이자 희망인 동물의 세계를 위한 사랑과 경의를 불러일으키고 알리기 위해 몇 가지 이야기를 하고자 한다.

우선 나 자신의 경험부터 소개한다. 나와 동물과의 교류는 로키라는 이름의 거북을 만났던 일곱 살 때부터 시작된다. 두꺼운 껍질 속에 숨어 있는 이 우스꽝스러운 동물을 만난 것은 전적으로 우연이었다. 살아남기 위해 나의 손바닥 위에 조용히 앉아 있는 녀석의 모습을 보며 나는 참을성의 의미를 깨우쳤다. 흔들리는 나의 팔에서 떨어지지 않으려고 균형을 잡으려고 바둥거리는 그 작은 생물을 보며 생명에 대한 존경심이 저절로 생겼다. 또 한편으로는 어린 나이임에도 불구하고 파충류의 균형감각을 느낄 수 있었다. 그리고 우리와는 무엇이 다른가를 생각했다. 나는 온혈동물이고 녀석은 냉혈동물이다. 우리 사이의 어떤 공통점을 발견할 수 없었다. 하지만 왠지 녀석이 친한 친구처럼 느껴졌다.

그때로부터 30년이 지나고 여러 차례 이사를 했다. 어느 날 크고 건강한 12파운드약 13.6킬로그램나 되는 수컷 캘리포니아 사막 거북을 발견했다. 녀석은 우리 집 뒤에 있는 헤르모사 해변의 공원에서 어슬렁거리고 있었다. 주인이 없는 듯해 우리 집 정원으로 데려와서는 시드니라고 이름을 지어주었다. 시드니는 돌아가신 선친의 이름이다. 4년 후에 옆집에 이사온 사람이 한 눈이 멀고 등이 갈라진 늙은 거북을 데리고 왔다. 나이와 살아온 역정을 알 수 없다고 했다. "얘들을 같이 있게 해봅시다. 만약에 둘이 잘 지내면 이 암컷도 데려가시오" 하고 이웃집 사람들이 말했다. 나는 그 제안을 즉시 받아들였다.

우리는 녀석들이 적대감을 드러낼 경우에 대비해서 가까이 앉은 다음 암컷을 천천히 시드니 쪽으로 밀어 넣었다. 시드니는 처음에는 코를 실룩거리며 냄새를 맡았다. 암컷이 움찔 뒷걸음질쳤다. 시드니가 머리를 까닥거리자 암컷이 눈을 깜박였다. 그러자 녀석이 암컷의 등껍질을 물자 암컷이 돌아섰다. 머리를 끄덕이고 눈을 깜빡이고, 물고 돌고 하는 행동을 반복했다. 점점 강도가 더해지면서 말이다. 그들의 행동을 보면서 우리 인간들은 정원이라는 작은 세계에서 벌어지고 있는 놀라운 생명과 사랑에 대해 이야기를 나누었다.

갑자기 시드니가 암컷의 등 위로 올라탔다. 하지만 암컷은 재빨리 돌아버렸다. 시드니는 앞발을 올려놓고 뒷발은 땅 위에 버틴 채로 마치 체조선수처럼 암컷이 도는 대로 따라 돌았다. 마침내 암컷의 속도가 느려졌다. 녀석은 암컷의 뒤쪽으로 올라탔다. 암컷이 고개를 낮추더니 꼬리 쪽을 들어올렸다. 아주 천천히 조금씩 시드니를 받아들이기 시작했다. 오랫동안 홀로 살아온 이들 고대 동물들은 15분도 채 안 되어 종의 생존을 위한 위대한 작업을 끝마쳤다.

나는 집안으로 뛰어들어가서 샴페인과 유리잔을 가지고 왔다. 그리고 이웃집 사람들과 건배했다. 인간을 위해, 거북을 위해, 아니 인간과 거북을 위해! 하지만 이것이 삶에 대한 나의 생각을 바꾸는 계기가 될 줄은 꿈에도 몰랐다.

나는 암컷에게 로리타라는 이름을 지어주었다. 나의 어머니의 이름이다. 이후 10년 동안 시드니와 로리타는 여름에는 짝짓기를 하고 겨울에는 동면을 하면서 지냈다. 6월에 땅 속에 알을 다섯 번이나 낳더니 40마리가 부화해 그중 13마리의 새끼가 건강하게 자라났다. 구멍을 파서 집을 짓고 돌로 에워싸서 놀이터를 만들고, 과일과 채소를 나르고 물과 비타민을 먹여주고, 배설물을 청소하고, 거북들을 잃어버렸다가 찾고, 몸무게와 길이를 재고, 관찰하고 연구하느라고 시간이 흐르는 줄을 몰랐다.

하지만 나는 우리 집 뒷마당에서 일어나고 있는 모든 일에서 철저한 아웃사이더로 남아 있었다. 그들의 활동에 간섭하는 것을 피하고, 관찰사항을 객관적으로 보고, 내 주관대로 해석하려는 것을 억제하고 꼭 해야만 하는 실험만 실시하면서 평상시대로 업무를 보았다. 마치 캘리포니아에 있는 모든 사람들이 그들의 정원에 2억 년 된 멸종위기의 종을 키우고 있는 것처럼 말이다.

그러던 어느 여름 밤, 이 모든 것이 바뀌고 말았다. 수수방관하던 과학자에서 인도주의자로 깊숙이 관여하게 되었고 내가 기르는 파충류 그 이상의 일에 끼어들게 된 것이다. 나는 이 글을 통해 나의 모든 가치관을 보여주고자 한다. 이 글은 단순히 한 남자와 그가 기르던 거북과의 이야기가 아니다. 우리 인간들이 무관심하게 바라보던, 그리고 머리로만 알고 있는 세상에 살고 있는 이들 냉철한 존재에 대한 놀라운 이야기이며, 내가 어떻게 이들과 교감하고 부딪히며 살아왔는가에 대한 이야기다. 이는 또한 인간이 잃어가고 있는 소중한 것들을 파충류의 목소리에서 찾아내는 비유요 우화다.

거북 로리타의 죽음

우리가 들을 수 없는 목소리가 있다. 그것은 바람 속에 실려오는 세월의 소리다. 잎새의 속삭임에 숨어 있는 하나의 한숨이다. 그늘진 둔덕 너머 초록빛 풀잎들이 서서히 빛을 잃어가다가 마침내는 한편의 장편 서사시처럼 죽어가는 소리들이다.

어느 해 미국의 독립기념일 새벽, 청천벽력 같은 폭발음이 뒤척이는 나를 깨웠다. 불꽃놀이의 폭죽이 터지는 소리도 아니었고 할머니가 알밤을 쇠바구니에 쏟아부을 때 나던 그런 소리도 아니었다. 폭발음은 단순히 무언가를 감추기 위한 소리에 불과했다. 말로 표현할 수 없는 그 무엇인가가 나를 깨운 것이다. 처음에는 구름 속에 숨은 달인가도 생각했지만 그것도 아니었다 창가로 다가가 발코니를 열어젖히자, 서쪽부터 밤하늘이 벗겨지기 시작하는 것이 보였다. 소금기 머금은 생선냄새가 아직도 산타모니카 만Santa Monica Bay이 그곳에 있음을 깨닫게 해주었다. 하지만 보이지는 않았다. 두껍게 낀 안개 벽이 마치 내가 캔자스에 있는 집에 와 있는 것처럼 느끼게 했다. 위키타 외곽의 옥수수밭 속에서 숨바꼭질하던 그때처럼. 하지만 바닷물이 모래에 부딪히는 소리와 수염에 묻어 있는 소금알갱이들이 내가 이곳 캘리포니아의 서해안에 와 있다는 것을 알려주었다. 어쨌든, 나는 헤르모사 해변Hermosa Beach의 집에 있고 아침까지는 잠을 잘 것이다.

나는 맨발로 침대로 돌아가서 두어 시간을 더 뒤척였다. 그러고는 일찌감치 일어나 반바지를 챙겨 입었다. 아침 7시에 사막으로 가기로 되어 있었다. 해 뜨기 전에 테하차피Tehachapi에 도착해야 한다. 떠나기 전에 할 일이 많다. 정원의 허드렛일도 해야 하고, 아이들 옷도 입혀야 하고, 동물들도 먹여야 하고 거북의 집도 치워야 한다. 계단을 뛰어내려가 마당으로 나갔다.

그때 나는 다시 느꼈다. 무언가 소리 없는 목소리! 오직 느낄 수 있었다. 발바닥에 뜨거운 불 줄기가 지나가는 것 같았다. 무언가 잘못되고 있다는 느낌이 퍼뜩 들었다. 혓바닥 위에 고춧가루를 뿌린 것 같았다. 삼키려고 했지만 마음대로 되지 않았다. 잔디 위를 훑어보았다. 노란 올리브색 빛줄기 같은 것이 번뜩이며 지나갔다. 그때 뒤쪽 울타리 아래의 흙 위에 납작한 돌 하나를 발견했다. 처음 보는 평평한 돌이었다.

우리 집 정원에는 둥글둥글한 돌들만 있다. 걸어다니는 돌이다. 딱딱한 껍질 속에 온몸을 눌러 넣고 나무토막 같은 두꺼운 가죽 다리를 가진 삼첩쥐라기에서부터 온 넓적한 돌, 밤에는 그들의 뼈와 살을 접어 넣고 추수감사절 이전에 땅을 파고 들어가 경칩이 될 때까지 나오지 않는 돌이다. 이 둥근 돌들은 새벽 어스름에 나타나지도 않을 뿐 아니라 그들의 평평한 부분을 드러내는 것을 좋아하지 않는다.

순간적으로 나는 알아차렸다. 그 목소리, 그 고춧가루, 그리고 빛줄기! 그 납작한 돌은 로리타가 뒤집어진 것이었다. 우리 집의 모든 새끼 거북의 엄마가 등을 땅에 대고, 가장 약한 부분을 드러내고, 무언가 체념한 듯, 뒤집어진 채 누워 있었다. 나는 뛰어나가서 차가운 발로 이슬에 젖은 잔디 위에 무릎을 꿇고, 뚫어지게 바라보았다. 그러자 갑자기 악취가 코를 찌르며 엄습해오는 것이 아닌가? 꼬리 부분이라고 생각되는 곳의 어두운 구멍에서 거품 같은 액체가 흘러나오는 것이 보이고, 잔디를 가로질러 가는 줄 같은 살점들이 이어져 있었다. 액체와 피부와 내장들과 그리고 무언지 도저히 알 수 없는 살점과 고깃덩어리들. 고양이가 뜯어 놓은 쓰레기나 다른 육식동물이 찢어 놓은 양고기 옆구리 살이나 햄 덩어리라고 믿고 싶었다. 로리타의 몸뚱아리가 아닌 다른 것이라고 믿고 싶었다.

한쪽 눈이 먼, 등껍질이 깨진 거북 로리타. 야밤과 폭죽 축제를 틈타서 무언가 강한 포식자에 의해 자신의 보금자리로부터 끌려나온 것이다. 5미터나 끌려가면서 처음에는 상자 안에 있는 뱀 같은 소리를 내고, 자신을 조그맣게 오무려서 돌처럼 단단하게 만들어 약하지 않다는 것을 보여주려 했을 것이다. 하지만 결국 자신의 은신처로부터 끌려나와서 자신의 등껍질을 쓴 채로 산산히 찢겨진 채로 로리타는 죽어가고 있었다.

나는 그녀를 뒤집었다. 로리타는 쿨럭거리는 소리를 내고, 헐떡거리며 숨을 몰아쉬고 있었다. 몸을 굽혀 얼굴을 자세히 들여다보니 녀석은 겨우 눈을 껌벅거리다가 아예 감아버리는 것이었다. 나는 뛰어가서 종이상자를 가져와서 그녀를 담았다. 그러고는 차에 올라 독립기념일에도 문을 여는 동물병원을 찾아 달렸다. 로리타는 조수석에 누워 숨을 몰아쉬고 있었다. 진찰실에 도착하자마자 그녀를 꺼내어 철제 테이블에 눕혔다. 그녀를 들어올리자 그녀의 등껍질로부터 피가 쏟아져나와 테이블과 내 손과 내 바지를 흠뻑 적셨다. 나는 그녀에게 말했다.

"괜찮아 괜찮아 엄마 거북아. 우리는 가능한 것은 뭐든 할 거야."

로리타는 목을 길게 빼더니 눈을 크게 뜨고는 머리를 아래 위로 끄덕거렸다. 다른 거북을 만나서 인사하는 것처럼 말이다. 전에는 한 번도 나에게 그렇게 한 적이 없었다.

"걱정하지 마! 내가 너와 함께 있잖니."

녀석은 머리를 다시 끄덕거렸다. 나 자신도 모르게 고개를 같이 끄덕거렸다. 천천히 숨 쉬면서, 시간이 왜 그렇게 더디게 흐르던지……. 그러고는 문득 이상하다는 생각이 들었다. 로리타는 한 번도 나를 쳐다본 적이 없었다. 항상 수줍어하듯 도망갔었다. 이제야 그녀와 나는 서로 똑바로 쳐다보고 있는 것이다. 눈도 한번 깜빡이지 않고, 둥그런 등껍질의 안전지대로 숨지도 않고. 평상시와 같은 일은 아니었다. 나는 우리의 뜨겁고 찬 심장의 아픔을 느꼈고, 밤이 깊어가는 향기와 탄생의 향기를 맡았고, 땅속에 깊은 구멍을 긁어대는 발톱의 사향 냄새, 동그랗고 하얀 알들의 달콤한 숨결을 느꼈다.

나는 이 수줍음 많은 어미 거북을 보면서 깨어지며 벌어지고 있는 알 껍질을 본다. 그리고 작고 납작한 머리, 엄지손가락만 하지만 다 자란 거북과 쏙 빼닮은 머리가 살아보겠다고 뚫고 나오는 모양을 본다. 열두 마리의 로리타의 새끼들, 주먹보다 더 크게 자라서 이제는 제각각 자기 구멍을 뚫고 있는 녀석들을 바라본다. 나의 영혼 속을 깊이 바라보면서 나에게 자신의 운명의 일부가 되어준 것에 감사하는 이 어미 거북. 나는 지금도 그 소리를 잊을 수가 없다. 너무도 작아서 들리지 않는 지구가 만들어질 때부터 이 세상에 존재했던 동물이 들려주는 태초의 생명의 소리를. 잠시 뒤, 무시무시한 소리가 그녀의 목을 통해 올라오더니 입이 벌어지고, 숨을 헐떡이고, 고개를 끄덕이고, 입을 다물더니 머리를 떨어뜨렸다. 그러고는 다시 결국은 고개를 들지 못했다.

나는 로리타 혼자만을 위해서, 아니 나 하나만을 위해서 눈물을 흘린 게 아니다. 우리 가족과 로리타의 동료들, 그녀의 자식들 그리고 우리가 잃은 것을 위해서 눈물을 흘렸다. 우리의 영혼을 쓰다듬어주고 우리의 작은 일을 위해 자신을 희생할 때를 제외하고는 우리 자신에게 알리는 것을 허락하지 않은 존재를 위해 울었다.

거북 로리타는 우리에게 남긴 자연의 늪이요, 사바나 초원이었다. 그녀는 마치 냇물처럼, 바람처럼 이곳에 흘러들어왔다가 홀연히 나갔다. 그녀는 그녀를 둘러싼 환경이 얼마나 문명화되었는가와는 상관없이 자연의 일부로서 살았다. 그러다 낯선 땅에서 낯선 존재로 너구리의 먹이가 되어 죽어갔다. 바로 우리 집 뒷마당에서. 로리타와 함께했던 10년간의 삶이 스쳐 지나갔다. 나는 죽음의 순간까지 그녀의 목소리를 듣지 못했던 것이다.

나는 떨어뜨린 그녀의 머리를 응시했다. 피에 흠뻑 젖은 내 손과 더불어. 우리가 얼마나 쉽게 죽어가는가! 얼마나 빨리 숨이 끊어지는가! 순간 나는 로리타와 거북들이 가장 위험한 환경 속에서 살아가는 종족이라는 것을 깨달았다. 그녀는 달아날 수도 싸울 수도 없는 동물이다. 그녀는 단지 엎드리고 숨는 것밖에 할 수 없다. 단단하고 냄새 나고 뚫을 수 없을 것 같은 강력한 방어수단도 가지고 있지 못하다. 그저 뱀처럼 쉿 소리밖에 못 낸다. 그러고는 껍질 안으로 들어와서 구멍을 숨기고 마치 돌덩어리인 것처럼 보이도록 위장을 한다. 사람들도 그렇게 한다. 실제로 많은 사람들이 그렇게 한다. 나도 몇 년간을 그렇게 지내려고 했던 적이 있다. 두꺼운 껍질과 둔덕 속에 숨어 있는 기술자와 과학자들, 바위같이 보이지만 사실은 가장 약한 존재들이다.

과학은 고통과 혼란과 흥분과 사랑과 두려움과 즐거운 감정이 생기는 것을 피하기 위해 두뇌 피질 아래에 연결되어 있는 '마음' 세포를 잘라내버리는 일종의 특별한 도구 같은 것이다. 현실이 아무리 뜨겁다 하더라도 우리 자신을 냉철하게 만드는 정신적 동면冬眠을 촉진시킨다. 사람들로 하여금 완고한 이성론자와 근본적인 원리주의자적 방법론을 택하도록 강요한다. 우리는 방황하는 너구리를 보고는 모른 척하지 못하는 동정심과 연민 등의 우리 자신의 급소인 부드러운 감정을 피하기 위해 이 과학이라는 두꺼운 철 갑옷을 입는다. 그러나 이처럼 냉정한 과학은 종국에는 참담한 결과를 가져온다. 바로 우리 스스로가 껍데기만 남은 거북이 되는 것이다.

　　우리는 파충류들이 생각하는 것처럼 결국 모든 것들이 땅으로 돌아간다는 근본적인 믿음을 잃어가고 있다. 사막 거북이나 자연 속의 인간은 두려움 없이 죽음을 받아들이고 있다. 뇌량腦梁 corpus callosum : 좌우에 있는 대뇌반구에 해당하는 피질 사이를 서로 연결하는 신경섬유의 집단-옮긴이 주 아래 어느 부분엔가 생명이란 육체에서 흙으로, 흙에서 육체로 변화하는 것이라는 사실을 자각하게 하는 중심 세포가 있기 때문이다. 로리타가 매년 겨울 땅을 파고 들어갔을 때 그것은 우리들의 어머니의 자궁 속으로 다시 들어갔던 것이며, 차갑게 몸을 식혀 다시 흙으로 돌아간 것이다. 거북은 4개월 동안 살아 있는 채로 묻혔다가 봄이 되면 다시 부활한다. 파충류의 머릿속에는 이 위대한 자연의 섭리에 대한 경외와 순종으로 가득 차 있다. 이러한 경외와 순종이 과연 차가운 이성을 앞세우는 우리 인간의 두뇌에도 가능할까? 캄캄한 침묵의 세계인 흙으로 돌아가는 것과 차가워지는 것을 두려워하는 온혈동물의 과학자인 우리에게 말이다.

　　30여 년 동안 나는 살아 있는 그 어떤 존재보다도 우리 집 뒷마당에서 번식하고 굴을 파고 사는 캘리포니아 사막 거북과 지속적으로 교감을 나누었다. 그 기간 동안 주로 우리의 공동 관심사인 살아가고자 하는 삶의 의지에 대해 주로 생각해왔다. 지금은 땅속에 계신 선조들이 단순히 생존의 모티브가 아닌 훨씬 더 강한 힘을 가지고 있었다는 것을 알았다. 이러한 고대 생명체들이 흔들리지 않는, 그리고 변함없는 신념을 가지고 길고 풍요로운 삶을 살아왔다는 것을 알았다.

나는 거북의 입장에서 그들을 이해하려고 노력해왔다. 그들은 그들 나름대로의 세계에서, 그들만이 땅에서 살고 있었다. 그들만의 복원력은 참으로 놀라운 것이었다. 매년 땅속에 묻혔다가 다시 살아났다. 어떤 애착 없이 알을 낳는다. 해가 뜨면 먹고 해가 지면 먹지 않는다. 그리고 먹을 것이 풍부하고 부족함에 따라 수시로 먹기도 하고 단식하기도 한다. 죽을 때가 되면 전혀 두려워하지 않고 죽음을 맞이한다. 이런 것이야 말로 우리가 오랫동안 추구했던 평화로운 삶 바로 그것이다. 하지만 과학자의 이성이나, 과학이 좋아하는 논리적 증명으로써는 찾아내지 못하는 것이다. 돌처럼 뒤집어진 것, 내장들, 등껍질을 짊어진 거북 멘토의 작별인사, 이런 것들이 인간으로서의 내 이성에 강한 충격으로 다가왔다. 오직 파충류들의 목소리만이 들려줄 수 있는 위대한 소리였던 것이다. 이 자연의 가르침은 나로 하여금 위대한 지구 생명체들에게 가슴을 열게 만들었다.

나는 발코니로 걸어갔다. 문득 마당 아래 있는 시드니를 보았다. 막 비치기 시작한 햇살에 일광욕을 하고 있었다. 로리타가 죽을 때 시드니는 동면 중에 있었다. 녀석은 그곳, 흙 속에서 로리타의 운명을 지켜보고 있었을까? 흙으로 돌아간 로리타의 영혼을, 다시 부활하고 있는 그녀의 영혼을. 나는 8개월 만에 녀석을 땅속에서 꺼냈다. 이제 녀석은 그의 일상으로 돌아왔다. 따뜻한 햇볕 아래 몸을 데우고, 졸고, 다시 데우고, 자고. 아마도 잃어버린 그의 반려자의 꿈을 꾸겠지. 그리고 또 다른 반려를 기다리고 있는지도 모른다. 그리고 둔덕 아래에는 로리타의 새끼들이 기어나와서는 또 다른 하루를 맞이하고 있다. 자연을 소유한다는 것은 얼마나 축복받은 일인가! 나의 뒷마당에 자연의 위대한 역사적 가르침과 믿음을 품고 사는 것이야말로 진정한 은총이요, 축복이 아닐 수 없다.

오징어들의 대화

뒷마당 너머로, 나는 언제든지 눈만 뜨면 바다와 하늘을 볼 수 있는 축복을 받고 있다. 태평양의 가장자리에 살고 있으므로, 나는 매일 자연의 유산의 깊이를 몸과 마음으로 만나고 되새긴다. 어릴 적부터 시원한 물에서 자맥질하고 수면 위로 떠오르기를 즐겼다. 보다 더 넓은 모험을 좋아하는 바람에 해저 탐험을 그만두었다. 하지만 나는 알고 있다. 푸른 물결 아래로 다이빙하는 사람들은 육지 동물과는 다른 동물과의 만남을 가지고 있는 사람들이라는 사실을. 언젠가 친구인 랜디 하우드Randy Harwood 박사가 다이빙을 마치고 해변으로 돌아오는 길에 자신이 경험했던 신비한 사건에 대해서 말해준 적이 있다. 그는 다이빙하는 친구들과 솔로몬 제도의 과달카날Guadalcanal 해변의 침몰한 배에서 스쿠버다이빙을 즐기고 있었다.

오징어 다섯 마리가 해변가의 얕은 물속에 떠다니는 것을 보았습니다. 우리는 얼른 스노클로 스위치를 돌렸습니다. 스쿠버 레귤레이터호흡조정기 소음에 그들을 놀라게 하지 않으려고 말이지요. 거기에는 15센티미터 정도 길이의 오징어 네 마리와 거의 60센티미터 정도 되는 한 마리가 있었습니다. 아마 어미와 새끼들인 것 같았습니다. 우리는 천천히 약 3미터 정도까지 가까이 갔습니다. 우리를 보자 그들은 동시에 몸을 부르르 떨어 댔습니다. 그러자 연회색으로부터 무색으로 몸을 변화되는 것이었습니다. 투명해진 것입니다. 그러고는 큰 오징어가 몸을 빼쳐 달아나면서 동시에 갈색 점이 찍힌 얼룩을 무리들에게 보여주었습니다. 그러자 다른 오징어들도 즉시 비슷한 무늬를 보여주는 것이었습니다. 그러고는 다시 투명하게 몸을 변화시키더니 새끼 네 마리가 모두 도망치는 것이었습니다. 새끼들이 도망치는 동안 큰 오징어는 천천히 우리들 앞 1미터 지점까지 다가오는 것이었습니다. 촉수를 앞쪽으로 내밀면서……. 녀석은 작은 새끼들이 안전한 곳으로 멀어질 때까지 우리를 가로막고 경계하면서 지켜보는 것이었습니다.

갑자기 큰 오징어가 온갖 종류의 얼룩과 줄무늬와 기타 여러 모양으로 몸의 무늬를 바꾸더군요. 색깔도 붉은색으로부터 회색, 갈색, 파란색으로 바뀌가면서. 어미 오징어는 우리와 의사소통을 원하는 것 같았습니다. 인사를 하고, 질문을 하는 거죠. "안녕하세요? 좋은 날씨네요, 그렇죠? 당신들은 누구세요? 여기서 무얼 하나요? 왜 말을 못하세요?" 우리는 움직이지 않고 가만히 있었습니다. 아무런 응답도 못하고요.

2분 정도 질문을 던진 후, 어미 오징어는 다시 연회색으로 돌아가더니 뒤로 돌아서서 무리들에게 천천히 고개를 끄덕이는 것이었습니다. 그러고는 짙은 빨간색과 갈색의 커다란 얼룩무늬와 점을 보여주는 것이었습니다. 지도자가 무리들에게 검문 결과를 보고하는 거였죠. 그러자 작은 것들이 어미의 색깔과 맞추어 색깔을 바꾸더군요. 알아들었다고 말하는 듯이 똑같은 메시지를 보여주었습니다.

그러자 다섯 마리 모두가 투명하게 몸을 바꾸더니 촉수를 앞으로 하여 천천히 우리에게 다가왔습니다. 1미터쯤 앞에 멈추더니 이번에는 처음에

했던 아름다운 색깔 바꾸기를 단체로 반복하는 것이었습니다. 정말 믿을수 없는 일이었습니다. 그들은 우리와 다시 한번 대화하기로 의논을 한것이었습니다. 무지개 색깔 전부를 가지고. 이 다른 세계에서 온 다섯 명의 똑똑하다고 자부하는 자기 인식능력이 있는 외계인들이 우리와 대화를 시도하는 것이었습니다. 정교하고 세밀하게 보이지만 아마도 단순한질문을 반복하고 있었을 것입니다. "헤이 이 바보야! 너희는 누구냔 말야?" 만약 우리가 여기에 응답을 할 수 있었다면 얼마나 좋았을까요? 하지만 그것을 목격한 것만으로도 엄청난 기적입니다.

결국 녀석들은 포기했는지, 아니면 싫증이 났는지 천천히 멀어져갔습니다. 우리는 물속에서 나와 기다리고 있는 친구들에게 무슨 일이 일어났었는지를 이야기해주었습니다. 어떤 사람들은 의심의 눈초리를 보내고, 어떤 사람들은 부러워하고, 어떤 사람들은 웃더군요. 이 경험은 동물들이각자의 감정이나 개성, 지각능력 등을 지니고 있을 것이라는 나의 신념을재확인시켜주었습니다.

랜디 하우드 박사는 우리가 볼 수 없는 색깔들을 본 것이다. 바다의 생물을 통제하는 위대한 힘의 소유자가 오징어와 멸종의 위기에 처해 있는 무수한 아름답고 지적인 능력이 있는 종들을 보내서 경고의 메시지를 인간에게보내준 것이다. 접시에 담긴 생선 튀김이란 단지 그들의 단백질일 뿐이지그들의 전부는 아니라고 알려주는 것이다. 하우드는 치과의사로 일하면서해저 탐험을 취미로 하고 있다. 그리고 모든 면에서 전통적이고 보수적인일반시민이다. 그는 동물의 권리를 위해 운동을 하거나 로비하거나 의학적연구를 비난하거나 야채만 먹거나 하지 않는다.

그러나 그의 친구들이나 환자들이 그가 바다 밑이나 난파선에서 다이빙하면서 경험한 불가사의한 초자연적인 체험에 대해 얘기해달라고 하면, 그는 오징어 일가족이 그에게 여러 가지 색깔을 보여주며 메시지를 전달하려 했던 때의 이야기를 해주곤 한다. 하우드는 말한다.

"우리 인간은 모든 살아 있는 존재들에게 우리의 마음을 열어야 한다. 그들의 보금자리를 파괴하거나 우리의 쾌락이나 욕심을 위해 그들의 생명을 뺏는 일을 해서는 안 된다."

이들 두꺼운 껍질을 가진 파충류나 어류가 냉혈동물이라고 해서 그들이 애정이 없다는 것을 의미하지는 않는다. 하우드가 말한 오징어 가족은 우리의 곁에 사는 개의 가족이나 인간의 가족처럼 호기심이 많다. 일단 우리가 포식자가 아니라는 것과 그들에 대해 알고 싶어 한다는 것을 알아차리면, 그들은 우리에게 인사를 하러 돌아온다.

나의 정원에 살던 그 늙은 거북이 어슬렁거리거나 나의 발밑에서 일광욕을 하는 것을 본 사람들은 녀석이 나에게 고맙다고 인사를 할 줄 안다는 것을 분명한 사실로 받아들일 수 있다. 그는 나의 우정을 받아주었을 뿐 그 이상은 아니다. 그리고 그렇게 함으로써 그는 나의 눈과 귀를 자연의 색깔과 소리를 보고 들을 수 있도록 만들어주었다. 두려워하고 욕심 많은 사람들이 '우리는 보아서도 들어서도 안 된다고 말하는' 비밀의 색과 소리 없는 교향곡. 이들 색깔을 보고 소리를 들을 수만 있다면 자연으로부터 독립해야 한다는 잘못된 생각을 다시 자연으로 돌아가야 한다고 믿게끔 해줄 것이다.

•

가장 빠른 길

자연으로 돌아가는 가장 빠른 길은 우리가 위험하고 멀리 있고 또는 무관심하다고 생각하는 동물들이 우리를 놀라게 할 때 일어난다. 인간과 '우호적인 교류를 추구하는' 야생의 동물들은 가장 심층 깊은 이종 간 이벤트를 만들어낸다. 나의 연구에서는 SAFESeek a Friendly Encounter 우호적인 교류 추구하기 운동 시나리오라고 부른다. 오징어가 인간에게 이와 같은 행동을 한다는 것은 대단히 드문 일이다. 하지만 우리 영장류들끼리는 아주 드문 것은 아니다. 왜냐하면 원숭이와 유인원들은 인간과 가깝기 때문에 그들의 관심이나 걱정거리에 대해 다른 동물보다 더 쉽게 알아차리고 쉽게 마음을 열고 반응할 수 있다. 돌리틀 박사의 이야기가 갖는 실질적 힘은 바로 치치라고 불리는 원숭이에게서 나온다. 동물에게 이야기하기 위해서는 이러한 동족의식을 가져야 한다는 생각은 이미 많은 과학자들에게서 기정사실화되어 있다.

내가 처음으로 동물들과 심도 깊은 교감을 나눈 것은 1963년 UCLA의 두뇌연구소에서 특별연구원으로 일할 때였다. 당시 젊은 과학자들이었던 우리들은 가용한 모든 동물을 가지고 실험을 할 정도로 열심이었다. 부드러운 털을 가진 모든 설치류, 길 잃은 개, 집 나온 고양이들을 가지고 실험을 했다. 우리는 우리와 가까운 종인 침팬지를 가지고 실험하고 싶어 했으나 어쩔 수 없이 붉은털원숭이, 돼지꼬리원숭이, 붉은얼굴원숭이 등의 원숭이로 만족해야 했다. 제대로 서 있기조차 힘들 정도로 좁은 1평방미터의 금속제 우리 속에 들어 있는 원숭이들뿐이었다.

나는 조그만 우리 안에서 원을 그리며 뱅글뱅글 돌며 엄지손가락을 빨던 원숭이들을 기억한다. 내가 아침 일찍 연구실로 들어오면 그들은 빠른 박자로 소리를 내며 반응을 한다. 연구실은 원숭이 오줌에 절은 톱밥, 배설물 덩어리, 젖은 원숭이 사료의 냄새 등이 섞여 코를 찌르곤 했다. 나는 그들과 친분을 만들기 위해 그들의 뒤로 살며시 다가가서 큰 이를 보이며 웃어주고, 등을 돌려주고, 공손한 태도에 감사하다고 말한다. 그리고 만약 시간이 허락된다면, 그들의 초대에 응해서 같이 팔짱을 끼고, 손가락으로 보이지 않는 털 속의 진드기를 찾아 긁어주고, 그들의 분홍색 혓바닥으로 나의 피부에서 소금을 핥도록 해준다. 이들 원숭이들은 나에게 동물과 어떻게 대화를 나누는지를 가르쳐주었다. 수년 동안 우리는 서로 몸짓으로, 구구거리는 소리로, 두드려가면서 대화를 나누었다. 그리고 수년 동안 나는 비난받기도 하고, 방해받기도 했다. 또한 잊을 수 없는 감동과 충격도 받았다.

그러던 어느 날 놀란 관리인이 친구 사무실에 있는 나를 찾아와서는 돼지꼬리원숭이가 우리에서 탈출했다고 알려주었다. 온 연구실이 난리법석이었다. 연구실의 원숭이를 다루는 것과 탈출한 원숭이를 잡는 일은 별개의 일이다. 나는 너무나 당황해서 긴 복도를 마구 뛰어갔다. 원숭이 우리가 있는 방으로 뛰어들어가서는 엉망진창이 되어버린 난장판을 보며 어쩔 줄 몰라서 난감해하고 있었다. 그때 먼 곳에서 벽을 두드리는 낯익은 소리가 나의 눈길을 끌었다. 탈출한 세 살짜리 수컷 원숭이가 책꽂이 위에서 나를 내려다보고 있었다. 꼬리털을 바짝 세우고, 눈을 부라리고 이빨을 드러내면서. 반은 두려워하고 반은 적대감을 가지고, 가까이 가면 금방이라도 달려들 것 같았다. 무엇을 어떻게 해야 할지 몰라 잠시 망설이다가 나도 모르게 녀석을 향해 손으로 입술을 두드렸다. 평상시 우리의 아침인사였다. 녀석은 몸을 한 번 부르르 떨더니 긴장을 풀고 바로 책꽂이에서 뛰어내려 내 팔 위로 뛰어올라와 매달리는 것이었다.

멀리서 보았을 때 녀석은 크고 당당하며 야성적으로 보였다. 하지만 내 품안에서 녀석은 나에게 모든 것을 맡긴 자그마하고 연약하고 가여운 동물이다. 녀석을 무릎에 올린 채로 알루미늄 바닥에 앉아서 몸을 토닥여주고, 새로 씌운 이빨의 가장자리에 생긴 상처를 닦아주고, 실험을 위해 그에게 심어놓은 전극이 느슨해지지는 않았는지 점검해주고 놀라서 충혈된 눈을 검사했다. 나는 그때 이렇게 생각했던 것을 기억한다. '내가 녀석에게 잘 대해 주었기 때문에 녀석은 목숨을 걸고 얻으려던 자유보다 나의 우정을 더 원했던 거야'라고. 나는 울었다. 이 충격적인 경험 이후로 나는 의학적 실험을 멀리하게 되었다. 더 이상 계속하기엔 녀석들과 너무 친해져 있었다. 아니 그들이 깊이 생각할 줄 아는 이성적 동물이라는 것을 알게 된 것이다. 어떤 사람이 자신의 친구에게 엄청난 고통을 수반하는 실험을 할 수 있겠는가? 친구에 대한 배신이다. 주어진 연구를 마친 후 나는 실험용 동물을 사용하는 연구실로부터 최대한 멀리 떨어지려고 노력했다.

야생에 살고 있는 원숭이와 유인원을 연구하는 과학자들은 계속해서 자신의 의문에 초점을 맞출 수 있는 기회가 더 많아진다. 하지만 연구실에 박혀서 과학적인 사고에 젖어 있는 사람에게는 위대한 발견은 거의 나타나지 않는다. 캐럴 밴 셰이크Carel Van Schaik, 1953~ 교수는 수년 동안 인도네시아 열도에서 야생동물을 추적해왔다. 그가 오랑우탄이 도구를 만드는 과정을 정밀하게 묘사하였을 때 나는 떨 듯이 기뻤다. 이러한 행동은 야생에서는 발견된 적이 없었다. 이러한 발견의 깊은 의미에 공감하기 위해서는 특별한 지식과 경험이 있어야 한다.

밴 셰이크 교수는 서부 수마트라의 토탄 습지의 오랑우탄들은 조건이 맞으면, 즉 나무에 개미집이라고 확신할 수 있는 구멍이 있고, 꿀벌과 개미와 흰개미들이 구멍 속에 충분히 있고, 호기심을 흔들 수 있을 만큼 충분히 배가 고프다면, 끌을 만든다고 보고했다. 그와 그의 조수가 시간마다 오랑우탄이 행하는 일련의 행동을 얼마나 흥분하면서 지켜보았는가를 설명했다.

알맞은 크기로 나뭇가지를 자르고 한쪽 끝을 씹어서 스펀지처럼 만들고 다른 한쪽은 쐐기 모양으로 물어뜯은 다음, 쐐기 쪽 끝을 앞으로 잡고 스펀지쪽을 구멍에 밀어 넣어 개미들이 가득 붙게 하고 이를 끌어올려 달라붙은 개미를 통째로 삼킨다는 것이다. 밴 셰이크 교수가 원숭이가 도구를 발명하는 현장을 발견한 것은 아주 환상적인 일이다. 하지만 더욱 중요한 것은 그가 가진 지치지 않는 발견에 대한 열망이다. 이 열망은 밴 셰이크 교수를 열대 우림의 깊숙한 곳에서 이리저리 뛰어다니고, 진흙과 덩굴, 거머리가 가득한 곳에서 오직 오렌지색 원숭이가 벌레를 잡아먹기 위해 뛰어다니는 것을 지켜보도록 만들었던 것이다.

그의 과학적 발견에 대한 열망은 다른 어떤 과학자들도 발견하지 못한 야생 오랑우탄의 행동을 찾아냄으로써 보상을 받게 되었다. 이것은 중요한 가설을 설명하여 주는 자연의 반응을 증명ENRICH;Exhibit Natural Reactions which Illuminate Crutial Hypotheses하는 동물의 행동을 발견하는 것이다. 충분히 멀리 떨어져서 지켜보고 다시 돌아오기를 반복하면서 밴 셰이크 교수와 그의 연구팀은 역사적으로 매우 중요한 사실을 증명한 것이다.

물론 갇힌 상태의 오랑우탄을 연구하는 모든 사람들도 오랑우탄이 도구를 만들 수 있다는 것을 알고 있다. 오랑우탄들은 그 능력을 매일 동물원과 회복센터에서 보여주고 있다. 하지만 어떤 사람들은 이것이 단순한 인간의 행동을 모방한 것에 지나지 않는다고 깎아내린다.

랜디 하우드가 오징어와 만난 뒤 친구들에게 이야기하기 위해 해변으로 돌아왔을 때, 몇몇 사람들은 부러워하고, 몇몇 사람들은 의심하고, 또 일부 사람들은 웃었다. 만약 하우드 박사가 해양생물학자였다면 결코 그 이야기를 다시 하지 않았을 것이다. 그러나 그는 모험가였고, 세상이 우리가 설명할 수 없는, 오직 공감과 직관에 의해서만 설명할 수 있는 신비로움을 품고 있다는 가능성을 기꺼이 받아들이는 사람이었다.

왜 우리는 야생 오랑우탄이 도구를 만든다는 것이나 오징어가 떠다니는 사람에 대해 자신들끼리 토의한다는 사실을 발견한 것에 대해 이리 흥분하는 것일까? 인간 이외의 동물들은 자신들이 도구를 사용할 줄 알고 언어를 사용하고 있다는 사실을 인간이 모르고 있다는 것을 알지도 못하고, 또한 우리에게 가르쳐주지도 않는다. 우리는 이것들은 인간 고유의 영역이라고 믿고 있었다. 그러나 그들은 우리에게 모든 생명 있는 존재가 자신의 환경과 인간을 포함하여 그 안에 살고 있는 동물에 대해 가지고 있는 깊은 애정과 호기심을 가지고 있다는 것을 보여줄 수 있다. 자연주의자인 에드워드 윌슨Edward Wilson, 1929~은 인간이 가지고 있는 다른 살아 있는 존재에 대한 본능적인 애정을 생명애착biophilia이라고 정의했다. 하지만 다른 동물들도 생명 애착을 가지고 있다. 우리로 하여금 동족애를 느끼게 하는 것이야말로 그들이 가지고 있는 생명애착이다. 친족관계란 서로 깊이 만족하는 것이다.

특별한 장벽을 뛰어넘는 경험에 대하여

과학자가 야생의 세계에 오래 머물수록 매일매일 대하는 각각의 동물과 별개의 존재가 된다는 것은 더욱 더 어려워진다. 동물과 하나가 되는 것, 이 것이야말로 과학적 지식으로 다가가기 위한, 또는 침착하게 자연의 놀라움을 경험하기 위한 한 가지 방법이다. 자연의 놀라움을 경험하기 위한 또 하나의 방법은 밀렵자들이나 벌목꾼들에게 어미와 보금자리를 잃고 고통스러워하는 고아 원숭이를 돌보아주는 것이다. 비루테 갈디카스Brut Galdikas,

1946~는 이러한 일을 많이 보아왔고 직접 행해왔다. 30여 년 전 갈디카스는 다이안 포시Dian Fossy, 1932~1985나 제인 구달처럼 루이스 리키와 함께 열대 우림의 서식지에 사는 대형 유인원을 연구하기 시작했다. 그전까지 그녀가 오랑우탄을 본 것은 사진에서가 전부였다.

갈디카스가 처음으로 인간이 아닌 유인원을 접한 것은 UCLA의 심리학과 지하실에 갇혀 있던 원숭이였다. 대학생이었던 그녀는 연구원이 없는 틈을 타서 이 처음 보는 동물에게 다가가서 말을 하곤 했다. 그 당시 그녀는 내가 그 연구원이었다는 사실을 알지 못했다. 우리는 30년 후 한 오랑우탄에 관한 국제회의에서 서로 만났다. 그리고 우리가 과거에 그런 인연이 있었다는 것을 알게 되었다.

비루테는 그 즉석에서 예측가능한 패턴을 따르는 인간과 동물의 상호작용을 만드는 원인에 관한 나의 관찰연구에 매료되었다. 가장 강력한 자연적 신비의 출현은 한 세계에서 다른 세계로 넘어가는, 즉 임사체험NDE : Near-Death Experience과 유사하다고 이야기했을 때, 비루테는 활기를 띠고 매료되었다.

"당신말이 맞습니다. 나는 당신이 모든 과학자들이 하고자 열망했던 일을 해냈다고 믿습니다. 하나의 중요한 현상을 발견하고, 이에 대해 이름을 붙였던 것입니다. 이종 간의 상호작용PIE : Profound Interspecies Event이 일어날 수 있다는 것은 사실이고 또 당신이 반드시 연구해야 할 것입니다."

1년 후 그녀가 연구활동을 벌였던 보루네오의 열대우림 속에서 서로 연락을 하고 나서 L.A에서 다시 만났다. 이번에는 내가 녹음을 해주었다. 그리고 오후 내내 오랑우탄과 다른 야생 동물과의 주고받은 일들에 대한 우리의 중요한 순간들에 대해 이야기를 나누었다. 그날의 인터뷰에서 나는 이종 간의 신비한 교감을 특별히 드러내는 하나의 사례를 발견했다.

비루테와 나는 '유령'에 관한 디야크 부족의 관념에 대해 이야기했다. 왜냐하면 이 관념이 오랑우탄에게도 적용되기 때문이다. 나는 비루테에게 그 녀가 기르는 야생 오랑우탄 아크마드가 멀리 떨어진 야생의 숲에서 갓 태어 난 새끼를 데리고 1년 만에 캠프 리키에 나타났을 때 그것이 디야크족의 관 념처럼 유령이 이 세상과 저 세상 간의 장벽을 넘어 나타난 것과 같았는지 를 물었다. 이것은 일련의 심오한 이종 간의 교감에 대한 주목할 만한 관점 들을 이끌어냈다. 다음은 갈디카스와의 인터뷰 내용을 요약한 것이다.

갈디카스 : 제가 디야크족의 세계관을 이해하는 바로는 유령은 전혀 예
측 불가능한 존재입니다. 왜냐하면 현재 세상에 존재하는 것
이 아니기 때문이지요. 우리가 사는 세상과 유령이 사는 세
상 간에는 커다란 장벽이 있습니다.

로   즈 : 그렇다면 그들은 유령을 다른 종인 것처럼 생각하나요?

갈디카스 : 물론입니다. 나는 다른 세계에서 활동하고 있고, 침팬지, 얼
룩말, 기린들도 이 장벽을 지나온 것들이지요.

로   즈 : 그렇다면 당신은 아크마드가 당신이 말한 이 장벽을 넘어서
새끼를 데리고 왔다고 생각하나요? 그리고 이에 대해서 당
신 스스로 충분히 어미의 입장에서 생각해보았나요?

갈디카스 : 물론입니다. 나는 이 연구를 아크마드가 나와 아주 가까웠
고 나와 같이 지내고 있던 시기에 시작했습니다. 한때 그녀
는 분명히 그 친밀감을 원했습니다. 하지만 그 모든 것은 어
느 한순간 사라졌습니다. 서로가 떨어져 살게 되면서 관계
도 소원해지기 시작했습니다. 그리고 갑자기 이 새로운 경
험을 하게 되었습니다. 멀리 떨어지면서 나는 우리의 관계
를 끝내도록 허락한 것입니다. 이것은 아마도 시간여행을

가능케 하는 웜홀Worm hole, 블랙홀과 화이트홀을 연결하는 우주의 시간과 공
간 구멍-편집자주과 같습니다. 전자 하나의 크기만 하지만 한 우
주에서 다른 우주로 이동하는 것을 가능하게 합니다.

로   즈 : 누가 그것을 통해 여행했나요?

갈디카스 : 이 경우에 내가 여행했습니다. 하지만 그녀가 그녀의 세계
로 들어오도록 허락한 것입니다.

로   즈 : 무슨 느낌이었는지 얘기해줄 수 있나요? 아주 빠른 느낌이
었나요? 아니면 천천히 일어났나요?

갈디카스 : 그것은 마치 웜홀로 자유낙하 하는 기분이었습니다. 혹시
도어스The Doors의 〈Break on Through〉라는 노래를 아시나
요? 당시 그 노래의 가사와 같은 이미지들이 떠올랐습니다.
나는 15년 동안 오랑우탄을 연구해왔습니다. 그동안 나는
실제로 그녀의 세계에 있었습니다. 그리고 그 사건이 발생
한 거지요.

로   즈 : 당신의 말은 당신이 오랑우탄 아크마드의 다른 세계에 존재
했다는 것인가요?

갈디카스 : 맞아요. 그러나 그녀의 허락에 의해 가능했던 거죠.

로   즈 : 그녀가 무엇을 어떻게 허락했다는 것인지 설명해주실 수
있나요?

갈디카스 : 그녀는 우리 연구원인 아키야르 씨가 새끼를 만지는 것을
허락하지 않았습니다. 오히려 공격했습니다. 나는 아크마드
가 그런 행동을 하는 것을 본 적이 없었습니다. 그 순간 그
녀는 근본적으로 인간의 세계에 잠시 들어왔다가 나간 야생
오랑우탄이었습니다. 그녀가 아키야르 씨를 공격했을 때 바

로 그 심각한 이종 간의 상호작용PIE이 발생한 것입니다. 그녀가 말하기를 나는 그녀의 세계 안에 들어 있지만 아키야르씨는 그렇지 않다는 것이었습니다. 아키야르 씨는 무슨일이 일어났는지를 재빨리 알아챘습니다. 그는 이러한 PIE를 경험한 적이 있었거든요. 쉽게 말하면 아크마드는 제게는 제 새끼를 만지도록 허락했지만 아키야르 씨에게는 허락하지 않은 것입니다.

이 보고서를 조심스럽게 검토하는 것은 매우 중요한 일이다. 우선, 야생으로부터 새끼를 데리고 돌아온 아크마드의 이야기를 매우 인간화된 사례로 해석했다. 마치 내가 경험한 원숭이의 경우나 하우드 박사가 경험한 오징어의 이야기처럼 동물이 인간과 우호적으로 부딪힌 사례라고 할 수 있다. 이것은 오랑우탄의 입장에서 보면 제대로 평가한 것이라고 본다. 그러나 보고서의 정신적인 측면에 초점을 맞추어 보았을 때 나는 이 사건을 우리의 어미 거북 로리타의 죽음을 경험한 것과 같은 사례로 보기 시작했다. 그것은 내가 직접 동참했던 '예외적인 자연의 신비를 보여주기SEEN:Shown an Extraordinary Element of Nature'의 경외심을 품게 하는 자연적 사건이었다.

물론 비루테의 경험은 놀랍고 정신적인 것이었다. 그러나 그녀에게 더 의미가 있는 것은 아키야르 씨에 대한 아크마드의 적대적인 반응이었다. 이것은 심오한 과학적 깨달음의 순간을 알려주는 실험적인 내용이다. 새끼를 찾아 비루테에게 데리고 돌아온 오랑우탄의 귀향과 같은 인간적인 반응은 갑자기 전 세계에 신비한 사건이 되었다. 아크마드가 그녀의 새끼를 같이 키우려고 찾아온 사람은 어느 누구도 아닌 비루테였음을 보여주었기 때문이다. 그것은 자신이 긴 터널을 빠져나와 진정한 진실, 즉 그녀와 오랑우탄이

한 세계에 살고 있다는 사실을 느꼈을 때였다. 원시 조상과 진화된 창조물 사이에 결합을 위한 친족의 감정이 생긴 것이다.

우리 모두에게 아주 중요한 사실 하나는 어려서 힘든 가운데 보살핌을 받은 야생동물은 야생의 생활로 돌아간 뒤에도 길러준 가족 구성원에 대한 애정을 간직하고 있다는 것이다. 원숭이가 자신의 아이를 낳고 나서 그 아이를 자신을 길러준 인간 부모에게 보여주려고 데려왔을 정도로 깊은 애정을 가진다는 것이다. 물론 다른 사람에게는 가까이하지도 못하게 하면서. 이러한 신비한 현상들은 인간 중심적 사고를 가진 학자들이 항상 과학적인 것, 자연적인 것으로 규정을 짓는다. 영원히 있을 수 없는 우리를 감동시킨 이러한 발견과 깨달음은 우리에게 우리 자신의 중요성과 다른 동물을 친족처럼 대해야 한다는 것을 말해준다.

설명할 수 없는 신비한 우정

야생 탐사 여행을 시작할 때쯤 제인 구달이 마크 쿠사노Marc Cusano를 만나 보라고 편지를 보냈다. 마크는 플로리다의 웨스트 팜 비치West Palm Beach에 있는 라이언 컨트리 사파리 와일드라이프 공원에 있는 다섯 개의 섬에서 서른 마리 이상의 침팬지를 7년 이상 돌보고 있었다. 그는 야생동물보호가들 사이에서 이름이 나 있었다. 그는 엄청난 노력을 기울인 끝에 일반인에게 아주 적대적인 침팬지들과 친구처럼 지내는 데 가까스로 성공했다. 한때 그를 쫓아다니며 괴롭히고 섬 밖으로 몰아내기도 했던 힘센 원숭이들이 그를 받아들이게 된 것이다. 언젠가 다른 네 마리의 원숭이가 마크를 넘어뜨리고 아주 심하게 물고 있었을 때, 겉으로는 아주 못되게 생긴 올드맨이라는 대장 수컷이 인간 친구를 구하기 위해 달려와서 다른 녀석들을 쫓아버리고 마크를 보트에 태워 섬을 떠나도록 해준 사건은 아주 극적인 사건으로 종종 회자되고 있다.

이 이야기는 제인 구달이 이미 두 권의 책에서 언급한 바 있었다. 마크는 이 일화가 그가 침팬지들과 지내면서 겪은 많은 극적인 경험 중의 하나일 뿐이라고 말했다. 그의 이야기를 들으면서 나는 그가 침팬지 세계의 일부로 받아들여진 살아 있는 유일한 인간이라는 생각이 들었다. 해가 뜰 때부터 질 때까지 마크는 이들 각기 다른 원숭이 종족들과 같이 일하고, 장난치고, 다투고, 화해하고, 먹고, 자고 했던 것이다.

원숭이들에게 물소를 놀래키는 방법과 소떼들을 쫓아내는 방법을 가르치는 것에서부터 그의 피부가 너무 약하기 때문에 장난칠 때 주먹으로 때리면 안 된다는 것을 설득시키는 데까지, 마크는 우리 자신이 가지고 있는 원시적 성격에 대해 내가 만난 그 누구보다도 많은 것을 알려주었다. 여섯 시간 동안이나 이야기를 듣고 나니 그가 겪은 경험 중에서 어떤 것이 가장 신비한 것일까를 결정하기가 너무 힘이 들었다.

가장 놀라운 그의 경험은 모든 동물이 그를 받아들였을 때, 다시 말해 서로 간에 갈등이 없어지고 영원한 친구관계가 형성된 후에 일어난 사건이라고 생각한다. 어느 날 오후 마크는 그들과 같이 지내면서 먹이를 주고, 쓰레기를 치우고, 시설물들을 고쳐주고도 시간이 남아서 그들과 놀아주었다. 그와 침팬지들은 같이 레슬링을 하고, 달리기를 하고 나무를 탔다. 어떻게 그가 최선을 다해서 그들을 따라잡았고, 그들이 어떻게 그를 도와주었는가를 말해주었다. 아주 더운 날씨였고 그들은 금방 피곤해졌다.

대장 수컷이 섬 중앙에 있는 배수로 그늘로 기어 들어왔다. 다른 두 마리의 수컷이 이미 그곳에서 털고르기를 하고 있었고 서열 2위인 마크는

보트를 묶어놓고, 걸어 올라와서, 자리를 잡고 친구의 털을 골라주기 시작
했다. 평소대로 다른 녀석들이 공간을 양보해주었다. 그러고는 한 침팬지
가 마크에게 기댄 채 드러눕더니 잠이 들었다. 마크도 그 녀석 옆에 눕자
다른 녀석이 다가와서 같이 누웠다. 마크가 졸기 시작하자 금세 다섯 마리
의 침팬지가 모여들었고 모두들 잠에 빠졌다. 30분쯤 지나서 잠이 깨어보
니 모두들 가버리고 한 마리만 그의 곁에 앉아서 졸고 있었다. 가장 평화
로운 상태로.

　마크는 "다른 어떤 곳에서도 느끼지 못한, 특히 인간 친구들과는 더더욱
느끼기 힘든 평온함을 느꼈다"고 말했다. 나는 그가 경험했을 깊은 평화를
상상할 수 있었다. 의심의 여지가 없는 우정에 대한 만족감과 뿌듯한 충만
감, 서로 기대고 있는 부드러운 피부와 털의 느낌, 냄새, 서로 맞닿은 몸의
온기, 고른 숨소리, 그를 둘러싸고 있는 존재와의 완벽한 영적 교감에서 나
오는 평화가 내게도 전이되는 듯했다. 해와 별 아래서 모든 침팬지와 형제
가 된, 그 어떤 인간도 경험하지 못한 그런 상태에 오기까지 마크는 매일 동
이 틀 때부터 해가 질 때까지, 캄캄한 밤중에도 노력한 것이다.

　이들이 단지 마크와 같이 놀고, 털을 고르고, 같이 먹는 것만 바란 것은
아니다. 그들은 진정으로 그의 존재에 대한 가치를 따져보았던 것이다. 전
에는 그들에게 골칫거리였지만 그들은 그를 사랑했고, 잠자고 있는 그의
옆에 누워서 같이 잠에 빠짐으로서 사랑을 보여준 것이다. 12년 전에 마크
는 그의 침팬지 친구를 떠났고 그 이후로 그들을 보지 못했다. 하지만 아직
도 마크는 꿈속에서 그들을 만난다고 한다. 만약에 그가 다시 돌아간다면
나도 같이 가고 싶다. 얼마나 감격스러운 재회일까!

관계 회복 헌장

알베르트 아인슈타인Albert Einstein, 1879~1955은 깨달은 사람이란 "감옥 속에 있는 것처럼 자신의 존재를 인식하고…… 자연의 세계와 사유思惟의 세계에서 자신을 드러낼 수 있는 장엄한 질서를 느끼기를 원하는 사람"이라고 기술한 바 있다. 밴 셰이크, 갈디카스, 구달 같은 자연과학자와 하우드 같은 모험가와 쿠사노 같은 동물보호가들은 이러한 숭고하고 장엄한 질서를 느껴본 사람들이다. 그들은 야생의 한 부분에 자신을 완전히 내던지는 위험을 감수해보았고 인간과 자연의 재결합을 경험했다. 조지 셸러George Schaller, 1933~ 는 그의 내면으로부터 나온 경험을 다음과 같이 말했다. "최근 몇십 년이야말로 인간과 동물의 관계에 있어서 진정한 혁명의 시기요, 전환기다. 인간은 혹등고래, 침팬지, 사자, 산양, 늑대, 고릴라 등 여러 동물과의 친밀한 관계를 만들어가면서 종과 종 간의 장벽을 허물기 시작했다. 이들은 인간의 유산의 일부다. 바로 우리와 함께 사는 가족이다."

우리는 이러한 공생관계의 경험을 사유의 세계와 그 이상의 세계로 끌어내기 위해 고군분투하고 있는 것이다. 우리가 살아가는 세상, 즉 원시적인 습지, 바다, 해변, 늪, 초원 등은 우리에게 그리고 모든 동물들에게도 하나의 집이다. 우리는 이러한 관계를 회복해나가고 있다.

우리가 생겨난 육체의 터널과 물이 흐르는 동굴로부터 우리가 죽는 곳인 흙 속의 무덤에 이르기까지, 이 지구상의 모든 축복이 신비의 발레와 교향곡으로 어우러지게 되고, 모든 소리와 말이 서로 어우러져 모든 눈과 귀가 신성한 생명의 상호작용을 보고 듣고 있다. 지구의 생물상生物相은 마치 베틀의 실처럼, 아름다운 융단처럼 항상 변화하는 생명의 시너지 안에 뒤섞여 짜여져 있다. 거북, 원숭이, 그리고 인간, 우리는 모두가 피와 뼈, 영혼과 감각을 짜는 실이다. 생명의 이미지에 색깔을 입혀주고, 재결합의 춤을 알리고, 모든 것들의 목소리에서 터져나오는 것이다. 그리고 이것이 바로 그 목소리다. 감히 모든 생명체의 노래를 부르고, 우리의 운명을 충만하게 만드는 곳을 향하여 우리 모두를 이끌어가는 그 목소리다.

앤서니 로즈 Anthony Rose

앤서니 로즈는 UCLA에서 박사학위를 받았으며 그곳의 두뇌개발연구소에서 연구원으로 일하면서 짧은꼬리원숭이를 이용하여 행동연구를 실시했다. 후에 인본주의 철학자인 칼 로저스Carl Rogers, 1902~1987와 함께 샌디에이고에 있는 인간연구센터 창립을 도왔다. 보건의료, 심리학, 동물 연구에 관한 그의 저서들은 남부 캘리포니아에 설립한 바이오시너지 연구소와 함께 인간과 자연의 재결합을 위한 프로그램 개발을 지원했다. 아프리카와 전 세계에서의 로즈 박사의 자연보호 노력은 많은 논문과 저서를 통해 보고되었다.

동물의 눈 들여다보기

마크 베코프

동물이 나에게 가르쳐준 것

동물들이 우리의 생활 속으로 들어오고 있다. 이제 이 문제를 정면으로 받아들여야 한다. 내가 동물학자로서 동물의 지각능력과 감정에 대한 내용을 강연해야 하는 모임에 가면, 토론은 자연스럽게 동물에 대해 무언가를 알고 싶어 하는 사람들이 주도하게 된다. 그 사람들은 같이 살아가고 있고 서로에게 영향을 주고 있는 상대에 대해 좀더 많이 그리고 정확하게 알고 싶어 한다. 심지어는 환경 문제와 토지 사용에 관한 주제를 우선으로 하는 토론에서조차도 동물에 관한 토의가 주종을 이루곤 했다. 어떤 특정한 지역에 살고 있는 동물들에게 인간이 어떤 영향을 미치고 있는지, 그들이 좋아하는 것은 무엇이고 싫어하는 것은 무엇인지, 그리고 그들은 무엇을 느끼는지 등을 묻곤 한다. 지금은 거의 없지만 동물들이 각자의 주관을 가지고 있고, 우리가 그들에게 하고 있는 행위 대부분을 싫어한다는 사실에 대해 조금이라도 알려고 관심을 가지는 사람들도 많아졌다. 실제로 동물들은 인간들이 먹을 것을 위해, 혹은 훈련이나 연구를 위해, 또는 즐기기 위해 자신들을 대하는 방식을 싫어한다. 그리고 자연을 재구성한답시고 그들을 이리저리 옮기고, 가족을 찢어놓고, 보금자리를 파괴하는 것에 대해 지극히 싫어한다. 나는 '먹을 것을 위해'라는 표현을 맨처음에 사용했다. 그 이유는 인간의 먹을거리를 위해 동물을 희생시키고 학대하는 숫자나 사례가 다른 목적에 사용하는 동물들의 그것보다 많기 때문이다.

어떤 친구가 동물들의 복지에 관한 나의 논문을 읽어본 후에 말했다. "그럼 우리는 비즈니스를 그만두라는 얘기인가?" 아마도 몇몇 내 동료들은 내가 과학자로서의 경력을 그만둘 때까지 동물의 권익보호를 위해 열심히 노력할 것이며 아울러 그들의 연구를 방해할 것이라고 결론을 내리고 있을 것이다. 하지만 절대로 그렇지 않다. 이것은 아주 단순하다. 우리는 애정을 가진 과학과 과학자가 필요하다는 것이다. '사랑을 가진 과학' 바로 이것이다.

동물행동학, 즉 동물의 마음에 관한 연구는 동물의 주관과 감정, 교감과 도덕적 생활방식을 이해하기 위해 과학을 접목시키는 학문이다. 동물이 일상생활 속에서 친구나 가족과 함께 생활할 때 그리고 혼자 생활할 때, 그들이 무엇을 하고, 어떻게 생각하고, 어떻게 느끼는지를 아는 것이 대단히 중요하다. 우리는 동물들이 그들의 세상에서 무엇을 하는지 깊은 관심을 가져야 한다. 또한 그들을 하나의 '배워야 할 대상'으로서 대하고 인정해야 한다. 소위 '과학적 센스'란 배워가는 방법이고 '상식적 센스'는 직관이며, '본래 지식'이란 심각한 고민을 통해서 얻어지는 것이다. 과학은 전지전능한 것이라고 가정하면 안 된다. 과학도 다른 것과 마찬가지로 우리의 가정과 제한사항과 약속을 통한 하나의 증명 시스템이다. 과학적 센스를 상식적 센스와 조화시키는 것은 대단히 중요하다.

또한 어떤 것을 '안다'는 것이 무엇을 의미하는 것일까? '안다'는 것은 어떤 동물이 인간과 마찬가지로 어떤 시간에 무언가를 느낀다는 것이라고 생각한다. 개, 돼지, 소, 닭 들이 고통을 느끼고, 스스로 좋아하고 싫어하는 것에 대한 자기 나름대로의 주관을 가지고 있고 잘못 대우받는 것을 싫어한 다는 것이다. 우리가 이것에 대해 전혀 알지 못한다고 말하는 것이야말로 난센스가 아닐 수 없다. 레유니옹 R union 섬에서는 상어를 잡기 위해 살아 있는 고양이와 개들을 미끼로 쓴다. 이들 고양이와 개들도 자기 주관을 가지고 있고 자신들이 미끼로 사용하는 것을 싫어한다. 솔직히 나는 우리 스스로가 스스로에게 거짓말을 하고 있다고 생각한다. 많은 동물들이 풍부하고 심오한 감정을 지니고 있고 명확하게 느낀다는 것은 부정할 수 없는 사실이다. 많은 동물들이 기쁨과 행복, 두려움과 성냄, 슬픔과 질투, 원망과 당황하는 감정을 가지고 있고 우리는 그들이 그러한 감정을 가지고 있다는 것을 '알고' 있다. 그 감정이 진화된 것인지 아닌지는 문제가 되지 않는다. 동물들은 옳고 그름을 구별할 줄 아는 도덕적 존재다. 그들은 서로 정정당당하게 활동함으로써 사회적 규범을 준수한다. 예를 들면, 자신의 의도를 정직하게 표시하고 사과하고 용서하고 서로 신뢰한다. 사실 동물들 간에는 명예를 대단히 중요시한다. '야생의 정의'가 분명하게 존재하는 것이다.

새로운 것을 알아내는 방법에는 여러 가지가 있다. 내가 '과학적 센스'라고 부르는 과학적 방법도 그중 하나에 불과하다. 나는 과학자가 되는 것을 아주 좋아하지만 과학만이 유일한 학문이라고 생각하지는 않는다. 동물 그자체도 알아가는 방법의 하나다. 동물들은 가방이나 의자와 같은 물건이 아니다. 자신에게 일어나는 일에 대한 주관적인 의견을 가지고 인간이 지배하는 이 세계에서 살아가고 있다. 우리는 각자의 이름과 개성을 가진 동물일 뿐만 아니라 감정을 가진 존재이기도 하다.

나 자신이 다양한 동물들과 친하게 지냄으로써 많은 감동을 받을 수 있는 행운과 특권을 가지기도 했지만 나로 인해 발생한 몇몇 사건들은 그들의 생활에 좋지 않은 영향을 끼치기도 했다.

이들은 이기적이지 않고 그들의 생각을 나에게 아낌없이 나누어주었으며, 내가 그들을 관찰하는 만큼 세밀하게 나를 지켜보고 듣고 연구함으로써 동물의 성격과 웰빙에 대한 나의 연구에 영향을 주었다. 동물을 존중하고 서로 공존하기 위해서는 다음과 같은 행동지침을 기본으로 하지 않으면 안 된다. 첫째, 동물의 입장에서 생각한다. 둘째, 다른 동물에 대해 존중하고 인정한다. 셋째, 동물의 고통이나 어려움에 대해 불확실할 때 동물의 편에 선다. 넷째, 우리가 그동안 동물연구를 위해 사용했던 방법의 대부분이 그들의 생활을 간섭한 것이고 이러한 많은 연구가 근본적으로는 그들을 착취한 것이라는 사실을 인식한다. 다섯째, 애완동물과 실험용 동물에 대한 태도가 다르다든지 동물의 지적 능력과 인식능력이 떨어진다든지 하는 동물차별주의자적 견해가 얼마나 잘못된 것인가를 인식한다. 여섯째, 동물 각각에 초점을 맞춘다. 일곱째, 개별적인 성격의 다양성과 그들이 살아가고 있는 세계에서 다른 각각의 동물들의 생활의 중요성을 이해한다. 여덟째, 상호 존중 및 불간섭주의의 원칙을 지킨다. 아홉째, 과학으로는 설명할 수 없는 행동일지라도 받아들이고, 상식적 센스와 감정이입에 호소한다.

비록 동물의 웰빙에 항상 관심을 기울여왔지만 나 자신조차 연구를 수행하면서 항상 이를 지키지는 못했다. 어린 코요테의 사냥 습관을 연구할 때 어쩔 수 없이 생쥐와 병아리를 미끼로 사용한 적이 있었지만 그 이후로 다시는 사용하지 않았다.

우리가 코요테의 사냥 습관을 관찰하는 동안 그들도 나와 우리 팀들이 과연 누구이고 무엇을 하고 있는가에 대한 호기심을 가지고 있음을 느낄 수 있었다.

맨 처음 우리가 야생 코요테와 우연히 부딪쳤을 때, 나는 남극대륙에서 아델리에 펭귄을 만났을 때와 똑같은 느낌을 받았던 것으로 기억한다. '도대체 내가 여기에서 무엇을 하고 있는가? 그리고 한 번도 나에게 와달라고 요청한 적이 없는 이들 동물들에게 지금 나는 무슨 짓을 하고 있는 것인가?'

눈을 크게 뜨고 뚫어지게 바라보면서, 코를 높이 쳐들고 우리의 냄새를 빨아들이면서, 귀를 쫑긋 세우고 빙글빙글 돌리면서 우리에 대해서 알려고 하는 코요테들과 함께 무엇을 할 것인가? 녀석들은 예민하고 호기심이 많았다. 나는 지금도 그때를 생각하면, 만약 동물들이 자신들이 발견한 것을 기록할 수 있다면 인간의 행동에 관한 지식은 엄청나게 증가했을 것이라고 생각한다.

나는 광범위한 동물행동 연구가 얼마나 중요한가를 강조하고자 한다. 이러한 노력이야말로 동물의 세계에 관해 보다 더 배울 수 있도록 도와줄 것이다. 다양한 분류 기준에 따라 나뉘어진 개별적 동물의 요구에 맞춘 행동의 기준을 적용하여 분석할 수 있게 한다. 예를 들면, 그들은 어떻게 사는가 그리고 실질적 생활의 패턴은 어떤 것인가 하는 것이다.

나는 또한 종차별주의의 개념을 거부한다. 동물들을 선천적으로 부여받은 생물학적 종에 따라 대우한다는 생각이기 때문이다. 개별적인 동물 각각의 생활습관을 고려하지 않는 인간의 활동은 심각한 문제를 초래할 수 있다. 왜냐하면 동물들이 아주 취약한 무리라서 무조건 보호해주어야 한다고 생각하게 되기 때문이다.

동물의 눈을 들여다보는 용기

동물들이 무엇을 느끼는가를 알고자 한다면 먼저 그들의 눈을 들여다보라. 모든 세계에 대한 창문이 되는 놀라울 정도로 복잡한 기관이 바로 눈이다. 어떤 종을 막론하고 각각의 눈은 그들이 무엇을 느끼고 있는가를 보여준다. 기쁨을 느끼면 눈이 커지고 슬플 때는 눈이 가라앉는다. 제인 구달은 어미 침팬지인 플로가 죽었을 때 어린 침팬지 플린트의 눈이 쑥 들어갔었다고 썼으며, 콘라트 로렌츠Konrad Lorenz, 1903~1989도 슬픔에 잠긴 거위의 눈이 머릿속에 깊이 새겨졌다고 회상했다. 조디 맥코너리Jody McConnery는 정신적 쇼크를 받은 버려진 고릴라의 상태에 대해 다음과 같이 기술했다. "천천히 그들의 눈에서 빛이 빠져나가고 그들은 죽음을 맞이했다." 알도 레오폴드 Aldo Leopold, 1887~1948는 그가 방금 사냥한 늑대의 죽어가는 눈에서 '초록빛 불길'을 보았다고 기록했다. 나는 우리가 들여다볼 수 없는 동물의 눈을 보고 싶다는 생각을 자주 한다.

그리고 또 하나의 이야기, 릭 스워프Rick Swope와 침팬지 조조의 이야기가 있다. 릭이 디트로이트 동물원 하수구에 빠진 침팬지를 보고 뛰어들어 구한 사건이다. 왜 하수구에 빠진 조조를 살리기 위해 '목숨을 던졌느냐'고 누군가 물었다. 릭이 말하기를 "순간적으로 그의 눈을 들여다보았지요. 사람의 눈이었습니다. 그 눈은 말하고 있었습니다. "누가 나를 살려줄 사람 없나요?"라고 말이죠." 최근에 우리 집 근처에서 세 사람이 차에 치여 부상을 입은 어린 사자를 구하려고 노력한 적이 있다. 사자 역시 눈으로 그들에게 살려달라고 애원을 했다고 한다. 그 말을 듣고 나도 연구 프로젝트 때문에 고양이를 죽이는 짓을 그만두었다. 스피도라는 아주 영특한 고양이가 나를 바라보고 물어보는 것이었다. "나를 꼭 죽여야 하나요? 왜 나예요?"라고.

솔직히 말해서 내가 왜 그렇게 잔인하게 녀석을 고문하고 죽여야 하는지 답변할 말을 찾지 못했다.

동물의 감정이 정말로 중요한 이유는 동물이 느끼는 그대로 우리를 이끌어가고 가르쳐준다는 사실 때문이다. 우리가 느끼고 우리가 필요하다고 생각하는 것은 그다음 문제다.

두 가지를 동시에 할 수는 없을까?

만약에 내가 설명한 것들이 순진하다거나 비과학적이라고 생각한다면, 이것이 바로 객관적이고 무가치한 과학의 굴레를 벗어던지려고 할 때 내가 어떻게 느껴왔는가를 보여주는 것이다. 인간과 동물과의 관계에 관하여 깊은 속내를 공개적으로 만천하에 드러내는 과학자는 거의 없다. 아마도 보다 많은 과학자들이 자신들이 하고 있는 일과 주장하는 것에 대하여 깊이 고민하고 있다는 것을 사람들에게 보여준다면 그들은 오늘날 사람들로부터 더 많은 존경을 받을 것이다.

나는 일화와 숫자를 모으고, 통계를 내고, 표를 만들고, 그래프를 그리는 일 등 과학적 연구를 무척 좋아한다. 하지만 내가 연구하는 동물들과 아주 친밀한 관계를 통해서 얻어지는 기쁨을 더 좋아한다. 이것은 마치 정신분열증같이 보일지도 모르지만 이 두 가지를 동시에 할 수 있을 것이라는 것을 믿어 의심치 않는다. 즉, 우리는 '좋은 과학'도 할 수 있고 동시에 우리가 연구하는 대상인 동물들을 존경하고 동물과 친밀한 관계를 맺을 수도 있다는 것이다. 그리고 인간이 의도적으로 다른 인간이나 인간이 아닌 동물에게 해를 끼치거나, 어떤 목적을 가지고 죽이는 것은 옳지 않다고 주장한다. 그들이 해마든, 개미든, 꿀벌이든, 들쥐든, 생쥐든, 조류든, 고양이든, 개든, 닭이든, 소든, 영장류든 간에 죽일 권리는 없는 것이다. 비록 이 주장이 좀 급진적일 수도 있지만, 이것이 하나의 지침이나 원칙으로 사용된다면 동물을 이용하고 학대하는 위치에 있는 사람들이 매번 동물을 이용할 때마다 보다 깊이 생각하게끔 만들 것이다.

그것이 연구 목적이든, 교육 목적이든, 향락의 목적이든, 식생활의 목적이든 간에, 동물에 대한 우리 인간의 행동을 거꾸로 당하는 동물의 입장에서 생각해보아야 한다.

이러한 주장은 인간에 대한 관계에서도 적용할 수 있다. 예를 들어, 어린아이의 고통에 관한 문제다. "과연 어린아이도 고통을 느낄까?"라는 질문은 답변할 필요조차 없다. 아기의 얼굴을 보는 순간 그 표정에서 모든 것을 알 수 있기 때문이다. 그렇다면 느낀다고 가정하고 한 걸음 옆으로 물러서서 스스로 질문을 해보자. '어린아이의 고통의 강도를 측정할 수 있는가? 그리고 진통제에 대해 얼마나 민감하게 반응하는가를 측정할 수 있는가?'라고 말이다. 아기의 얼굴 표현에 대한 연구는 그들의 고통과 그 반응을 측정하는 가장 믿을 수 있는 방법이지 않은가.

의인화擬人化의 즐거움

나의 연구를 통해 나는 자유롭게 의인화anthropomorphism를 주장했다. 하지만 몇몇 동료들은 이 의인화를 일종의 질병처럼 여기는 것 같다. 예를 들면, 존 S. 케네디John S. Kennedy는 의인화에 대해서 이렇게 이야기한다. "만약 완전하게 치료되지 않는다 하더라도 통제하에 두게 되는 거죠. 우리 내부에 유전적으로 프로그램되었을 뿐만 아니라 문화적으로 접종되었다 하더라도, 그 병이 치료가 불가능하다는 것을 의미하지는 않습니다."

케네디는 마치 대안은 오로지 제한없이, 확고한 마음으로 동물을 인간과 같이 취급하는 것이라고 하면서도 한편으로는 의인화는 하나의 병이므로 사용해서는 안 된다고 말하는 전형적인 비판론자다.

동물을 사람처럼 대우하는 의인화는 오랜 세월 동안 활용되어져 왔다. 없어서는 안 되기 때문이다. '사람과 같다'는 설명만이 우리가 찾아낼 수 있는 유일한 이유요, 설명할 수 있는 단어다. 그러나 이것은 반드시 조심스럽게 그리고 생물중심주의적으로 이루어져야 한다. 다음과 같이 질문함으로써 동물의 입장에서 동물의 견해를 존중해야 한다. "그 개별 동물과 가장 닮은 것은 무엇인가?" 의인화가 과학에서 인정되지 않고 있거나 의인화된 예측과 설명이 행동학자의 주장보다 덜 정확하다거나 덜 기술적이라는 주장에는 이를 뒷받침할 근거자료가 없다. 이것은 근거자료가 없는 돌팔이 경험주의자들의 주장일 뿐이다. 의인화 이론은 살아 있고 잘 활용되고 있다. 하지만 조심스럽게 사용해야 한다는 것을 다시 한번 강조한다.

의인화 이론은 만약에 이것을 적용하지 않으면 설명이 불가능한 동물의 행동에 관한 문제에 초점을 맞추어 조심스럽게 적용해야 한다. 나는 스스로 무리를 떠난 암컷 코요테를 남아 있는 무리들이 그리워하고 있었던 것을 관찰한 적이 있다. 그들에게는 어머니이며 아내인 암컷이 무리를 떠나 있는 시간이 길어지는 동안 어떤 녀석들은 궁금해서 어쩔 줄을 모르고, 어떤 녀석들은 찾아나서기도 했다. 암컷이 돌아오면 녀석들은 반갑게 맞이하고 주둥이를 서로 부벼댔다. 어느 날 암컷은 무리를 떠나 영영 돌아오지 않았다. 남아 있는 녀석들은 날마다 암컷을 기다렸다. 암컷이 가버린 방향으로 쫓아가보기도 하고, 있을 법한 곳을 찾아 냄새도 맡아보고 집으로 돌아오라고 부르는 것처럼 울부짖기도 했다. 그들은 어떤 폭풍우나 번개 같은 것이 무리를 휩쓸고 지나간 것처럼 일주일 이상을 불안해했다. 그들은 암컷을 그리워했다. 나는 이것이 코요테를 사람으로 '의인화'하는 것처럼 들릴 거라는 것을 알고 있다. 그러나 나는 개의치 않는다. 나는 코요테가 깊고 복잡한 감정을 지닌 동물이라는 것을 알고 있기 때문이다.

전통적인 사고방식에서 벗어나는 방법

루스 허버드Ruth Hubbard는 그의 저서에서 이렇게 표현했다. "내가 오징어를 연구하고 있었을 때, 오징어가 세상에서 가장 아름다운 동물이라고 생각했다. 하지만 오징어 연구는 나를 괴롭히기 시작했다. 내가 그 연구를 통해 아무것도 알아내지 못한다면 다른 오징어를 죽이는 것과 같다는 생각이 들었기 때문이다."

우리 부모님에 의하면, 나는 항상 동물을 걱정하고, 그들을 존중하고, 돌보고, 각각의 동물들을 좋아하는 마음을 가지고 있었다고 한다. 어떤 동물이 생각하거나 느끼는 능력을 가지고 있는지 종종 질문을 했다고 한다. 동물들을 연구하기 시작한 이래 나는 항상 사람들과의 관계보다는 동물과의 관계에 흥미를 가지고 많은 시간을 보냈다. 이제는 인간들이 우리와 함께 지구라는 행성을 공유하고 있는 동물들에게 자행한 '나쁜 짓'들에 대한 생각에 사로잡혀 지낸다. 나는 연구와 교육과 즐거움을 목적으로 동물들에게 해를 입히는 대부분의 사람들도 때로는 동물들에게 즐거움을 선사하기도 한다는 것을 잘 알고 있다. 동물들에게 유익한 활동을 감소시키기를 원하는 이성적인 사람은 없다. 많은 사람들이 동물에 대한 무자비한 학대, 즉 괴롭히고, 고통을 주고, 죽음에 이르게 하는 행동을 감소시키기 위한 필요성이 있다고 생각한다.

시간이 지남에 따라 나 자신이 점점 급진적으로 변해가는 것을 알게 되었다. 나는 보통 급진적이라는 단어를 거의 사용하지 않는다. 일부 외고집스러운 사람으로 보일 수도 있기 때문이다. 하지만 여기서 말하는 '급진적'이란 동물을 인간 마음대로 해도 된다고 생각하는 태도보다는 아픔과 고통을 느끼는 그들의 능력을 존중하면서 동물에게도 무언가 이익을 주도록 하는 것을 의미한다.

내가 대학 및 대학원 시절에 받은 초기의 과학적 교육은 과학의 상식적 이해에 기초를 두고 있었다. 사실을 수집하는 것은 수집하는 사람이 가지고 있는 가치관과는 무관하게 객관적이어야 한다. 물론 과학이 가치관과 무관한 것은 아니다. 하지만 이것을 깨닫기까지 많은 시간이 걸렸다. 엄격한 원리주의와 과학적 객관성에 대한 강한 주장 때문이다. 나는 이러한 원리주의와 객관성의 단단한 장벽을 허물고 나의 삶 속으로 들어오고 또한 그들의 삶 속에 나를 들어올 수 있도록 허락해준 동물들과 친밀한 관계를 맺을 수 있는 기회를 가지게 된 것을 기쁘게 생각한다.

강의실이나 연구실에서 사용되고 있는 동물들의 참혹한 상황에 대해 그들의 삶의 질이나 웰빙에 대한 걱정을 공개적으로 이야기하는 사람은 거의, 아니 전혀 없었다. 윤리나 도덕에 관한 의문도 거의 제기되지 않았다. 제기되었다 하더라도, '돈을 절약하기 위해 동물의 활용한다'라는 입장에서 볼 때 분명한 경제적 효율성 차원에서 동물을 이용한다. 동물의 인식을 고려하지 않고 또는 단순히 동물은 인지와 감정이 없다고 가정함으로써 동물 실험에 대한 문제제기를 간단하게 무산시켜버린다. 단 한 번 어떤 사람이 연구 프로젝트가 동물에게도 이익이 되는지를 연구한 적이 있었다.

대학 재학 시절 어느 날 오후 교수 한 사람이 강의실에 들어와서는 얼굴에 미소를 가득 띄우면서 아무렇지 않게 실험에 사용하기 위해 토끼를 죽일 것이라고 말했다. 그 연구는 토끼의 이름을 따서 '토끼의 펀치'라고 이름지었던 것이다. 그 교수는 손날로 쳐서 토끼의 목을 부러뜨려서 죽였다. 나는 그 모든 광경을 보고 놀랐으며 가슴이 아팠다. 나는 그 실험에 참가하는 것을 거절했다. 그러고는 내가 판단해서 옳지 않다고 생각하는 것은 절대로 하지 않겠다고 결심했다. 나는 다른 대안을 심각하게 생각하기 시작했다. 하지만 동물을 존중하고 개별적 차이점을 인정하도록 하는 것에 초점을 맞추었을 때 현재 과학이 하고 있는 것을 대신할 수 있는 다른 방법이 있을 것인가에 대해서는 의심이 되었다.

실험실과 현장에서의 경험들은 나에게 대부분의 동물 행동 연구가 어느 정도는 방해가 된다는 것을 보여주었다. 모든 연구자들은 이러한 사실을 심각하게 받아들여야 한다. 점점 나는 진화론적인 생물학과 동물행동학, 도덕적 철학, 심리적 철학 그리고 동물보호 사이에 중요한 연결고리가 있다는 것을 인식하게 되었다.

많은 뛰어난 과학자들이 이들 동물보호에 관심 있는 학자들을 공격해왔다. 나는 한 기고문에서 어떻게 과학자들이 동물의 권리를 지지하는 과학자들을 표적으로 전투라도 하는 듯이 공격할 수 있느냐고 강력하게 비판한 적이 있었다. 나는 과학자들을 싫어하지 않는다. 싫어한 적도 없다. 러다이트 운동가1810년대 영국 중부와 북부의 방적·직포업 지대에서 일어난 일련의 기계파괴운동-옮긴이 주도 아니다. 그리고 동물 연구를 중단하고 싶지도 않다. 특히 지금 이 순간에는 더욱 그렇다. 물론 이 모든 가능성의 세계에서 가장 중요한 것은 더 이상 동물을 이용하지 말라는 것이다. 동물을 이용하는 것에 대한 대안이 있거나 대체할 다른 무언가가 있는데도 제한된 시간과 자금, 그리고 효율성이라는 핑계로 지금처럼 동물을 이용할 수밖에 없다는 것은 나를 납득시킬 수 있는 적절한 변명이 아니다.

심층 동물행동학을 향하여 : 이름 붙이기와 동물과 관계 맺기

로런스 존슨Lawrence E. Johnson, 1925~1997은 "많은 동물과 신뢰와 애정의 관계를 맺고 있는 사람들이, 다른 한편으로는 이러한 덜 성숙한 동물파괴당의 당원이 된다는 것은 더러운 이율배반처럼 들릴 수 있다"라고 기술한 바 있다.

다시 한번 강조하건대 동물을 연구하는 것은 방해해서는 안 되는 특권이다. 우리는 반드시 이러한 특권을 진지하게 받아들여야 한다. 우리가 동물을 이용하는 데 있어서 가이드가 될 수 있는 많은 원칙들이 제시되었다. 예를 들어 공리주의적 원칙이나 동물의 권리에 기초를 둔 원칙, 또는 이익에 기초를 둔 원칙 등이 그것이다. 과학자들은 종종 제대로 토의되지 않은 내부의 원칙과 가이드 라인을 적용한다. 이러한 모든 원칙들은 공개적으로 그리고 외부적으로 토의에 부쳐야 한다.

다른 동물을 활용하기 위한 계획을 세울 때에 가장 우선적이고 중요한 것은 그들의 생명과 그들이 살아가는 세계에 대해 깊은 관심을 가지고 존중하는 것이다. 즉, 그들이 그들의 세계에 있도록 하고, 우리가 그들을 인간중심의 계획으로 끌어들이지 않도록 해야 한다. 폴 테일러Paul Taylor, 1930~가 언급한 것처럼 인간의 우월성을 중요시하고 있는 인간중심주의에서 생물중심주의로 전환하는 것은 심층 깊은 도덕적 재설정을 요구할지도 모른다. 우리가 느낌, 믿음, 희망, 목적, 기대, 사고력, 감각 등을 가지고 있는 유일한 종이라고 진정으로 믿고 있는가?

우리는 동물에게 이야기하고 그들로 하여금 우리에게 말하도록 할 필요가 있다. 인간이 아닌 동물들의 인식 기술에 관한 놀라운 현상은 사실인 것이다. 동물의 문제를 연구하고 있는 사람들은 항상 이러한 발견을 깨달아야만 한다. 동물 사용에 대한 생물학과 진화론, 동물행동학, 그리고 철학적 지식에 앞서서 도덕적·윤리적 측면에 관하여 먼저 생각해야 한다. 동물행동학자들은 철학을 반드시 읽어야 한다. 그리고 철학자들은 동물행동학을 읽을 뿐만 아니라 동물을 관찰해야 한다.

나는 깊게 투영된 동물행동학은 사람들로 하여금 자신들이 인간이 아닌 동물들에게 한 행위에 대해 보다 많이 알 수 있고 동물에 대한 도덕적·윤리적 의무에 대해 깨달을 수 있다고 믿는다. 나는 같은 개념의 '심층 생태학 deep ecology' 운동을 강조하기 위해 '깊게 투영된 동물행동학deep reflective ethology'이라는 용어를 만들어 사용했다. '심층 생태학'운동은 사람들에게 자신들이 단지 자연의 통합적인 일부일 뿐만 아니라 자연에 대한 유일한 책임을 가지고 있다는 것을 깨달을 수 있도록 요구하고 있다.

동물의 복지 문제에 관하여 깊이 생각하고 있는 사람들은 연구와 교육, 쾌락과 먹을 것으로써 동물을 사용하는 것을 강력하게 제한하고 일부는 금지시켜야 한다는 것에 동의할 것이다. 동물 세계에 대해 위임된 우리의 유일한 책임은 불간섭주의 정책을 우리의 미래 목표가 되도록 하는 것이다. 심지어는 이것이 인간이나 혹은 다른 동물들이 느끼는 아픔이나 고통과 질적 차이가 있다고 할지라도, 그리고 대부분의 동물 연구가 많은 방해를 받는다 할지라도 인간이 아닌 동물들의 대부분은 아픔을 경험하고 고통을 느낀다는 사실은 변함이 없다. 유명 출판사의 많은 책들 또한 광범위한 독자들에게 동물의 권리에 관련된 메시지를 전파하는 데 도움이 된다.

많은 이슈들, 특별히 우리가 인간이 아닌 다른 종들의 지각능력이나 아픔, 고통을 느끼는 능력을 어떻게 보느냐 하는 것에 대해 상식적인 접근을 채택하는 것은 인간과 동물이 함께 공존하며 살아갈 수 있는 더 나은 세상을 만드는 것이 될 것이다. 어떤 사람이 동물의 지각능력에 관해 믿고 있는 것은 그가 동물의 권리를 어떻게 생각하느냐를 알려준다.

우리와 우리가 사용하는 동물들은 조인트벤처Joint Venture, 공동기업체에서의 동업자와 같은 것으로 보아야 한다. 노벨은 바버라 맥클린톡Babara McClintock, 1902~1992을 찬양하면서 "우리는 그들동물들에 대해 연구할 특권을 가지고 있는 만큼 그들을 위한 일을 해야 한다"고 말했다. 그러므로 동물과 친밀한 관계를 맺고 동물의 이름을 불러주는 것이 올바른 방향으로 나아가는 첫걸음이다. 인간이 자신들의 연구대상인 동물과의 친밀한 유대관계를 발전시키는 것을 계속해서 반대한다는 것은 자연스럽지 못한 것이다. 동물과 유대관계를 맺음으로써 동물의 관점이 사라지는 것을 걱정할 필요는 없다. 사실 유대관계 맺기는 동물의 관점을 심층 깊게 점검해보고 이해하는 결과를 가져온다. 그리고 인간과 동물의 상호작용에 대한 추가적인 연구를 알려줄 것이다.

오늘 당신은 무엇을 했는가?

나는 가끔 어떤 과학자인 아빠와 아들이 저녁식사를 하면서, 침팬지의 어린 아기를 엄마 침팬지와 멀리 떼어놓고 그들의 관계에 어떤 현상이 일어나는지를 연구한 결과에 대해 이야기하는 것을 상상해본다.

아이 : 오늘 무엇을 하셨어요?

부모 : 오늘 새끼 침팬지 두 마리를 어미로부터 떼어놓고 그들이 어떻게 반응하는지를 연구했단다.

아이 : 새끼가 어미에게서 떨어지는 것을 싫어하지 않아요?

부모 : 글쎄, 잘 모르겠더라. 그래서 떼어놓은 거야.

아이 : 새끼가 어미에게 돌아가려고 떼를 쓰는 것을 어떻게 생각하세요? 그리고 그 몸부림과 울부짖음이 무엇을 뜻한다고 생각하세요? 새끼는 당연히 떨어지는 것을 싫어하겠지요. 우리는 이미 그걸 알고 있잖아요? 왜 아버지는 어린 동물과 어미에게 그런 짓을 하셨어요?

부모 : 얘야, 벌써 늦었단다. 이만 자자꾸나.

　물론 이런 식의 대화는 식량을 위해 동물을 사용하는 것을 포함하여 깊은 아픔과 고통을 당하고 있는 수억의 동물들이 존재하는 한 계속해서 나타날 것이다. 나는 인간에 의해서 그들의 의사와는 관계없이 비인간적인 대우를 받은 모든 동물에게 용서를 빈다. 그리고 과학자인 동료들과 내가 그들이 겪고 있는 생활이 아닌 다른 생활을 만들어 줄 수 있기를 희망한다. 우리는 과거에 일어났던 공포스런 연구(예를 들어 원숭이의 모정박탈 실험 같은 것)로부터 교훈을 도출해야 한다. 그리고 이런 것들이 다시 일어나게 해서는 안 된다.

　우리가 자연과 보다 더 조화를 이루면서 살아간다면, 우리는 자연과 동물로부터 소원했기 때문에 산산조각이 나버린 우리의 정서를 회복하고 다시 점화하고 재창조할 수 있을 것이다.

　우리는 동물과 자연의 야생성이 필요하다. 우리는 그들의 영혼이 필요하다. 만약 우리가 인간과 그 외의 동물이 같은 세상의 일부라는 걸 잊어버리거나 우리가 인간과 동물이 많은 상호활동에서 깊이 연결되어 있다는 것을 잊어버린다면, 그리고 동물과의 상호활동이 잘못된 방향으로 간다면 동물들이 우리를 그리워하는 것보다 우리가 동물을 더 그리워하게 될 것이라는 것을 확신한다. 세상의 연결고리와 정신을 영원히 잃어버릴 것이고 이런 손실은 심각하게 메마른 우주를 만들 것이다.

나는 여기서 글을 맺는다. 우리는 다른 동물적 존재와의 상호관계를 항상 더 좋게 할 수 있다는 것을 믿어 의심치 않는다. 언제나 그리고 영원히!

마크 베코프 Marc Bekoff

베코프는 콜로라도 대학의 생물학 교수이며, 제인 구달과 함께 '동물에 대한 윤리적 처우를 위한 동물행동학자 모임'과 '동물행동 연구를 위한 책임 있는 시민모임'을 창설했다. 베코프는 동물 행동 연구 모임의 특별회원이며 구겐하임 재단의 전 특별회원이기도 하다. 2000년에는 동물 행동 연구 모임으로부터 이 분야에 오랫동안 공헌한 공로를 인정받아 모범상을 수상한 바 있다. 베코프는 또한 작가이며 편집자이기도 하다. 주요 저서로는 『동물의 감정Emotion lives of animals』, 『동물에게 귀 기울이기Minding animals』 등이 국내 번역되어 있으며 이외에도 다수의 저서가 있다.

또 다른 나라 이야기

켈리 스튜어트

"인간의 잣대로 동물을 평가해서는 안 된다. 그들은 우리들의 세계보다
더 오래되고 보다 완벽한 세계에서 우리가 전에 가져보지도 못했거나 잃어
버린 보다 완벽하고 더 예민한 감각을 가지고 움직인다. 그들은 우리가 전
혀 듣지 못하는 소리로 살아간다. 그들은 형제가 아니다. 그들은 아랫사람
도 아니다. 그들은 다른 나라 사람이다. 생활과 시간의 그물에 사로잡히고
지구의 영욕의 감옥에 갇힌 동료 죄수들이다."

– 1928년 헨리 베스턴 Henry Beston, 1888~1968

메가파우나란 원래 매머드나 마스토돈 같은 거대 육상 포유류를 지칭하
지만 일반적 표현으로서 이 용어는 우리의 상상력을 사로잡고 우리의 가슴
을 터지게 하는 아름답고 거대한 동물을 뜻한다. 아마도 이들의 거대한 몸
집과 느리게 움직이는 모습, 또는 우리와 닮은 모습 때문일지도 모른다. 고
릴라 역시 메가파우나에 속한다. 어떤 이유로든지 간에 야생 고릴라들과 가
까워지는 것은 깊은 감동을 주는 경험이며 우리의 영혼을 바꿔주는 일이다.

만약에 당신이 고릴라와 매일 매시간을 같이 지내는 사람 중의 하나라고 생각해보면 어떨까? 또는 만약에 당신이 동물의 행동과 생태학을 공부하는 연구원이라면 어떨까? 이러한 연구주제를 향한 과학자의 경험은 어떤 종류의 느낌일까? 그리고 동물들은 과학자에 대해 어떤 느낌을 가질까?

과학은 통상 민감성을 없애고 규율을 마비시키는 존재로 보여지고 있다. 얼마 전, 어느 잡지에 실린 글에서 과학은 알고 싶어하는 욕구를 빼앗아가는 학문이라고 주장한 글을 읽은 적이 있다. 이러한 학설의 일부로서 동물을 연구하는 학자들은 그들의 주제로부터 감정적으로 멀어지고 있는 것처럼 보인다. 동물들을 그래프를 그리기 위한 데이터 포인트의 하나로, 또는 이론을 만들기 위한 재료로서 취급하고 있는 듯하다. 과학적 이해는 실제로 '진정한' 또는 '깊은' 이해라고 믿겨지지는 않는다.

일반 대중들은 제인 구달이나 다이안 포시 같은 선구자적 학자들을 좋아한다. 단순한 과학자가 아니라 동물을 사랑한, 그리고 동물들에 대한 독특한 시각과 이해를 가지고 동물의 편에서 생각하는 영웅적인 인물로서 존경한다. 사실 많은 사람들이 이 영웅들을 과학의 차원을 넘어서 그들이 추구한 목적을 달성한 사람으로서 존경한다. 원래 학자들은 어떤 학문을 탐구하기 위해서는 연구 주제를 감정적으로 접근하면 안 되는 것으로 생각한다. 과학적 지식이란 동정심을 사라지게 만든다고 여긴다. 이러한 고정관념은 진실이 아니다. 나는 이제까지 자연세계에 대한 사랑이나 호기심이 없는 훌륭한 생물학자를 본 적이 없다. 그리고 이러한 사랑과 호기심을 다른 사람에게 전달하기기 위해서는 과학적 이해보다 더 좋은 것은 없다.

나는 르완다에 있는 다이안 포시 연구 캠프에서 수년 동안 야생의 고릴라를 연구했다. 한 번에 몇 개월씩 클립보드와 펜, 초시계를 들고 매일 숲속에서 고릴라 무리를 쫓아다녔다. 클립보드의 세로에는 각기 다른 행동을, 가로에는 시간 간격을 체크하는 체크리스트를 만들었다. 그리고 나의 연구주제가 되는 행동에 대해 초 단위로 그들의 이니셜을 이용하여 시간을 기록했다. 'EF, PU에게 5미터 가량 접근. PU, 반응을 보이지 않음. PU, 야생 샐러리를 뜯어 먹음. EF, 꾹꾹 소리를 냄. PU, 역시 같은 소리로 대답함. BV, PU에게 2미터 가량 접근. PU 자리 이탈." 이런 식으로 보통 30초 단위로 기록했다.

이런 꾸준한 활동은 소위 말하는 '자연과 친하게 지내기'와는 동떨어진 것처럼 보일 수도 있다. 그러나 이런 냉정하고 세부적인 방법이야말로 고릴라의 생활을 들여다볼 수 있는 특수 안경이 되며, 동물들을 날카로운 시각으로 볼 수 있게 한다. 고릴라 무리의 한 가운데로 들어갔을 때 나는 그들만의 왕국으로 들어간 것이다. 중요한 것은 내가 그들에 대해서 어떻게 느끼느냐가 아니라 그들을 있는 그대로 이해하는 것이었다. 이것이야말로 아름답고 강력한 목표이며 과학적 관찰이다. 이것은 우리로 하여금 소로Henry David Thoreau, 1817~1962가 말한 바와 같이 "사람들이 만들어낸 거주지역이 아니라고 생각하면서", 그들의 언어로 자연을 탐구하는 것을 가능케 한다.

고릴라는 인간을 포함하지 않는 사회 질서를 진화시켰다. 바로 이것이 우리가 이해하고자 하는 시스템이다. 과학은 개인적인 직관에 근거한 견해를 금지하지는 않는다. 하지만 "이것은 어떠어떠하다나쁜 의인화"와 "이것은 마치 이러이러한 것 같다좋은 의인화"를 구분할 것을 요구한다. 과학적 인식은 동물에 대한 감정적 반응을 죽이지 않는다. 오히려 이러한 반응으로부터 분리되는 이해를 허락한다. 이는 우리 인간의 기대와 가치와 판단으로부터 비교적 자유로운 동물들의 행동을 해석하도록 권고한다. 새끼를 죽이는 경우를 예로 들어 보겠다. 실버백Silver Back, 성체가 되면 등에 회색 털이 자라는 고릴라의 한 종류-편집자 주은 아주 인내심이 강하고, 어린 고릴라들을 마치 자기 새끼나 가까운 친척의 새끼인 것처럼 보호한다. 이들은 그들 무리 속의 암컷으로부터 태어난 새끼들이다. 쉬는 동안에도 실버백이 뛰어 놀고 있는 어린 새끼들에게 둘러싸여 있는 것을 자주 보게 된다. 어미들은 아무리 둘러봐도 보이지 않는다. 어미들은 조용히 평화로움을 즐기거나 혼자서 식사를 즐긴다. 새끼들은 쉬고 있는 수컷 주위를 돌며 서로 쫓아다니고, 머리 위로 기어 올라가서는 등으로 미끄럼을 탄다. 만약에 어미가 죽으면 그 새끼는 수컷 우두머리 실버백 차지가 된다. 새끼는 수컷 우두머리 실버백에게서 위로와 보살핌을 받는다. 마치 고아를 '입양'하는 것과 비슷하다.

깜짝 놀랄 만한 것은 만약에 수컷이 그와 아무런 관계가 없는, 다시 말해서 자기의 무리가 아닌 알지 못하는 암컷이 난 새끼를 만나는 경우 수컷은 킬러로 돌변한다. 어느 한 무리의 우두머리 실버백이 죽었는데 무리 중에 지도자가 될 다른 수컷이 없는 경우를 상상해보라. 이런 경우에는 모든 암컷들은 놀라서 각각 흩어져 다른 무리로 들어가거나 혼자 사는 수컷에게로 가버린다. 새로운 우두머리 실버백은 들어오는 암컷을 환영한다. 그러나 두 살 이하의 새끼는 모조리 죽여버린다.

수컷이 새끼를 죽일 때는 마치 미친 것처럼 또는 악마가 숨어 있기라도 한 것처럼 보이기 때문에 많은 사람들은 이 행위를 아무 이유없는 행동이며 단순하게 병적인 것 이상으로 보지 않는다. 그러나 이런 태도는 단순히 영아살해에 대한 우리의 감정적인 반응을 반영한 것에 지나지 않는다. 우리에게 고릴라가 그 이유를 설명하도록 해보자. 우리가 만약 인간에게 적용되는 윤리적인 규범의 틀로부터 벗어나서 객관적으로 영아살해를 조사해본다면 어떻게 될까? 우리는 수년 간의 관찰 끝에 이 행동들은 이유 있는 행동이라는 결론에 도달할 수 있었다.

어린 새끼를 죽여야 어미는 다시 출산을 할 수 있다. 암컷이 새끼를 돌보고 있는 동안은 짝짓기를 할 수 없다. 고릴라 어미는 통상 새끼가 세 살이 될 때까지는 젖을 떼지 않는다. 그러나 만약 새끼가 죽게 되면 2주 이내에 다시 짝짓기를 할 수 있는 준비가 된다. 다른 고릴라의 새끼들을 죽임으로써 실버백은 자신의 짝짓기 기회를 증가시키고 좀더 일찍 종족 번식을 할 수 있다. 이것은 새끼 고릴라 살해를 자신의 유전자를 다음 세대에 계승시키려는 동물의 투쟁의 일환으로 설명하는 획기적인 것이다.

이러한 행동은 사자로부터 생쥐에 이르기까지 많은 동물의 다른 종에서도 진화되어왔다. 그리고 고릴라와 비슷한 경우에 일어났고 비슷한 결과를 초래했다. 이러한 관점에서 보면 이런 전략도 무의미한 것은 아니다. 우리는 언제 새끼를 죽일 것인지, 어느 수컷이 죽일 것인지, 그리고 어느 새끼가 죽임을 당할 것인지를 예측할 수 있다. 만약 이 같은 행위가 정신적 질병에 의한 것이라면 아무 새끼나 무작위로 골라 죽일 것이다. 그리고 예측이 불가능하다. 하지만 실제로는 두 살 미만의 새끼라는 규칙성이 있다. 비록 새끼 고릴라가 우두머리 실버백에게 잔인하게 물려 죽임을 당하는 것을 보는 것은 끔찍하고 가슴이 찢어지는 일이기는 하지만, 이 행위에 관해서는 분명한 논리가 있다. 이것이야말로 고릴라의 생존에 있어서 대단히 중요한 부분이다. 그리고 이 현상을 이해하지 않고는 인간적인 연민과 도덕적 판단으로부터 벗어나서 아무도 그들의 사회적 시스템을 완전히 이해할 수 없다.

'벗어나기'란 거리를 의미하는 것은 아니다. 아무나 고릴라를 관찰할 수 있고 심리적이고 감정적인 유대감을 느낄 수 있는 것은 아니다. 그들 "메가파우나"의 신비함은 우리에게 아주 가깝게 관련이 되어 있다. 우리 종들 사이에 존재하는 자연스러운 친밀감 같은 것이다. 손을 움직이는 것, 눈으로 의사를 표시하는 것 등 그들이 하고 있는 거의 모든 행동은 인간의 행동을 연상시키는 것들이다. 우리는 그들과 같은 세계의 많은 부분을 공유하고 있다. 가파른 협곡을 올라갈 때 나는 그들이 하는 방법과 똑같이 손과 발로 잡고 올라간다. 강물이 범람하는 우기에 우리는 몇 군데 안 되는 똑같은 도섭 장소를 찾아 강을 건넌다.

그들 사이에 있을 때 나는 가족들에게 둘러싸여 있는 것처럼 포근함을 느꼈다. 그리고 우리가 같은 불행으로 고통을 받을 때 이런 감정은 가장 고조되었다. 어느 날 긴 휴식시간이 끝나갈 무렵 고릴라들이 다시 이동하고 먹을 것을 구하기 위해 준비하고 있는데 갑자기 하늘이 어두워지고 찬 바람이 불더니 우박이 쏟아졌다. 고릴라들과 나는 갑작스런 공습에 웅크리고 앉았다. 우리는 같은 장소에서 같은 움직임으로 같은 자세를 취했다. 다리를 몸 아래로 구부려 넣고 팔짱을 껴서 가슴을 감싸 안았다. 어깨는 움츠리고, 머리는 아래로 숙인 채로 말이다. 앉아서 보니 내 키는 어른 암컷과 거의 비슷했다. 하얀 우박은 우리의 팔짱 긴 팔 위에 소복이 쌓이고 모두가 춥고 배고팠다. 우리 동지들은 비참한 상황에 처해 있었다.

이처럼 동일한 상황에서 동일한 행동을 취했을 때 나는 고릴라에게 깊은 애정을 느꼈다. 그들은 마치 나의 오랜 친구 같았다. 그들이 자신들의 내부 세계로 나를 받아주는 것같이 느꼈다. 칭찬받은 느낌이었다. 이것은 나의 감정이 그들의 행동에 반응하는 것 같은 것이다. 우리 인간들은 항상 야생동물에 의해 사랑받고 존경받고 있다는 생각에 빠져 있다. 하느님의 은총을 받았다는 착각을 가지고 있다. 어떤 사람들은 내가 오랫동안 나타나지 않다가 다시 돌아오면 고릴라들이 나를 반가워하는지 묻는다. 내가 아니라고 말하면 사람들은 실망한다. 이것은 모순이다. 우리는 동물들의 야생성과 자유를 사랑하면서도 그들이 우리를 그리워하길 바란다.

야생동물은 우리와 함께 지낼 필요가 없다. 그들은 우리의 동포가 아니다. 고릴라들은 나를 그들과 유사한 행동과 생각을 가진 또 하나의 동물로 보고 있다. 그들이 나나 다른 관찰자들을 자기들 무리의 하나로 보고 있지 않다는 것은 확실하다. 그들은 우리를 '좋아하지' 않는다. 그리고 우리와 관계를 맺으려고 노력하지도 않는다. 아주 가끔은 "우리에게서 꺼져버려!" 라는 메시지를 보내곤 한다. 그들이 먹고 싶어 하는 풀 옆에 가까이 앉아 있으면 거칠게 으르렁거리며 위협해 그 자리에서 비켜나게 한다. 또는 우리가 젊은 수컷이 가슴을 두드리는 것을 보여주는 자리에 있다면, 녀석은 우리에게 엄지를 보여주거나 우리를 쓰러뜨려버린다. 때때로 어린 녀석들은 우리가 같이 놀기에 재미있는 물건인지 테스트하기도 한다. 마치 실버백의 발을 간질이는 나뭇가지와 같은 하나의 놀이기구처럼 생각하는 것이다. 그러나 어른 고릴라들은 이러한 친하게 지내려는 행동을 허락하지 않고 으르렁거리는 소리를 내서 그치게 한다.

그들은 우리가 가까이 있는 것을 용인할 수 있을 때에만 우리를 받아들인다. 그들이 정기적으로 인간을 보아오지 못했기 때문에 처음에는 우리를 경계했다. 하지만 호기심을 가지고 우리가 위험한 동물인지 아닌지를 확인하고 싶어 했다. 야생동물들이 우리에게 무엇을 기대하는가를 아는 것은 대단히 중요하다. 우리가 항상 회갈색의 옷을 입고 있었고 항상 동일하게 행동을 했기 때문에 그들은 우리가 안전하다고 생각하고 조금씩 다가왔다. 일단 우리가 위험한 존재가 아니라는 것을 알자 녀석들은 우리를 무시했다.

그들이 나에게 등을 돌리고 있을 때는 한 번도 감동을 받은 적이 없다. 고릴라가 움직이는 사진 중에서 다이안 포시의 책의 먼지 묻은 표지에 실려 있는, '안개 속의 고릴라'가 있다. 등을 돌리고 앉아 있는 실버백 수컷을 클로즈업해서 찍은 사진이다. 그의 머리와 어깨에는 빗방울이 떨어져 튀어오르고 있었다. 우리는 그를 등 뒤에서 볼 수밖에 없었다. 왜냐하면 카메라로부터 얼굴을 돌려버렸기 때문이다. 사진 속의 실버백, 엉클 버트는 여러 해가 지난 후에 밀렵자들 손에 죽고 말았다.

야생동물에게 신뢰를 받는다는 것은 일종의 특권이지만 엄청난 부담을 가지고 온다. 내가 고릴라에게서 경험한 가장 집중적인 감정을 지적하라면 동정심이었다. 즉, 자기보다 약한 생명체를 사랑하는 것으로부터 나오는 가슴을 저며오는 연민이다. 고릴라가 다치거나 자연적인 현상으로 사망할 때는 항상 슬펐지만 받아들일 수 있었다. 그것은 고릴라 세계의 살아가는 방법이었으니까. 그러나 동물들이 사람의 손에서 고통을 받을 때 나는 절망감을 느꼈다. 마치 내가 그들을 배신한 것 같은 느낌이었다. 나의 보호가 필요할 때 도움을 주지 못했다는 생각 말이다. 그들에게 필요한 것은 단지 인간으로부터의 보호다. 그들이 신뢰에 대한 보답으로 나는 나 자신의 행동뿐만 아니라 인간 전체의 행동에 대해 책임감을 느꼈다.

우리 인간은 여러 가지 방법으로 고릴라를 괴롭힌다. 그들을 우리의 전쟁에 끌어들이고, 고기를 얻기 위해 또는 팔기 위해 사냥한다. 또한 우리가 이용할 목적으로 그들의 서식지를 파괴한다. 이것은 가장 강력하고 장기간에 걸친 피해를 주는 것이고 다른 멸종 위기에 처한 종들과 마찬가지로 결국에는 멸종을 초래하는 것이다.

인간이 일으키는 재난이 고릴라들을 괴롭힐 때마다, 그들과 가깝게 일하는 사람들은 죄의식을 느낀다. 아마도 이것은 연구소에서 밀렵자들의 손에 죽은 고릴라들을 묻어주고 이름을 새겨놓는 것이 습관이 되어서인지 모르겠다. 각각의 무덤에는 이름을 새긴 십자가를 세워주었다. 이 기독교 방식의 묘지는 하나의 기념비 같은 것이다. 이 무덤들은 우리의 양심에 대한 철퇴요, 징벌이다. 이러한 고통은 적절한 것이라고 생각한다. 우리가 잊지 않도록, 우리의 경계를 늦추지 않도록 말이다. 그러나 자연에 대한 우리의 의무는 죄의식을 가진다고 없어지거나 속죄되는 것이 아니다. 강력한 구속력을 가진 책임의식을 느끼고 필요한 행동을 할 수 있도록 움직여야 한다.

우리는 우연히도 가장 발전된 기술을 발명할 수 있는 커다란 뇌를 가진 종이 되었다. 이러한 지식은 다른 살아 있는 생명체들에게 군림할 수 있는 힘을 가지게 했다. 다른 생물을 파괴하거나 보존할 수 있는 가공할 파워다. 이러한 힘 덕분에 우리 인간은 단순히 우리를 신뢰함으로써 우리에게 축복을 가져다 준 '카리스마틱 매가파우나'뿐만 아니라 자연 전체에 대한 책임을 져야 한다. 다른 생명체의 다양성과 그 존재가치를 알때만 이러한 책임을 진지하게 감당할 수 있다. 이러한 다양성과 가치는 그들의 언어로 이러한 생명체를 이해하고 받아들였을 때 알게 된다.

우리의 커다란 두뇌가 이 지구와 지구상에서 진화하고 있는 생명체들에게 엄청난 파괴를 자행하는 원인을 제공했다는 것을 부정할 수 없다. 또한 '인간만이 살아가는 세계가 아니라는 생각'도 이들 커다란 두뇌가 할 수 있다는 것을 알고 있다. 이러한 이 지구상에 '또 다른 세상'이 있음을 안다. 우리의 커다란 두뇌를 이용하여 이 신성한 또 다른 세상을 보호해야 한다.

켈리 스튜어트 Kelly Stewart

켈리 스튜어트는 캘리포니아대학교 데이비스 캠퍼스 인류학과 객원 연구원이며, 다이안 포시의 조수를 거쳐 르완다에 있는 카리소케 연구소의 공동소장을 역임했다. 그곳에서 그녀는 캠브리지대학교에서 동물학 박사학위 논문인 산악고릴라에 관한 논문을 완성했다. 스튜어트는 르완다와 콩고에서 총 5년간을 고릴라와 함께 지냈다. 또한 나이지리아에서 고릴라를 연구하기 위해 두 달 동안 일하기도 했다. 다수의 과학적 논문을 저술했으며 산악고릴라에 관한 책을 공동 편집했다. 또한 10여 년간 고릴라의 대화에 관한 뉴스레터를 편집했다.

세레니티 파크의 앵무새

로린 린드너

샐먼과 망고는 오랫동안 나의 룸메이트였다. 그들은 원래의 보금자리인 인도네시아의 몰루칸 섬에서 납치되었다. 샐먼은 약 20년 전에 붙잡혔고, 망고는 약 12년 전에 사로잡혔다. 그들은 나와 같이 살게 되기 전까지 대략 10여 군데를 전전했다. 이들 앵무새 종의 최대 수명은 50년에서 80년 가량 된다. 그래서 내 유언장에 이들에게 유산을 나누어줄 것을 명시했다.

두 마리 모두 밝은 복숭아색을 띠고 있으며, 노랗고 하얀 배와 짙은 주황색 볏을 가지고 있다. 그래서 주황색 볏 앵무새라고도 불린다. 이 녀석들은 매우 아름답다. 이 녀석들은 암수가 구분이 되는 이형성異形性이 아니라서 쉽게 식별이 되지 않는다. 그래서 간혹 어떻게 구별하느냐는 질문을 많이 받는다. 하지만 이들은 성격과 표현력에서 아주 다르기 때문에 조금만 익숙해지면 구분할 수가 있다.

사람들은 길이가 약 60센티미터나 되는 이 녀석들을 보면 큰 개보다 더 겁내는 것 같다. 하지만 수컷인 망고는 아주 온순한 애완동물로 살아왔기 때문에 항상 사람들 앞에 다가가서는 마치 마사지라도 받는 것처럼 천천히 몸을 돌려서 쓰다듬어 달라고 조른다.

우리 집을 방문하는 사람들과 밖에서 돌아다닐 때 만난 사람들은 깜짝깜짝 놀란다. "새가 개처럼 귀여움을 받으려 하다니……." 하고 말이다. 망고는 쓰다듬어 주는 것을 정말 좋아한다. 만약 지나가는 사람들이 녀석을 쓰다듬지 않고 그냥 가려고 하면 "이리 오세요. 나는 당신을 쌀~랑합니다" 하고 불러세운다. 사람들이 다가와서 어떻게 해주어야 할지를 망설이면 망고는 아주 친절하게 제 머리를 그 사람의 손에 갖다 대어서 알려준다. 사람들이 겁이 나서 가까이 다가오지 못하면 망고는 제 스스로 머리를 최대한 내밀어 몸에 닿도록 해준다. 심지어는 '까치발'까지 디디면서. 그러고는 머리를 상대방 가슴에 기대어 사람들의 눈을 올려다보고 염치도 없이 애걸을 한다.

망고는 '취침 시간'이 가까워오면 불을 꺼달라고 나를 부르곤 한다. 하지만 내가 항상 녀석이 원하는 시간에 즉시 요구를 들어주지 못하자, 요즘에는 전등의 스위치를 찾아내서 제 스스로 불을 켜고 끈다. 망고는 또한 아주 창의적인 방법으로 도구를 사용한다. 녀석은 동그랗고 네모진 블록들을 구멍을 찾아 맞추어놓고는 스스로 자랑스러워한다. 정확하게 맞추었을 때는 큰 소리로 웃기도 한다. 망고는 또한 새장 안에 걸려 있는 커다란 흰색 테디 베어를 사랑한다. 나는 이 두 녀석을 위해 큰 새장을 만들어주었는데, 녀석들은 잠잘 때만 사용한다. 잠잘 때가 되면 이 '인형'에게 최대한 가까이 다가와서는 잠이 들 때까지 눈을 반쯤 감고 쪼아댄다.

샐먼은 암컷이다. 스스로 자신을 우리 집의 보호자로 임명했다. 모든 방문객은 자신이 직접 점검한다. 그러나 상대방을 한 번 받아들이기로 인정하면 가지고 있는 모든 장난감을 가져다가 그 사람의 무릎에 놓는다. 녀석의 인정을 받은 것은 일종의 영광스러운 일이다. 일단 인정을 하고 나면 녀석은 방문객의 무릎에 냉큼 올라앉는다. 부리를 내리고는 쓰다듬어달라고 쪼아댄다. 그러고는 녀석이 제일 좋아하는 곳을 긁어달라고 날개를 들어올린다.

샐먼은 놀랄 만큼 나의 말을 이해하고 때로는 스스로 사용한다. 항상 정확한 단어는 아니지만 의도만큼은 전달한다. 망고가 녀석의 털을 골라주면 샐먼은 망고를 올려다보면서 말한다. "나는 너를 사랑해, 망고야." 새들이 발코니에 날아오면 녀석은 달려가서 맞이한다. "예쁜 새야. 안녕?" 하고 말하면서. 녀석은 망고에게 어디에서 대소변을 보아야 하는지를 가르쳐주었다. 녀석은 그것을 한 시간도 안 돼서 배웠다. 그러고는 정기적으로 밖에 있는 나무에 앉아 있어야 한다고 주장했다.

미국 대륙이나 북반구에서 녀석들이 아무런 할 일이 없다는 것을 알면서도 나는 앵무새 두 마리를 어깨에 얹고 로스앤젤레스의 거리를 활보하는 것에 익숙해졌다. 나는 우리의 문명화가 신성하게 여기는 가치가 무엇인가를 생각해보았다. 잃은 것과 얻은 것은 무엇이며, 잘못된 방향으로 가버린 것은 무엇인가?

내가 망고와 샐먼을 데리고 로스앤젤레스의 거리를 돌아다니는 것이 이들에게 해를 끼치는 행위가 아닌가 하는 의심이 들기 시작했다. TV 시리즈인 〈바레타Baretta〉에 나오는 아주 귀여운 앵무새인 프레드가 새의 판매를 엄청나게 증가하게 만들었듯이 말이다. 내가 그들을 키우는 것이 좋다고 선전하고 다니는 것은 아닌지 걱정이 되기 시작했다. 이 흔하지 않은 동물이 마치 보통의 고양이나 강아지처럼 행동하는 것을 본 사람이면 누구든지 키워보고 싶지 않을 사람은 없을 것이다. 판매량이 많아진다는 것은 보다 많은 앵무새가 필요하다는 것이고 이는 야생에서 더 많은 앵무새를 잡아야 한다는 것을 뜻한다.

이러한 야생동물이 불쌍한 애완동물이 되고, 새장 속에 갇혀서 날지도 못하며 고통받고 있다는 것을 알려줘도 망고나 샐먼을 본 사람들은 한 번쯤 키워보고 싶다는 욕구가 생긴다고 말한다. 일단 새와의 관계가 어디까지 발전될 수 있는가를 목격한 사람들은 한 마리 정도 가지고 싶어 하기 마련이다. 이것은 내가 아무리 반대해봤자 결국 아무런 효과도 거두지 못한다는 이야기다.

실제로, 앵무새는 미국에서 세 번째로 인기 있는 애완동물이 되어버렸다. 결과적으로, 천부적으로 주어진 긴 수명과 이국적인 생김새로 인해 앵무새들 또한 고국을 떠나 애완동물 가게로 팔려가는 운명을 맞게 됐다. 그러고는 결국에는 싫증을 느껴 학대를 받다가 동물보호소나 애완동물 구출센터로 보내지거나 방치되기도 한다.

사람들은 상점의 진열장에서 50년, 60년 또는 70년 이상을 살아가는 것이 무엇을 의미하는지 모른다. 새들에게 진정으로 필요한 것이 무엇인지 모르는 사람들이 어찌 이들뿐이겠는가? 나는 아직 젖도 떼지 않은 새끼 새를 팔고 있는 애완동물 가게의 상인들을 여러 번 만난 적이 있다. 이들 상인들은 이러한 어린 새들을 어떻게 훈련시키고 어떻게 먹여야 하는지를 알지 못했다. 어떤 사람들은 과즙을 먹고 사는 진홍잉꼬의 먹이라며 씨앗 모이를 팔고 있기도 했다.

전 세계의 야생 앵무새들은 멸종의 위기에 직면해 있다. 아이러니하게도 잡아서 기르는 것이 앵무새들을 보호하는 것이라는 근거 없는 이야기가 떠돌고 있기도 하다. 야생에서 새들을 잡아들이는 것이나 새 농장에서 인공부화시키는 것이 이들을 구하는 일이라는 것이다. 그들의 서식지가 공장과 개발로 인해 계속적으로 파괴되기 때문에 아예 잡아서 인공적으로 키우는 것이 오히려 위험한 서식지에서 살아가는 것보다 낫다는 것이다.

실제로, 서식지를 가장 많이 파괴시키는 것은 야생 앵무새를 잡기 위해 나무를 쓰러뜨릴 때다. 새끼가 있는 곳을 찾아내기 위해 어미 새들을 죽이고, 자신이 살던 곳에서 미국으로 이동하는 긴 여정 속에서 잡힌 새의 90퍼센트가 죽는다. 일부 미국인들은 아프리카나 인도네시아에서 수입된 새들을 평생 새장에 가두어 기르는 것에 대해 아무런 죄책감이 없는 듯하다. 만약 미국의 국조國鳥인 대머리독수리나 붉은가슴로빈을 그 새장에 가두어 기른다면 어떻게 될까? 집에 작은 동물원을 세우기 위해 다른 나라의 자연 자원을 빼앗아와도 괜찮다는 생각은 우리에게 내재된 일종의 인종차별주의가 아닐까? 그러면서 자국의 야생동물은 그런 운명으로부터 보호하려 한다.

하지만 이러한 고통을 받는 것은 사로잡힌 앵무새뿐만이 아니다. 새 농장에서는 암컷이 새끼를 까기 위해 갇혀 있다. 알을 낳으면 더 많은 알을 낳으라고 빼앗아간다. 그리하여 어미에게는 칼슘 부족 현상과 자궁탈출 현상, 난도 폐색 문제 등이 발생한다. 이 대량 인공부화 시설의 위생상태라든가 기타 여건은 강아지 농장과 똑같이 형편없다. 병에 걸리고, 근친교배한 새들은 보통 팔린 직후 바로 죽어버린다.

이러한 과정의 종국에 이르러서야 사람들은 결국 사로잡힌 새나 갇혀 있는 새나 앵무새가 결코 그들의 평생을 위한 애완동물로 적합하지 않다는 것을 깨닫는다. 이 반복되는 잔인한 과정을 지켜보면서 나는 무언가 조치를 해야만 한다는 것을 알았다.

내가 처음 앵무새 수입 반대 운동을 벌여야겠다고 생각할 즈음인 1996년에는 조류보호소가 거의 없었다. 그러나 내가 이러한 의도를 실행에 옮기면서 모든 것이 한꺼번에 변하기 시작했다. 아는 사람이 캘리포니아에 있는 오자이라는 곳에 땅을 마련했다. 로스앤젤레스에서 별로 멀지 않은 곳이다. 마침 그곳에는 한 부부가 앵무새 구조에 대한 실험을 하고 있었고, 식물원을 가지고 있었는데 그들이 우리에게 더 많은 앵무새를 구조하기 위해 필요한 추가적인 새장을 지을 수 있도록 대지를 제공했다.

1997년에 이르러서야, 우리는 '천사 앵무새의 집'을 공식적으로 출범시킬 수 있었다. 그리고 사람들이 더 이상 키울 수 없는 앵무새들을 모으기 시작했다. 우리는 계속 늘어나는 새를 수용하기 위해 보다 큰 우리를 지었지만 곧 수백만의 앵무새들을 수용할 집이 필요하다는 것을 알게 되었다. 왜냐하면 베이비 붐 세대에 태어난 어린 주인들이 나이가 먹어갈수록 버려지는 새들이 많아졌기 때문이다. 어떻게 하면 사람들에게 이국적인 새들이 오랫동안 인생의 동반자가 되지 못한다는 사실을 깨닫게 할 수 있을까? 우리가 해야 할 일이 무엇일까? 어떻게 해야 인간이 만물의 중심이라는 생각을 벗어나게 할까? 정말 좋은 방법이 없을까? 우리는 사람들에게 우리의 보호소를 방문하도록 설득했다. '내 것'이라는 걸 생각하지 말고 그들과 자연스럽게 즐겨보라고 말이다. 우리는 많은 사람을 데려왔다. 그들 중 일부는 새장에 갇히지 않은 진짜 야생동물이 얼마나 아름다운가를 깨닫는 것 같았다. 우리는 그저 더 빨리 더 많은 사람들이 이곳에 와볼 수 있기를 바랄 뿐이다.

1997년, '천사 앵무새의 집'을 지으면서 난 서부 로스앤젤레스 보훈병원에서 집 없는 퇴역 군인들을 위한 알콜 중독과 마약 중독 치료 프로그램의 치료과장으로 근무하게 되었다. 156개의 병상을 가진 큰 병원이었다. 이 새로운 프로그램이 잘 시작할 수 있도록 돕기 위해 12일 동안 나는 '나의' 두 앵무새 샐먼과 망고를 보호소에서 다른 새들과 같이 지내도록 맡겨놓았다. 샐먼과 망고는 그런대로 잘 적응했다. 하지만 나는 알고 있었다. 녀석들이 날 그리워한다는 것을. 나를 바라보는 녀석들의 표정은 이렇게 말하고 있었다. "여기서 우리와 같이 살면 안 돼?" 결국 녀석들과 일종의 협상을 할 수밖에 없었다. 즉 주중에는 다른 새들과 같이 있고 주말에는 나와 같이 있는 것이었다. 한 번도 빠지지 않고 5년 동안 주말마다 밴에 가득 노병들을 모시고 '천사 앵무새의 집'을 방문했다.

여기에서 나는 아주 매력적인 것을 발견했다. 새들이 노병들을 위해서 일종의 치료제와 같은 역할을 했고 반대로 노병들은 새들에게 자신들이 사람에게서 사랑받고 있다는 느낌을 갖게 했다. 모두에게 이익을 주는 시너지 효과를 가져온 것이다. 서로가 서로에게 고마워했다. 일부 노병들은 마약중독자이기도 하고, 어떤 노인들은 아주 심각한 전쟁에 관련된 외상 후 스트레스 장애PTSD : post-traumatic stress disorder, 전쟁 따위 심한 스트레스를 경험한 후 일어나는 정신 질환을 말한다-옮긴이 주를 앓고 있었다. 하지만 새들은 이러한 것들을 아랑곳하지 않았다. 똑바로 치고 들어왔다. 망고처럼.

녀석들이 "헤이오~, 따~랑합니다!" 떠들어대면서 딱딱하게 굳어버린 노인들의 가슴을 녹여주었다.

나는 보훈병원 안에 또 다른 조류보호소를 만들어야 한다고 병원의 관계자들에게 호소했다. 그래야 병원 안에 있는 다른 환자들도 앵무새와 서로 나누는 보상 이익을 누릴 수 있지 않겠는가? 외상 후 스트레스 장애 연구를 통해 지금은 널리 알려져 있지만, 외상성 스트레스는 통상 생명의 위협을 겪은 퇴역 군인에게도 발생하지만 갑자기 다른 환경에서 살아야 하는 동물에게서도 많이 발생한다. 앵무새에게도 이러한 정신질환이 육체적·정신적 혼란을 반복적으로 일으킨다. 보훈병원 안에 조류 보호소가 생기면서 아이러니하게도 이곳에서는 외상성 스트레스를 앓고 있는 앵무새를 돌봐주는 집 없는 퇴역 군인이 많이 생겨났다. 이들이야말로 정말 환상의 콤비다. 그리고 나는 내 앵무새 녀석들을 항상 볼 수가 있었다.

우리는 병원에 새로 만든 조류보호소를 '세레니티 파크'라고 불렀다. 숲에서 잡혀온, 억지로 잡혀온, 그리고 버림받은 앵무새를 위한 일종의 요양 시설인 셈이다. 또한 비슷하게 버림받고 집 없는 늙은 퇴역 군인을 위한 집이다. 동물들을 돌보는 노병들의 성격이 많이 변하는 것을 보았다. 퇴역 군인들은 오랫동안 억눌려왔기 때문에 통상 자신의 감정을 전혀 표현하지 않는다. 하지만 동물과 가까이 지내고 사랑의 감정을 서로 주고받고 나서는 점차 새로운 감정이 자라나고 있는 것을 알 수가 있었다. 앵무새와 주고받는 사랑이 수십 년간 억누르고 감추어온 고통과 좌절의 응어리를 깨뜨려준 것이다.

앵무새를 보살피는 일에 참여한 노병들은 이 사회성이 높은 동물을 돌보아주고 같이 어울려 지내는 데 무한한 자부심을 가지고 스스로 봉사하고 기꺼이 참여했다. 퇴역 노병들은 스스로 가치 있는 사람이라는 것을 느끼고, 다시 한번 사회에 공헌하는 사람이 되어간다는 것을 느끼기 시작했다. 그로부터 거의 10년이 지난 최근에서야 나는 동물 돌봐주기가 이들 퇴역 군인의 치료 과정에서 가장 중요한 부분이었다는 것을 느낀다.

세레니티 파크는 문자 그대로 우연히 만난 최고로 유명한 건축가에 의해 설계되었다. 그는 엘리베이터를 타고 지상층으로 내려오는 동안에 그것도 무료로 이 공원을 만드는 아이디어를 제공해주었다. 그 건축가는 UCLA의 교수였다. 그는 자신의 학생들을 공동체 확대 프로그램에 직접 참여하게 했다. 그들은 하나의 기적을 창조했다. 그들은 대규모의 조류보호시설을 정원 공사와 통합시켰다. 즉, 나무, 분수, 꽃 그리고 아름답게 우거진 잎들과 어울리게 배치한 것이다. 새들과 정원이 어울려 이루 말할 수 없는 아름다움과 고요와 평화와 안식을 가져다주었다. 자연의 세계와 연결통로가 된 것이다. 이것은 참가하는 모든 사람에게 커다란 기쁨과 내재된 만족을 주는 전염성 프로젝트였다. 세레니티 공원을 방문하는 사람들은 자연과 동물이 어우러진 세계가 우리의 행복과 건강을 위해 얼마나 중요한 역할을 하는가를 깨우치고 간다. 이 공원은 우리가 모든 것이 하나로 연결되어 있는 동심원의 한 부분으로서 존재하고 있다는 사실을 깨우치도록 치료해준다. 그 연결이 끊어졌을 때 많은 내부의 고통이 시작된다. 아무 곳에도 소속되어 있지 않다는 소외감이야말로 모든 질병의 근원이다. 우리의 내적 아픔을 감추기 위해 심리적인 방어수단을 사용하는 것을 그만두었을 때만이 서로 연결된 세상, 하나된 세상이라는 개념을 발전시킬 수 있다.

집 잃은 앵무새와 상처 받은 퇴역 군인! 이들이 서로 그렇게 잘 어울릴 줄 생각이나 했겠는가!

로린 린드너 Lorin Lindner

로린 린드너 박사는 생태심리학자이고 로스앤젤레스 시의 예방보건 상담자다. 그녀는 10년 동안을 집 없는 퇴직자를 위한 새로운 제도발전위원회의 상근 심리학자와 치료 담당 이사로 일했다. 또한 캘리포니아 산타모니카에 있는 산타모니카대학교의 교수로 근무했다. 린드너 박사는 환경과 동물 권리 보호를 위해 공헌해 온 것으로 널리 알려져 있고, 뉴 잉글랜드 생체 해부 반대 모임, 물에 대한 윤리적 처우를 위한 심리학자 모임, 야생동물보호기금, 앵무새 보호 및 입양과 구출 및 교육을 위한 연맹C.A.R.E 등과 같은 단체에서 활동하고 있다.

프레리도그의 놀라운 언어 능력

콘 슬로보치코프

이른 아침 숲 속으로부터 코요테 한 마리가 나타났다. 방심하고 있는 프레리도그Prairie dog;마모트의 일종-옮긴이 주를 사냥하러 나온 것이다. 녀석은 천천히 프레리도그의 영역으로 들어오고 있었다. 자세를 낮추고 덤불 뒤에 숨어서. 그때 갑자기 높은 옥타브로 울부짖는 합창이 조용한 초원을 깨웠다. 프레리도그 한 마리가 코요테를 발견한 것이다. 그러자 조금 전까지도 평화롭게 풀을 뜯던 작은 동물들이 재빨리 굴 입구로 달려갔다. 그러고는 뒷다리로 버티고 서서 포식자가 다가오는 것을 감시했다. 거주지 내의 다른 동료들에게 코요테가 가까이 있다는 것을 알리기 위해 입으로는 연속 경고음을 냈다.

굴 속에서 잠자던 다른 가족들도 지상으로 올라와서는 코요테가 어디쯤 다가오는지를 같이 지켜본다. 잠시 뒤에는 모든 프레리도그들이 자기들 굴 앞에서 뒷다리로 일어서서 짖어대기 시작한다. 코요테는 프레리도그의 거주지를 슬그머니 지나간다. 오늘 아침 식사는 걸러야 될 모양이다.

프레리도그는 북미 대륙에 살고 있는 사회적인 집단생활을 하는 동물이다. 그들은 공식적으로는 땅다람쥐로 분류되고 있다. 나무다람쥐와는 다르다. 작고 뭉툭한 꼬리와 통통한 몸집을 하고 있다. 강한 앞발을 이용해서 굴을 파는 데 선수다. 새끼는 손바닥에 올려놓을 수 있을 정도로 작지만 다 자라면 30센티미터 정도의 길이에 1킬로그램 정도의 무게가 나간다.

프레리도그에는 다섯 가지 종류가 있다. 거니슨 프레리도그는 애리조나, 뉴멕시코, 콜로라도, 유타 주의 고원지대에 서식하고 있다. 유타 프레리도그는 유타 주 남부의 작은 서식지에서만 살고 있다. 흰꼬리 프레리도그는 와이오밍과 몬타나 주의 구릉지대와 초원에 살고 있다. 검은꼬리 프레리도그는 다코타 주에서 텍사스까지, 멀리는 뉴멕시코와 콜로라도 주까지 중서부 지역의 평야지대에 서식하고 있다. 멕시칸 프레리도그는 멕시코 중부의 초원에 산다. 이들은 모두가 포식자가 나타나면 경고하기 위해 마구 짖어댄다.

이삼십 년 전의 생물학자들은 이러한 프레리도그의 경고성 신호가 단순히 무섭고 두려워서내는 소리라고 생각했다. 포식자가 나타났을 때, 프레리도그는 놀라고 두려운 나머지 정신적인 긴장을 완화하기 위해 짖어댄다고 알려졌다. 이 짖어대는 행위 자체는 단순히 시끄럽게 소리를 내는 것 이외에 다른 의미는 없으며, 이 소리는 불안해졌다는 사실 이상의 어떤 정보도 전달하지 않는다는 것이다.

하지만 이제는 프레리도그의 경고용 울음은 단순한 두려움의 표현이 아니라 아주 세련된 동물 언어의 일부로 밝혀졌다. 동물의 언어는 아직까지 생물학자들도 받아들이기 힘든 개념이다. 인간의 언어에는 언어를 특성화하는 많은 디자인들이 있다. 이러한 특징적 디자인들은 문법이라는 형태로 나타난다. 일종의 기본적인 규칙이다. 사람들이 불어를 말하든 페르시아어를 말하든 관계없이 하나의 기본 규칙이 존재한다. 예를 들면 영어에서는 형용사가 명사 앞에 오지만 스페인어에서는 뒤에 오는 것과 같은 기본 규칙을 따름으로써 말하는 사람이 다른 사람의 말을 이해할 수 있는 것이다. 인간의 언어를 공부하는 사람은 이런 규칙에 대해 각각의 언어를 말하는 사람을 대상으로 인터뷰할 수 있다. 하지만 동물을 상대로 하는 경우는 어렵지 않겠는가.

우리는 언어의 구성을 보면 인간의 언어인지, 동물의 언어인지를 쉽게 식별할 수 있다. 언어에는 두 가지 중요한 요소가 있는데, 바로 뜻과 구성이다. 뜻이란 단어가 나타내는 의미를 말하는 것이다. 어떤 사람이 "빨갛다"라고 말하면, 빨간 물체를 보지 않아도 머리 속에 구체적인 색깔을 그릴 수 있다. 단어 그 자체가 듣는 사람이 이해할 수 있는 정보를 전달해준다. 구성은 문장에서의 단어 배열 순서다. 우리는 단어의 순서만 바꾸어서 문장의 의미를 바꿀 수 있다. 예를 들면 '저 사람이 은행을 털었다'라는 문장을 단어의 순서만 바꾸어 '은행이 저 사람을 털었다'라고 바꿀 수 있다. 두 문장에는 똑같은 단어가 사용되었지만 그 뜻은 전혀 다르다. 단어의 순서를 다시 배열할 수도 있다. 하지만 문장의 구성은 문법을 기초로하여 이루어지기 때문에 단지 제한된 범위 안에서만 가능하다.

언어를 구성하는 다른 요소에는 치환성, 생산성, 이중성 등이 있다. 치환성이란 공간이나 시간상 멀리 떨어져 있는 어떤 사건이나 사람에 대해 이야기할 수 있는 것을 말한다. 예를 들면, "존은 여기에 있는 게 아니고 로스엔젤레스에 있다"라고 말하거나, "존은 내일 보스턴에 있을 거야"하고 말할 수 있다는 것이다. 생산성이란 새로운 단어를 만들어낼 수 있다는 것을 의미한다. 내가 100년 전에 논문을 '복사기로 카피하겠다'고 말하면 사람들은 나를 멍하니 쳐다볼 것이다. 아마 내가 하는 얘기를 단 하나도 이해하지 못할 것은 당연하다. 지금은 어떤가? 털끝만큼의 의문도 없이 그냥 이해되지 않겠는가? 이중성이란 어떻게 언어를 조합하느냐에 관련된 것이다. 하나의 언어는 이중적인 구조로 구성되어 있다. 기본 단위는 음소音素다. 이것은 소리를 만드는 가장 작은 단위다. 하나 이상의 음소가 연결하여 형태소形態素가 된다. 이것은 뜻을 나타내는 최소의 단위다. 형태소가 연결되어 단어가 된다. 그리고 단어들이 모여서 문장을 만드는 것이다.

나는 학생, 동료 교수들과 더불어 프레리도그의 언어를 해독하려고 20년 이상을 노력했다. 현장 관찰이나 실험을 통해서 점점 더 많은 자료를 수집하면서, 우리는 프레리도그가 의사소통하는 능력의 겉표면만 긁고 있다는 것을 알게 되었다.

맨 처음 거니슨 프레리도그에 대한 연구를 시작했을 때, 나는 녀석들이 포식자가 나타나면 짖어대는 줄 알았다. 동물들이 경고하기 위해 짖는다는 것은 이미 잘 알려진 사실이었으니까. 사실은 프레리도그라는 이름은 앵글로색슨 족들이 정착하려고 중서부로 이주했을 때 이 녀석들이 짖어대는 경고음들이 마치 개가 짖는 것처럼 초원에 울려퍼졌다고 해서 붙여진 이름이다. 실제로 이들이 짖어대는 소리를 처음 들으면 개가 짖는 소리라기 보다는 '치이- 치이- 치이' 하고 새가 우는 소리에 더 가깝다. 멀리 떨어져서 들으면 그 소리는 치와와가 짖는 것처럼 들리기도 한다.

프레리도그는 사회성이 무척 높고, 넓은 거주지역에서 살고 있기 때문에 보통 여러 마리가 동시에 짖어댄다. 거주지역은 여러 개의 영역으로 나뉘어 있고 각각의 무리별로 자신들의 영역을 차지하고 이를 방어하고 있다. 하나의 영역은 여러 마리의 수컷과 암컷, 새끼들이 조화를 이루며 구성되어 있다.

한 마리가 짖어대는 경고성 울음은 영역 전체는 물론 1마일1.6킬로미터 이상 떨어진 곳에서도 들을 수 있다. 이 경고성 울음을 연구하기 시작했을 때, 나는 두 가지 종류의 울음이 있다고 생각했다. 당시 전문가들은 땅다람쥐 계열의 종들은 코요테와 같은 지상 포식자에 대한 경고 울음과 매와 같은 공중 포식자에 대한 경고 울음을 가지고 있다고 생각했다. 우리는 프레리도그의 발성 방법에 대해 조사하면 무언가 유사한 점을 찾아낼 수 있을 것이라고 생각했다.

한 학생과 더불어 산악지대 초원의 어느 프레리도그의 거주지 안에 실험 장소를 만들었다. 우리는 프레리도그와 포식자들이 눈치채지 못하도록 차단막으로 가려진 감시 타워를 짓고, 녹음기를 틀어놓고 앉아 있었다. 각기 다른 종류의 포식자들이 나타났을 때, 즉 코요테, 집에서 기르는 개, 붉은꼬리매, 인간 사냥꾼 들이 나타났을 때의 경고 신호를 녹음했다.

우리는 녹음한 것을 실험실로 가지고 와서 녹음된 소리를 소노그램_{소리나 지진파를 임의의 음성 기호로 번역하여 담는 그래프-옮긴이 주}으로 변환시켰다. 소노그램은 우리에게 소리를 시각화한 그림, 즉 성문聲紋을 보여준다. 각 경고 신호의 주파수_{피치}가 시간이 경과하면서 어떻게 변화하는지를 알려주는 것이다. 우리는 이러한 주파수의 변화를 측정하고 그 측정 결과를 판독기능분석이라고 불리는 통계프로그램으로 분석했다. 소노그램 기술은 인간 음성 분석에 사용되는 것과 유사하다.

분석 결과, 지상 포식자와 공중 포식자에 대한 경고 신호가 확실하게 다르다는 것을 알아냈다. 처음에는 지상 포식자에 대한 경고 신호의 구조가 다양해서 많이 헷갈렸다. 왜냐하면 코요테나 집에서 기르는 개나 사냥꾼에 대한 경고 신호는 공중 포식자인 붉은꼬리매에 대한 경고 신호보다 훨씬 더 복잡했기 때문이다.

만약에 프레리도그가 지상 포식자에 대해 한 가지 신호를 보내고, 공중 포식자에 대해서는 또 다른 신호를 보내는 것이 아니라, 각각의 포식자의 종류에 따라 다른 신호를 보낸다고 가정해보자. 이 가정이 사실이라면, 여러 가지 엄청난 의미를 시사하는 것이다. 하나는 프레리도그가 코요테와 개와 사람을 구별할 줄 안다는 것이고, 또 하나는 각각의 물체에 대해 이름을 붙여서 구분하는 능력을 가지고 있어서 포식자의 종에 따라 정확하게 이름을 붙일 수 있다는 것이며, 세 번째는 이들이 단어의 의미를 사용할 줄 알고 다른 프레리도그에게 정보를 전달할 수 있도록 의미를 부여한 소리를 만들어 사용할 줄 안다는 것이다. 비록 포식자에 대한 첫 번째 경고는 두려움으로부터 나오는 것일 수도 있지만, 프레리도그는 이 공포를 이 포식자를 보지 못한 다른 동물들에게 구체적인 정보를 전달할 수 있는 언어로 번역을 할 수 있다는 것이다.

우리가 수집한 자료들은 이러한 가정을 사실로 증명해주었다. 아니 그 이상의 것을 보여주었다. 포식자의 종에 따라 신호가 다양하게 변한다는 사실을 알게 된 것이다. 나는 학생들과 새로운 실험을 시작했다. 이 실험에서 푸른 셔츠와 청바지를 입힌 한 사람으로 하여금 여섯 군데의 각기 다른 프레리도그의 거주지를 항상 똑같은 스피드와 통로로 걸어가도록 했다. 또한 가축을 모는 개에게도 같은 방식으로 거주지를 가로질러 가도록 했다. 그리고 각각의 거주지 안에서 프레리도그의 경고 신호를 녹음했다. 똑같은 사람과 똑같은 개를 이용하여 각각의 거주지를 횡단하게 함으로써, 만약에 프레리도그가 포식자 각각의 모양을 묘사하고 있다면, 같은 포식자에 대한 경고 신호가 프레리도그 사이에서는 거의 다르지 않을 것이라고 예상했다. 반면에, 경고의 다양성이 주로 프레리도그의 목소리의 차이로부터 왔다면, 우리는 경고 신호에 있어서 상당한 양의 다양성을 볼 수가 있을 것이다.

놀랍게도, 우리가 전에 보았던 한 거주지 내에서의 다양성은 실제로 사라졌다. 대신에 두 개의 서로 다른 경고 신호를 볼 수 있었다. 사람에 대한 경고와 개에 대한 경고다. 사람에 대한 경고는 한 거주지 내에 거주하는 프레리도그 사이에서는 거의 차이가 없었다. 마찬가지로 개에 대한 경고도 비슷했다. 이 실험은 그들의 경고 신호 속에 사람과 개의 육체적 형상에 관해 묘사한 정보가 포함되어 있다는 것을 여실히 보여주는 것이다.

이 실험은 또한 나에게 기대하지 않았던 보너스를 주었다. 이것은 각각 다른 거주지에 사는 프레리도그가 '인간'과 '개'를 어떻게 발음하느냐에 대한 차이가 있다는 것을 보여주었다. 약 20킬로미터 정도 떨어진 두 거주지 사이에는 발음상에서 아주 심한 차이가 발견되었다. 마치 인간의 지방 사투리처럼 말이다. 1~2킬로미터 정도 떨어진 비교적 가까운 거주지 사이에서는 비슷한 발음을 가지고 있었다. 이것은 어린 프레리도그들이 유전적으로 통제되는 본능이 아니라 어미들로부터 더 세밀하게 신호를 보낼 수 있도록 배운다는 것을 시사하는 것이다. 이들이 정말로 사투리를 사용하는지를 알아보기 위해 학생 두 명에게 애리조나, 뉴멕시코, 콜로라도에 있는 프레리도그의 거주지를 지나가면서 신호를 녹음하도록 했다. 한 학생은 매번 거주지를 지나갈 때마다 같은 옷을 입고 걸어가고 다른 학생은 경고 소리를 녹음했다. 처음에 실험한 거주지별 차이와 비교적 유사한 결과를 얻을 수 있었다. 이것으로 우리는 서로 멀리 떨어진 거주지의 경고 신호에서 사투리가 있다는 것을 알게 되었다. 사람들의 사투리와 마찬가지로 멀리 떨어진 지방, 즉 애리조나의 플래그스태프Flagstaff와 뉴멕시코의 산타페에 있는 거주지 사이의 사투리는 비교적 가까이 있는 거주지, 예를 들면 플래그스태프 지역 내의 거주지 사이의 사투리보다 차이가 훨씬 심했다.

이러한 모든 것들이 흥미로웠다. 그래서 우리는 몇 가지 핵심적인 실험을 더 해야 했다. 우리는 프레리도그가 정말로 그들이 목격한 각기 다른 포식자들에 대한 실질적인 정보를 전달하는지를 증명할 필요가 있었다. 현재까지 우리는 프레리도그가 매와 인간, 코요테, 집에서 기르는 개의 차이를 구별할 줄 알고, 이들 포식자들에 대해 각각 다른 경고 신호를 만들어낼 수 있다는 것을 증명했다. 하지만 이러한 다른 경고 신호들을 다른 프레리도그가 이해하지 못한다면 어떻게 될까? 이러한 각각의 경고 신호가 그것을 들은 프레리도그가 적절한 도피 수단을 강구할 수 있도록 각각의 포식자에 대해 충분히 구체적인 정보를 포함하고 있는지 증명해야 할 필요가 있었다.

이것을 증명하기 위해 나의 친구인 주디스 키리아지스Judith Kiriazis와 함께 거주지 내에서 자연적으로 출현하는 포식자에 대한 프레리도그의 도피 반응을 비디오로 녹화했다. 그 결과 각각의 포식자에 따라 각기 다른 도피 반응을 취한다는 것을 알아냈다. 거주지 부근에 사람이 나타나면, 모든 프레리도그는 각자의 굴 속으로 뛰어들어간다. 그러고는 반쯤 몸을 내밀고 그 사람이 어디로 가는지 감시한다. 매가 거주지 위로 급강하를 할 때에는 그 직접적인 비행 경로에 위치한 모든 프레리도그는 즉시 굴로 달려가 숨어버리고는 절대로 밖을 내다보지 않았다. 직접적인 비행 경로에 있지 않은 프레리도그들은 뒷다리로 일어서서 멍청히 바라보고 있다. 마치 사고 현장에서 구경꾼이라도 되는 것처럼 어떤 녀석을 잡아먹는가 하고 지켜보았다. 코요테가 나타나면, 모든 프레리도그는 굴 입구로 달려가서는 뒷다리로 일어서서 조심스럽게 코요테를 지켜본다. 집에서 기르는 개가 나타나면, 프레리도그는 먹이를 찾던 곳에서 뒷다리로 일어서서 개를 지켜보았다. 그들은 개가 약 10미터 가까이까지 접근하지 않는 한 굴 입구로 도망치지 않았다.

도피 행동에 대한 차이는 이를 역이용하는 실험을 가능하게 한다. 우리는 거주지 중앙의 풀 숲에 스피커를 숨겨놓고 가장자리 쪽 프레리도그들이 안 보이는 곳에는 비디오 카메라와 녹음기를 숨겨 놓았다. 스피커를 통해 사전에 녹음된 각각의 포식자가 나타났을 때 보내는 경고 신호를 방송하고 이러한 신호에 프레리도그들이 어떻게 반응하는가를 촬영했다.

　역시 우리가 기대했던 대로 프레리도그들은 각각의 포식자들이 나타났을 때의 경고 신호와 동일하게 도피 행동을 보였다. 비록 포식자가 나타나지 않아도 코요테가 나타났을 때의 경고 신호를 보내면 프레리도그들은 굴 입구로 달아나고 인간이 나타났을 때의 경고 신호를 보내면 굴 입구로 달아나서는 굴 속으로 들어갔다. 개가 나타났을 때의 신호를 보내면 그 자리에서 일어서기만 하지 도망가지는 않았다. 이것은 프레리도그들이 포식자들에 대해 각각 다른 경고 신호를 보낼 뿐만 아니라, 이들의 차이점에 대한 정보를 다른 동료들에게 전달한다는 것을 보여주는 것이다.

　그러나 우리는 또 다른 중요한 사실을 증명해야 했다. 모든 프레리도그가 이러한 각각의 포식자에 대한 경고 신호를 낼 수 있느냐는 것이다.

　우리는 각각의 프레리도그가 여러 가지 경고를 발할 수 있는 능력을 가지고 있다는 것을 확실히 하기 위해 실루엣을 이용한 실험을 실행했다. 코요테와 스컹크의 모형과 단순한 타원형의 모형을 준비했다. 각 실루엣은 검정색으로 칠하고 와이어 트랙을 따라 거주지를 횡단하여 움직일 수 있도록 했다. 우리가 실제 포식자가 아닌 모형을 사용한 것은 각각의 포식자의 행동의 차이와 같은 수많은 다양성을 최소화할 수 있도록 하기 위해서였다. 그러고는 과연 단일 개체들이 세 가지의 각기 다른 형태의 경고 신호를 발할 수 있는가를 알아보기 위해서 각각의 실루엣에 대한 프레리도그의 경고 신호를 녹음했다.

　이 실험 결과 우리는 전혀 예상치 않았던 결과를 얻었다. 프레리도그가 새로운 경고를 만들어낼 수 있는 창조적인 능력을 가지고 있다는 것이 들어났기 때문이다. 우리가 예상한대로 녹음한 모든 프레리도그가 모형을 보고서도 실제 코요테나 스컹크를 보았을 때와 유사한 경고 신호를 발했다. 하지만 검은 타원형의 모형에 대해서는 전혀 다른 경고 신호를 발했던 것이다. 우리는 타원형 모형은 녀석들이 그동안 사용했던 신호를 발령하게 만들 것이라고 기대했다. 왜냐하면 녀석들이 지금까지 본 적도 없고 그것이 무언지 알지 못하는 것이기 때문이다. 하지만 검은 타원형의 모형을 본 모든 프레리도그들이 계속해서 새로운 동일한 신호를 보내는 것이었다. 무언지 모르지만 녀석들 전부가 검은 타원형의 물체에 대해 동일한 단어를 만들어내고 있다는 놀라운 사실이 발견된 것이다.

지금까지 우리는 프레리도그들이 아주 세련된 의사소통 시스템을 가지고 있다는 것을 발견했다. 이와 같은 음성에 의한 의사소통 시스템을 가지고 있다고 분석된 동물은 그 이전까지 오직 벨벳원숭이뿐이었다. 이들은 동부 아프리카의 사바나 정글에 살고 있다. 그곳에서는 독수리와 표범과 비단구렁이가 이들의 포식자다. 프레리도그와 마찬가지로 이들 원숭이들도 각각 다른 포식자가 접근하면 역시 각기 다른 경고 신호를 발한다. 그리고 이들도 포식자의 종류에 따라 각기 다른 도피 방법을 보여준다. 이러한 정도의 세련됨은 원숭이들 세계에서는 충분히 그럴 수 있다고 받아들여지고 있다. 하지만 우리는 이런 세련됨이 많은 사람들이 '미련하기 짝이 없는 귀찮고 해로운 동물'로 치부하는 설치류인 프레리도그에게서 발견되리라고는 생각조차 못했던 것이다.

우리는 녀석들의 언어가 오히려 원숭이들의 언어 시스템보다 훨씬 더 세련된 것이라는 사실을 금세 발견했다. 나는 놈들이 포식자에 대해 구체적으로 어떤 사항들을 다른 동료에게 전파하는지 호기심이 생기기 시작했다. 그래서 우리는 또 다른 실험을 시작했다. 하나의 실험에서는 네 명의 인간을 이용했다. 두 명의 남자와 두 명의 여자를 각각 따로 떨어져서 프레리도그의 거주지를 걸어서 통과하도록 했다. 그리고 각각 다른 색깔의 티셔츠를 입도록 했다. 우리는 이미 앞선 실험에서 프레리도그들이 색깔에 대해 뛰어난 시각 능력을 가지고 있다는 것을 알고 있었다. 그것 말고는 모두 똑같은 바지와 선글라스를 착용했다.

우리의 놀라움은 극에 달했다. 녀석들은 사람들 하나하나를 구별할 수 있었다. 비록 모든 사람들은 기본적인 사람에 대한 경고 신호를 발하게 만들었지만 그 경고 신호의 구조가 각자가 입은 티셔츠의 색깔에 따라서 서로 다른 것이었다. 세번째 실험에서 동일한 두 사람이 매번 각각 두 가지 다른 색의 티셔츠를 입고 걸어 가게 했다. 한번은 오렌지색, 다음은 회색의 셔츠를 입고. 녀석들은 두 사람 사이의 차이점을 다시 구별했다. 그리고 심지어는 티셔츠의 색깔에 따라 경고 신호의 일부가 달라지는 것을 확인했다.

이러한 결과를 보고 우리는 각각 크기와 털 색깔이 다른 개 여러 마리를 사용해 실험해보았다. 사람들이 각각 다른 색깔의 티셔츠를 입고 지나간 것과 똑같이 개들로 하여금 따로따로 거주지를 가로질러 지나가도록 하고 각각의 개들이 지나갈 때마다 들리는 경고 신호를 녹음했다. 결과는 인간들을 이용한 앞서 실험과 동일했다. 프레리도그들은 각각의 개의 차이를 구별하고 개에 대한 표현 정보를 그들의 경고 신호에 포함하여 전달하는 것이었다. 우리는 그들이 각각의 개에 대해 크기와 모양에 관한 정보를 주고 받고, 또한 각각의 털 색깔에 대해서도 정보가 오가는 것을 발견했다. 프레리도그들이 색깔과 크기와 모양에 관한 통합된 정보를 그들의 경고 신호 안에 포함하여 전달한다는 사실은 참으로 놀라운 것이 아닐 수 없다.

앞에서 우리는 여러 가지의 언어의 디자인 요소에 대해 얘기했다. 우리는 프레리도그의 경고 신호가 어의語意의 정보를 포함하고 있다는 것을 알아냈다. 그들은 또한 공간적으로 자신들과 멀리 떨어진 포식자를 묘사하고 있다. 예를 들면 거주지로부터 반 마일700~800미터 정도 이상 떨어진 언덕 너머로 코요테가 나타나는 것을 보고 모양을 구별한다. 그리고 녀석들은 전에 한 번도 본 적이 없는 물체가 나타났을 때 새로운 단어를 만들어내는 능력, 즉 생산성을 가지고 있다.

그러나 언어에 대한 디자인 기준의 질을 만족하기 위해서는 아직도 더 많은 실험을 해야만 했다. 나의 동료인 존 플레이서John Placer는 컴퓨터 전문가다. 그는 프레리도그의 신호를 잡아서 이를 시간 단위로 쪼개서 분석할 수 있는 프로그램을 개발했다. 그리하여 우리는 각각의 쪼개진 신호가 포함하고 있는 음향 구조를 분석할 수가 있었다. 이 방법을 이용해 우리는 각각의 쪼개진 신호가 음소, 즉 인간의 언어에서 가장 작은 소리의 단위와 똑같은 정보를 담고 있다는 것을 발견했다. 사람들의 언어와 마찬가지로, 인간, 개, 매에 대한 각각의 다른 경고 신호에서 발견한 음소들은 매 경고 신호에서 동일한 음소가 발견이 되었다. 하지만 그 각각의 신호에 따라 발생 위치는 서로 달랐다. 어떤 음소들은 인간 언어의 모음과 똑같은 음향구조를 가지고 있었다. 우리는 이 결과에 대해 무척 흥분했다. 왜냐하면 아무도 지금까지 어떤 동물의 의사소통 체계에서 이중성이 있다는 사실을 밝혀낸 적이 없기 때문이다.

프레리도그의 경고 신호에서 이중성을 발견함으로써, 우리는 프레리도그가 언어의 디자인 요소를 모두 갖추고 있다는 가설을 세울 수 있었다. 경고 신호에는 매우 구체적 의미를 내포한 정보, 즉 포식자의 종을 구분하고 각각의 포식자에 대한 특성을 설명할 수 있는 정보가 포함되어 있었다. 포식자가 멀리서 나타났음을 알려줄 때에는 신호의 위치를 서로 바꾸었다. 전에 본 적이 없는 물체가 나타났을 때에는 새로운 신호를 추가함으로써 그들이 단어를 창조할 수 있는 의사소통 체계를 가지고 있다는 것을 보여주었다. 그리고 이중성은 기본적으로 문장 구성과 문법을 갖추고 있다는 것, 즉 어떻게 소리의 단위인 음소가 의미를 가진 신호로 연결되는가를 보여주고 있다.

경고 신호에 추가하여 프레리도그들은 일련의 음성 체계를 가지고 있다. 우리가 사회적 대화라고 부르는 것이다. 프레리도그 한 마리는 먹이를 먹고 있는 중간에 멈춰서서 뒷발로 일어서서는 빠르고 뚝뚝 끊어지는 스타카토로 짖어댔다. 때로는 높낮이가 달랐다. 다른 쪽에 있는 녀석이 약간 다른 소리로 반응을 했다. 이렇게 자기들끼리 주고받으며 짖어대는 소리가 어떤 의미를 내포하고 있을까? 우리는 알 수 없다. 이러한 소리를 해독할 수 있는 로제타스톤Rosetta Stone, 1799년 이집트 로제타에서 발견된 석판으로 고대 이집트의 상형문자 해독의 실마리가 됨-옮긴이 주 같은 열쇠가 없기 때문이다. 그것들은 단순히 각 프레리도그의 내부적 기분을 표출한 것일 수도 있고, 아무런 의미 없는 표현일 수도 있다. 아니면 날씨가 좋다는 등의 표현일 수도 있다.

한 가지 우리가 알고 있는 것은 이러한 주고받는 대화가 일정한 구성을 가지고 있다는 것이다. 단순히 무작위적 순서가 아니라 일종의 형식을 가지고 있다. 인간의 언어에서 단어의 배열과 똑같은 것이다. 프레리도그들의 사교적 대화에서 우리는 아홉 개의 '단어'를 확인할 수 있었다. 이들 단어들은 우리 인간의 단어처럼 의도를 가지고 사용되었다. 이들 중 몇 가지는 항상 대화를 시작할 때 사용하고 일부는 대화가 끝날 때 사용했다. 그리고 다른 단어들은 대화의 중간에 나타났다. 우리는 이러한 단어들이 어떤 행동을 이끌어내는지를 알아내기 위해 이들의 의미에 대한 실마리를 수집하려고 노력했다.

진화학적, 생태학적 관점에서 보면 각각의 포식자에 대한 설명은 완전한 감각을 만들어준다. 프레리도그는 전 생애를 한 곳에서 살아간다. 매일매일, 거주지 부근에 살고 있는 몇 마리의 코요테와 같이 언제나 같은 포식자들이 거주지를 지나간다. 이들 포식자들은 각각 서로 다른 사냥 스타일을 가지고 있다.

어떤 코요테는 거주지를 그냥 걸어간다. 자기들 굴 입구에 서 있는 프레리도그에게는 아무런 관심이 없는 것처럼. 그러고는 만약 잠깐 한 눈을 파는 녀석을 발견하면 총알처럼 튀어나가 굴 속으로 뛰어 들어가기 전에 잡아채려 한다. 다른 코요테는 굴 옆으로 가서는 그 옆에 드러눕는다. 그러고는 한 시간 이상을 기다린다. 만약 굴 속에서 답답함을 느낀 프레리도그가 바깥이 안전한지 보려고 기어나오면, 녀석은 굴 입구에서 재빨리 잡아챈다.

프레리도그는 이러한 포식자들의 개별적 특성을 설명하여 줌으로써 각각의 사냥 스타일에 관한 정보를 전달해준다. "이 코요테는 굴 옆에 앉아 기다리는 놈이야, 그리고 저 놈은 튀어서 잡아채는 놈이야" 하고 말이다. 그리고 개별 포식자들의 차이점, 즉 어미인지 새끼인지, 그곳에서 살고 있는 놈인지 새로 나타난 놈인지와 같은 정보를 전달한다. 이러한 모든 정보들은 경고 신호 안에서 물리적 설명의 형태로 통합되어 전달된다.

이러한 설치류들은 음성 언어에 대한 동물의 능력에 관해 많은 것을 알려주었다. 그러나 우리가 인간의 활동으로부터 방해를 받지 않는 거주지를 찾아주고자 하는 일을 점점 더 어렵게 만든 것도 사실이다. 기존의 거주지들은 3대 생태재해로 인해 사라져가고 있다. 3대 생태재해란 독성 오염, 사냥, 서식지 파괴를 말한다. 우리가 연구하려고 시도했던 거주지를 비롯해 많은 거주지들이 단계적으로 독성에 오염되었거나 토지구획 사업과 쇼핑센터 건립으로 파괴되었다. 심지어 독성 오염과 거주지 파괴로부터 보호되고 있는 국가 소유의 땅에서는 사냥꾼에 의해 멸종되고 있는 형편이다.

우리가 연구했던 프레리도그의 거주지 운명은 북미 대륙의 다른 프레리도그의 종족이 당하고 있는 운명과 크게 다르지 않다. 과거에 프레리도그는 그레이트 버팔로가 살고 있는 곳에서 한때 같이 살았다. 수십만 평방마일의 광활한 초원이 엄청난 숫자를 자랑하는 프레리도그의 거주지였다. 하지만 번창했던 거주지는 오늘날엔 손톱만하게 줄어들어 여기에 조금, 저기에 조금씩 남겨졌다. 금세기에 들어서면서 미국의 연방 정부와 주 정부에서 실시한 박멸계획으로 인해 프레리도그의 거주지 중 무려 98퍼센트가 없어졌다. 이 박멸계획은 프레리도그가 소와 먹이 경쟁을 벌인다는 잘못된 믿음 때문이었다. 최근 연구에 의하면 프레리도그와 소의 먹이는 불과 4~7% 정도만 중복이 될 뿐이며, 오히려 소는 프레리도그의 거주지에서 방목되는 것을 더 좋아한다고 한다. 왜냐하면 프레리도그는 초목의 윗부분을 잘라 먹어 부드러운 새순이 돋아나도록 만드는데 소들은 이 새순을 무척 좋아하기 때문이다. 이러한 사실에도 불구하고 축산업자들은 아주 강력한 로비를 통해 이 박멸계획을 집행했다. 그 경비는 당연히 국민의 세금으로 충당되었다.

또 다른 프레리도그의 사멸은 사냥을 통해서 이루어졌다. 사냥꾼들은 이런 동물을 향하여 총을 쏘는 것을 무척 좋아하는 것 같다. 여러 주에서 시행되었던 조직적인 사냥에 의하여 수천 마리의 동물들이 도살되었다. 그리고 주 정부나 연방 정부에서 프레리도그가 유해 동물이라고 지정했기 때문에 사냥 면허만 있으면 연중무휴로 사냥할 수 있다. 한 사냥꾼이 우리에게 말하기를 그는 사슴이나 엘크 같은 큰 동물을 단번에 보다 깔끔하게 죽이기 위한 연습으로 프레리도그를 이용한다고 했다. 많은 사냥꾼들이 이런 이유로 프레리도그를 죽이면서도 그들이 한 짓이 어떤 영향을 주는지 확인하러 프레리도그의 거주지를 가볼 생각조차 하지 않는다. 부상당한 프레리도그가 고통스럽게 서서히 죽어가고 있는 데도 말이다. 또 다른 사냥꾼은 토요일 오후를 즐겁게 보내기 위한 오락의 일종이었다고 말했다.

거주지 파괴는 또 다른 죽음의 원인이다. 서부에서는 도시가 팽창하면서 보다 많은 건물들과 쇼핑센터가 지어졌다. 통상 프레리도그가 살고 있는 평평한 초원이 이를 위해 제격이다. 프레리도그가 동면하는 지역에서는 개발사업이 동면 중에 시작되는 사례가 많았다. 그래서 그들의 거주지가 건설장비에 의해 지하에 묻히게 되고 쇼핑센터 주차장의 콘크리트 무덤에 갇혀버리고 말았다.

하지만 프레리도그야말로 서부 초원지대의 생태에서 가장 기초를 이루는 종이다. 포식자에게 먹이를 제공함은 물론 프레리도그의 거주지는 무려 200종 이상의 척추동물을 위한 주거지를 제공한다. 프레리도그가 서식하고 있는 초원지대는 그렇지 않은 초원지대에 비해 훨씬 더 많은 척추동물 및 무척추동물들이 다양하게 살고 있다. 이 지역은 또한 조류의 서식밀도가 매우 높다.

프레리도그는 토종 식물을 먹는 것을 더 좋아한다. 그래서 이들은 외래종의 풀들이 자라고 있는 땅을 갈아엎어서 토종 식물들이 더 많이 자라도록 해준다. 반면 소의 방목은 토종이 아닌 식물의 성장을 촉진한다. 특히 지력地力이 지탱할 수 있는 능력 이상으로 소 떼를 너무 많이 방목할 경우 이런 현상은 더욱 심하게 나타난다. 이러한 프레리도그의 활동은 토종 풀과 토종 나무의 성장을 촉진하고 과도한 방목으로 인해 황폐화된 초지가 소 떼를 방목시키기 이전의 다양한 토종 식물을 회복할 수 있도록 도와준다.

아이러니하게도 다양한 연방 기관과 주 기관이 멸종 위기의 검은발 흰담비를 회복시키기 위해 수백만 달러를 투입하고 있는 반면에 다른 연방 기관과 주 기관은 검은발 흰담비의 주된 먹이인 프레리도그를 박멸하기 위한 광범위한 프로그램을 시행하고 있다. 검은발 흰담비의 인공번식과 재도입 프로그램은 많은 연방 및 주의 생물학자 등에 의한 엄청난 예산과 시간과 노력의 투자가 필요하다. 하지만 검은발 흰담비는 거의 프레리도그만 먹는다.

아마도 프레리도그가 사라져버리면 검은발 흰담비는 생존할 수 없을 것이다. 유타 프레리도그와 멕시칸 프레리도그는 멸종 위험 종으로 등록되어 있다. 유타 프레리도그는 멸종 위기 종으로 멕시칸 프레리도그는 멸종 위험 종으로 보호받고 있다. 환경단체와 시민들은 나머지 세 개의 종들도 멸종 위험 종 또는 멸종 위기 종으로 등록하도록 미국 국가 어류 및 야생생물 보호협회에 호소문을 제출했다. 그러나 이러한 호소문은 이들 프레리도그가 생존의 위험에 처해 있다는 사실에 대한 증거가 부족하다는 이유로 기각되었다. 이렇게 멸종 위험 종 또는 멸종 위기 종으로 등록되면 박멸 프로그램을 중지시킬 수 있고 프레리도그의 개체수를 계속 존속할 수 있는 수준으로 회복할 수 있는 기회를 줄 수 있다.

그러므로, 우리가 프레리도그으로부터 동물의 언어에 대해 배울 것이 많은 반면에, 이러한 많은 것을 배울 수 있는 시간은 많지 않을지도 모른다. 인간들이 프레리도그를 죽이고 박멸하는 속도는 무서울 정도로 빠르다. 과학자들에게 가장 세련된 음성언어를 가진 동물 중의 하나라고 알려진 동물, 그리고 초원지대 생태계에 중요한 구성요소인 동물이 머지않아 패신저 비둘기_{철비둘기의 일종으로 북 아메리카 대륙에 주로 서식하였으나 지금은 멸종되었음-옮긴이 주}의 전철을 밟게 될 수도 있다.

콘 슬로보치코프 Con Slobodchikoff

콘 슬로보치코프 박사는 북애리조나대학교의 생물학 교수이며, 다양한 저술활동을 통해 초원 생태계 보존에서 중요한 역할을 하는 프레리도그의 연구학자로 알려져 있다. 그는 아마도 프레리도그의 언어적 장벽을 실제로 깨뜨리고 그들의 언어 한 부분을 확인한 유일한 학자다.

도롱뇽과 돌에 키스하며

마이클 W. 폭스

동물의 힘은 심오하고 신비하고 사실적이다. 그러나 현대의 과학기술 사회는 그들이 가지고 있는 힘을 가치 있다거나 중요하다고 생각하지 않는다. 그저 단순한 미신으로 간주해버린다. 동물적인 힘을 가져야 한다고 주장하거나 이러한 본질적인 자연의 힘어떤 사람들은 동물의 재능이요 축복이라고 부르기도 한다을 존중해야 한다고 주장하는 사람들은 원시적이고, 야만적이며, 이단자이며, 마녀이고, 사회적 반항아요, 정신적·육체적 변태자라고 낙인이 찍혀버린다. 그나마 직접적으로 정신병자라고 부르지 않으면 다행이다.

그러나 제정신이라는 것이 정신적으로 깨끗하게 정화된 것, 위생 처리된 것이라면 소독작업이나 정화작업은 동일한 과정이라고 볼 수 있다. 강아지를 침대로 데리고 가서 같이 자는 어린아이처럼 사랑하는 것이 정신이 나간 짓이고 비위생적인 것일까?

동물의 힘을 이해하는 사람들의 대부분은 일부러 동물의 힘을 이해하려는 것이 아니라 자기도 모르게 무의식적으로 이해하게 된다. 단순히 어떤 동물과 잠을 같이 자거나 꿈을 꾸는 것이 아니라 이들을 존중하는 사람들이다. 그들은 동물을 신성시한다. 그들이야말로 신성한 우주의 한 부분이고 창조의 성스러움이기 때문이다. 이들 중 어떤 동물들은 가축화되었거나 유전공학적으로 조작되어 인간이 창조한 것처럼 보이기도 하지만 이것은 문제가 되지 않는다. 왜냐하면 이들의 신성함은 그대로 남아 있기 때문이다. 물론 그들에게 신성함이 없어졌다고 인식하고 있는 사람들은 제외하고 말이다.

30년 전 영국의 한 술집에서 만난 한 아일랜드 사람은 "도롱뇽과 입 맞춘 사람은 불에 타지 않는다"는 켈트족 전설에 대해 이야기했다. 그 사람은 증명이라도 해보이려는 듯 불에 달구어 빨갛게 달아오른 포크를 자신의 혀에 가져다 댔다. 그러면서 그는 도롱뇽과 키스했기 때문에 자신의 혀는 타지 않을 것이라고 말했다.

이 전설 같은 이야기는 우리 인간들이 자연과 아주 가까이 살던 시대로부터 전래된 이야기다. 고대에는 아일랜드를 비롯한 대부분의 유럽국가들이 수렵과 채집, 농경생활을 하며 살아왔다. 그들이 도롱뇽에게 입을 맞추는 것은 어떤 힘을 얻기 위해서가 아니라 동물을 존경하고 경외하기 때문이었다.

1990년 여름이었다. 오래된 참나무의 구멍을 찾아보고 돌아오는 길에 여섯 살 된 딸 마라에게 집으로 가는 숲길을 지나면서 이 근처에서 독 없는 얼룩뱀을 볼 수도 있을 것이라고 말했다.

우리는 기대했던 것보다 일찍 뱀을 발견했다. 나는 뱀을 천천히 그리고 온화한 마음으로 집어 올렸다. 녀석은 천천히 내 손을 감았다. 눈 한번 깜빡거리지도 않고 나를 응시하면서, 나의 존재와 의도를 확인하려는 듯이 갈라진 혀를 날름거렸다. 나는 낮은 목소리로 딸에게 이 뱀은 독이 없고, 곤충이나 도마뱀 같은 것들을 잡아먹고 살며 몸뚱이는 길지 않지만 아름답게 윤기가 흐른다고 말해주었다. 뱀은 눈을 깜빡이지는 않지만 영민하게 반짝이면서, 낼름거리는 혀를 가지고 우리를 건드리지 않고서도 우리가 누구인가를 판단하고, 냄새를 맡을 수 있고, 맛을 느낄 수 있다고도 알려주었다.

그러고는 마라에게 뱀을 만져보고 싶은지를 물었다. 마라가 그렇게 하겠다고 해서 뱀을 넘겨주고는 돌아섰다. 숲 속에 여섯 살 된 딸과 뱀을 남겨두고 다른 구멍을 찾아보려고 돌아섰다. 그러자 마라는 커다란 뱀의 주둥이에 키스를 하는 것이었다. 그녀가 작별인사를 할 준비가 된 것을 알고는 뱀을 넘겨받아서 나도 역시 키스를 하고 놓아주었다. 고맙다는 말과 숲 속에서 행복하기를 기원하면서.

숲이 끝날 때쯤 되자 대규모 주택단지가 나타났다. 거기에는 화학비료와 농약으로 키운 잔디밭들이 있다. 숲 속으로 흐르는 냇물은 마치 산성비가 그 위로 내리는 것처럼 오염되었다. 사람과 자동차로 가득 찬 도시의 하수구로부터 쏟아져나오는 오염물과 제초제, 살충제, 독성 중금속 등이 섞인 물이 흐르고 있는 것이다.

우리는 아직까지 주변의 숲 속에서 도롱뇽을 발견한 적이 없다. 최근에 한 친구가 박스 거북북미 대륙에 사는 육지 거북의 총칭, 경첩식으로 되어 있는 등딱지를 굳게 닫고 몸을 보호한다-옮긴이 주 한 마리와 고양이에게 처참하게 찢겨진 주머니쥐를 우리 동물병원에 데리고 왔다. 그는 긴 군용 담요로 온몸을 두르고 있었으며 쓰레기더미에서 나는 고약한 냄새가 났다. 그 친구는 숲속에서 살고 있다고 했다. 하지만 자기가 살고 있는 그곳에 도롱뇽이나 거북이나 뱀이 살고 있는지는 모르겠다고 했다. 비록 숲 속에 살지만 아직까지 야생의 동물을 이해하고 그들과 같이 살 정도는 아닌 듯했다. 아마도 그는 자신에게 키스해줄 다른 사람이 필요했을 것이다. 그러나 나에게는 시간이 없었다. 죽어가는 숲, 이제는 어린 아이만이 야생 뱀에게 키스하고, 아일랜드 사람들만이 자신들의 전설을 믿으면서 살아가고 있을 뿐이다. 이대로 가다가는 오직 황금덩어리에만 키스하는 식민주의와 산업 제국주의, 물질 만능주의의 멍에로부터 자유로워질 수 있는 기회를 영영 잃게 될 것이라는 생각 때문이다.

몇몇 자연을 사랑하고 그들의 중요한 가치를 알고 싶어 하는 사람들만이 도롱뇽에게 키스하는 것이 과학적으로 또는 의학적으로 어떤 의미를 지니는 지에 관심을 가질 뿐이다. 물질적 현실과 정신적·형이상학적 현실은 근본적인 차이가 있는 것이 아니다. 단지 어느 것에 더 우선적인 가치를 부여하느냐의 문제인 것이다.

과학은 '줄기두꺼비를 핥는 사람은 신과 천사, 그리고 악마를 볼 수 있다'는 전설을 증명해주지는 않는다. 단지 점액으로 뒤덮여 있는 두꺼비의 피부에 환각제 성분이 들어 있다는 비밀이 과학에 의해 밝혀졌을 뿐이다. 마치 아즈텍 사람들이 시력을 얻기 위하여 그랬듯이 두꺼비 피부의 점액을 먹거나 두꺼비를 핥음으로써 상기된 상태에 이르는 것과 심령적인 힘을 얻기 위하여 존경과 사랑 없이 도롱뇽이나 얼룩 뱀과 키스하는 것에는 분명 차이가 있다.

1960년 여름에 나는 아일랜드에 있는 유명한 블라니 성 Blarney Castle의 돌에 키스를 했다. 부모님과 휴가 중이었다. 가을에 있을 런던의 왕립 수의과 대학의 졸업시험을 위해서 머릿속이 공부로 꽉 차 있는 때였다. 아버지께서 자동차를 운전하고 있는 동안 어머님께서는 조용한 길가의 아름다운 풍경들을 바라보며 이야기해주었다.

아일랜드 전설에 의하면 이 돌에 키스하는 사람은 '사람을 설득하는 웅변력'이 생기게 된다고 알려져 있다. 한편, 어떤 일에 열중하는 사람을 '블라니의 축복을 받은 사람'이라고 부르기도 한다. 나는 블라니 성의 돌에 키스하면서 동물의 왕국에서 고통받는 동물들의 아픔을 달래줄 수 있는 힘을 달라고 기원했다. 그래서 결국에는 '블라니의 축복을 받은 사람'이 되었는지도 모르겠다.

고대 유럽의 많은 전설들은 돌과 관련된 것들이 많다. 멀린의 검을 뽑은 아서 왕의 이야기도 돌이 관련되어 있다. 많은 귀족과 기사들이 마법에 의하여 돌 속에 깊숙히 박혀 있는 이 지배자의 검을 뽑으려고 먼 곳에서 몰려들었다. 그리고 단 한 사람만이 성공했다. 돌이 스스로 인정한 그 사람은 신성한 힘, '엑스칼리버의 힘'을 사용해 정의와 평화, 철기시대 후기의 황폐화된 영토의 통일을 가져올 자이며, 영토 확장과 보복 전쟁 등이 일어나지 않도록 할 수 있는 사람이었다.

자연의 힘, 즉 바위나 나무, 동물의 힘은 오랫동안 우리 선조들 사이에 널리 알려져왔다. 우리 선조들은 현대의 우리보다 훨씬 현명했으며 훨씬 덜 야만적이었다. 그들은 삶의 과정과 삶을 이루는 요소들을 통제하고 확장하고자 하는 힘을 원하지 않았다. 우리가 지금 하고 있는 것과 같은, 그리고 우리들보다 더 '문명화'된 후손들이 할 것이 틀림없는 수준으로 자신들의 삶을 복잡하고 각박하게 만들고 싶어 하지 않았다. 왜냐하면 아마 그들은 우리보다 인구 수도 훨씬 적었고, 살아가는 데 필요한 자원을 얻는 자연환경이 건강하게 유지되고 있었거니와 무엇보다도 그들 스스로가 오늘날처럼 탐욕스럽고 극렬하게 이러한 자원을 활용하려고 혈안이 되지는 않았기 때문일 것이다.

어떤 사람들은 우리 선조들이 살던 시절을 황금기Golden Age라고 부르기도 한다. 이 기간은 사람들이 주로 채취와 수렵으로 살아가고, 하느님으로부터 물려받은 자연의 힘과 재능을 인정하는 시대였다. 윗대로부터 전해 내려오는 신화와 전설 속의 이야기처럼 말이다. 이 다양하고 낭만적이며, 다분히 이교도적이고, 미신과 같은, 동물과 정령 숭배와 말도 안 되는 이야기 속에서 자신들의 삶의 진리를 깨닫고 실천해온 시대였다. 그러나 오늘날 이러한 동물의 힘과 축복과 재능을 믿고 존중하는 시대의 관점으로 돌아가는 것은 이단자이며, 이교도의 교리와 우상을 섬기는 자이며, 악마를 숭배하는 자라고 심판을 받을 것이다. 기독교 이전 시대의 악마는 바로 팬Pan이다. 팬은 그리스 신화에 나오는 삼림·목축·수렵의 신으로, 몸은 인간, 발과 귀와 뿔은 산양山羊의 모습을 하고 있으며 동물과 가축을 돌보아주며 겁을 먹은 사람, 가족으로부터 떨어져 있는 사람과 두려움에 떨고 있는 사람뿐 아니라, 야생의 모든 동물을 보호해주는 신이다. 우리가 악마라고 몰아붙이는 존재는 사실은 우리의 선조들이 믿고 숭배하던, 우리를 보호해주는 자연의 모습이었다.

동물의 행동은 우리가 소위 자연적인 행동이라고 부르는 것들을 실제로 보여주고, 동물의 왕국은 우리에게 부족한 것, 우리의 교활함과 탐욕과 이기적인 기만을 비추어주는 거울과도 같은 것이다.

뱀과 거미의 존재를 인정하고 이해하고 그들의 고유한 신성함과 전체 속에서의 자신의 위치를 깨닫고 스스로 조화시키는 지혜를 배우는 것은 우리 자신을 인정하는 것이다. 그러나 어떤 아이들은 이러한 생물들을 두려워하고 경멸하며 죽여버리라고 배운다. 그들을 존중하고 깊이 이해하라고 배우는 아이는 거의 없다. 결과적으로 전체 속에서 그들의 위치가 왜 중요한지를 깨달을 수가 없는 것이다.

야생동물과 가축은 우리 인간과 아주 유사한 방법으로 자신의 감정을 표현한다. 아프면 울고 신음한다. 무서우면 움츠리고, 힘을 과시하고자 할 때에는 뽐내며 걷거나 몸을 부풀린다. 깊은 만족감을 얻으면 눈을 감고, 만족스러우면 그르렁거린다. 이러한 감정과 표현 방법을 공유한다는 것은 동물이 우리의 동물적 성격을 보여주는 거울이라는 의미다.

이 거울에 낀 세월의 먼지를 닦아내고, 인간 이기주의의 업보의 재를 털어내서 우리 자신을 비추어보면 볼수록, 우리 스스로 동물의 재능과 힘에 더 많이 접근할 수 있다. 만약에 우리가 동물원에 가서 이러한 거울로서 그 동물들을 보려 한다면, 우리가 볼 수 있는 것은 무엇일까? 북극곰에게서 그의 강한 힘과 북극의 오로라를, 늑대의 지혜와 의지를, 사슴의 민첩함과 조심성을 볼 수 있을 것이다. 그들이 거기 자연 그대로 발가벗은 채로 서 있기 때문이다. 하지만 우리가 발가벗고 이러한 거울 앞에 서 있다고 가정해보자. 우리는 그 거울에 비친 인간의 모습에서 과연 무엇을 볼 수 있을까?

동물의 힘을 이용함으로써 우리는 진실되고 자연스러운 우리 자신으로 돌아갈 수 있다. 동물의 신비한 능력과 조화와 순수함을 우리의 그것들과 비교해보면, 우리가 얼마나 조화롭지 못하며 열등한 동물인지를 알 수가 있다. 인간이라는 존재는 스스로만이 선택하고 인정하고 즐기는 방법으로 서고 걷고 말하고 있다. 그리고 이것은 자연에 대한 두려움과 허풍의 그늘을 거두지 않는 한 계속될 것이다.

마이클 W. 폭스 Michael W. Fox

폭스 박사는 40권이 넘는 책을 저술했으며, 신문에 〈동물 박사〉라는 칼럼을 기고하고 있다. 상담 전문 수의사이자 약학박사이며 런던대학교에서 동물행동학으로 박사학위를 받았다. 최신의 저서로는 『끝없는 동그라미-생명과 탄생을 위한 보호활동The Boundless Circle: Caring for Creatures and Creation』 등이 있다.

히말라야의 숨은 정령

로드니 잭슨

마치 안개가 내려앉은 듯한 연회색 털과 활짝 핀 장미 같은 노란색의 커다란 반점, 그리고 제 몸만큼 긴 꼬리를 가진 눈표범은 히말라야 깊은 산중에서도 그 도도한 자태를 금방 알아볼 수 있다. 눈표범은 중앙아시아 열두 개 나라의 산악지대에 걸쳐서 서식하고 있다. 이 지역은 3,200킬로미터가 넘는 히말라야 산맥으로 연결된 네팔, 인도, 부탄, 중국과 바람이 많이 부는 몽골의 초원지대, 톈산 산맥의 경사면에 위치한 구 소련 연방국가들이 포함되어 있다. 몸무게가 불과 50킬로그램이 채 되지 않지만 녀석은 자신보다 몸무게가 세 배나 더 나가는 야생 산양을 죽일 수 있다. 녀석들은 강한 앞발과 날카로운 이빨을 가지고 있는 솜씨 좋은 사냥꾼이며, 절벽 가장자리의 좁은 통로를 따라 재빨리 움직이는 것으로 유명하다.

동물들은 우리를 놀라게 한다. 우리가 그들의 행동과 자연의 역사에 대해 알면 알수록, 그들의 실상에 대해 우리가 알고 있는 것이 얼마나 빈약한지를 알면 알수록, 그 놀라움은 더 커진다. 이해하기 어려운 동물일수록 우리는 우리 자신을 발견하기 위해 더 많은 도전을 하게 된다.

독일의 생물학자인 페터 팔라스Peter Pallas, 1741~1811는 눈표범의 연구를 위해 공식적으로 과학을 도입했다. 1779년에 눈표범은 세계 과학계에 처음으로 알려졌다. 그러나 세계적으로 손꼽히는 자연주의자인 조지 셸러가 히말라야의 야생생물을 연구하기 위해 파키스탄을 탐험하기 전까지는 아무도 관심을 기울이지 않았다. 그는 책에서 "나는 눈표범을 연구하고자 하는 열망을 가지고 산속으로 들어갔는데 그만 실패로 끝나고 말았다. 심술궂게도 녀석은 자신을 관찰하려는 나의 노력을 교묘히 피해나갔다"라고 썼다. 그는 서너 마리밖에 남기지 않고 모조리 사냥한 비정한 밀렵꾼들을 비난했다. 그리고 온 산을 '고요의 바위산'으로 바꾸어버린 인간의 탐욕과 무식과 무자비함을 한탄했다.

1970년 대 후반, 내가 처음으로 이 히말라야 산속의 전설적인 동물에 관심을 갖기 시작했을 때 이곳의 장엄한 서식지와 웅장한 경치는 나의 상상력과 탐험에 대한 열정을 사로잡았다. 조지 셸러가 성공하지 못한 것은 표범을 연구하기 위한 지역을 잘못 선정한 불운 때문이었다. 그래서 나는 인간의 활동, 특히 밀렵으로부터 때묻지 않은 처녀지를 찾는 것에 모든 노력을 기울였다. 눈표범은 단지 사냥꾼에게 뜻밖의 횡재를 주기 때문만이 아니라 고급 모피로서 암거래 시장에서 엄청난 이익을 얻을 수 있기 때문에 공격의 대상이 되는 것이다. 당시에 막 대학을 졸업한 나로서는 충분한 시간과 인내심만 있다면, 눈표범에 대한 연구는 그리 어렵지 않을 것이라고 생각했다. 무선 송출기 목걸이를 조심스럽게 사용하고 서식지 지도를 작성하고, 직·간접적 관찰을 통해서 쉽게 분석할 수 있을 것 같았다. 비록 티베트 평원과 국경선 지방 토종의 바랄소목 소과의 동물. 몸 길이 1.3~2미터, 몸무게 55~73킬로그램으로 고지대에서 서식한다-옮긴이 주을 잡아먹고 살지만, 눈표범은 미국 서부의 산에 사는 아메리카사자퓨마를 많이 닮았다. 아메리카사자도 집중적인 연구 끝에 최근에야 그 생활상이 노출되었다.

　내가 한 일은 기금을 모금하고, 무선 추적장치와 따뜻한 오리털 침낭과 파카를 산 것이 전부였다. 그리고 여자친구 달라와 함께 출발했다. 하지만 일들은 생각했던 것처럼 쉽지 않았다.

　달라와 내가 히말라야의 야생지대에서 '히말라야 밤의 정령'을 연구하며 보낸 5년은 눈표범에 대한 나의 존경과 경외를 더욱 강하게 만들었고, 아시아의 놀라운 고산지대 야생동물과 자연의 생물다양성을 보호하려는 나의 노력을 계속할 수 있도록 기금을 마련하게 했다. 우리는 연구할 지역을 찾아서　네팔 서부 황야지대의 랑구 조지에 정착했다. 이곳은 해발 7,000킬로미터의 칸지로바 히말봉峰의 경사면에 자리잡고 있는 지역이다. 눈 위에 찍힌 발자국을 추적할 수 있는 겨울이 눈표범을 가장 잘 관찰할 수 있는 계절일 것이라는 가정하에 달라와 나는 1981년 10월에 출발했다. 우리는 산속의 오지 마을인 돌푸에 도착했다. 6주에 걸친 트래킹과 끝이 없을 것 같은 행정적 절차와 보급품 조달이라는 장애물을 극복하고서.

　내 생애에서 가장 혹독했던 그해 겨울은 우리를 거의 두 달 동안 텐트에 묶어놓았다. 두 달 후에야 겨우 함정을 설치하기 위해 연구 지역으로 걸어 들어갈 수 있었다. 절벽 위에는 맨눈으로는 거의 식별되지 않는 아주 가파르고 작은 길이 랑구 조지로 이어지고 있었다. 바랄과 히말라야 타르아시아·아라비아에 서식하는 야생 염소의 총칭; 갈기가 길고, 뿔은 굵고 짧으며 뒤로 휘어 있다-옮긴이 주와 눈표범의 영역 내에서 같이 생존하는 동물들이 수천 년 동안 사용해온 야생동물들의 길을 따라서. 여기저기에 현지 부족인 보티아족 사람들이 한 사람이 겨우 붙잡고 올라갈 수 있을 정도의 나무 기둥을 바위 표면에 기대어놓았다. 때때로 축구공만 한 돌들이 위로부터 굴러 내려왔다.

　달라와 나는 로프로 서로를 묶고 보티아족 포터들의 등산 기술을 배우면서 올라갔다. 그들은 무릎을 덜덜 떨면서 바위 위를 설설 기는 우리의 자세와 겁에 질려 동그랗게 커진 눈을 보고 웃어대기도 했다. 열네 살짜리 어린 아이와 할머니 포터들은 30~40킬로그램이나 되는 짐을 운반하면서도 도마뱀처럼 누워 있는 우리 곁을 추월해갔다. 어떻게 이런 극심한 지역에서 동물이 살고 또 이들을 사냥을 할 수 있는지 자못 궁금하기 짝이 없었다. 그들의 모피를 얻기 위한 밀렵꾼들에 의해 벼랑 끝까지 몰린 것인가? 아니면 눈표범들이 겨울에 눈에 묻혀 꼼짝 못하는 평평한 고산 계곡보다는 이런 바위와 절벽 사이의 생활에 잘 적응했기 때문일까? 어떻게 이들 눈표범들은 이런 깎아지른 절벽에서 짝짓기를 했을까? 그리고 무엇이 이들 눈표범들을 육체적으로 사회적으로 안전하게 만들어주었을까? 이러한 의문들이야말로 내가 급하게 해답을 찾아야 할 것들이었다.

나는 더크엘에 캠프를 설치했다. 현지어로 '험한 곳'이라는 뜻이다. 해발 29,000킬로미터에 있는 랑구 강으로 작은 냇물이 흘러들어가는 곳이며, 겨울에는 모든 것이 얼어붙을 정도로 매섭게 추운 곳이다. 정오가 되어서야 깎아지른 산봉우리의 뚫린 절벽 사이로 햇빛이 기둥처럼 하늘에서 내리쬔다. 하지만 그것도 겨우 15분뿐이다. 나는 눈표범을 찾아 정신없이 헤맸다. 강가의 절벽 가장자리와 벼랑 끝을 훑고 잠시 후에는 생포용 덫을 설치하고 이동하지 못하도록 하는 장비와 약품을 준비했다. 사로잡으면 무선 발신용 목걸이를 채우고 다시 놓아줄 것이다. 우리는 눈표범이 미끼를 보고 2~3미터 근처까지 다가오기를 기다렸다. 미끼는 마을에서 산 늙은 염소였다.

놀랍게도 덫을 놓은 첫날 밤에 수컷 눈표범이 찾아왔다. 그러고는 묶인 염소를 건드렸다가 덫에 걸리고 말았다. 우리가 보지는 않았지만 염소는 펄펄 끓는 아드레날린 덕분에 묶인 것을 풀고 달아났다. 아마 언덕 아래의 더 안전한 곳을 찾아갔을 것이다.

네팔인 조수와 더불어 달라와 나는 그 후로도 4년간 다섯 마리의 표범에게 무선 발신기를 채워서 추적했다. 랑구 계곡의 구석구석 안 가본 데가 없었다. 그들이 어떻게 움직이는지, 먹이를 어떻게 구하는지, 사회적 습관은 어떠한지, 행동 범위는 얼마나 되는지, 영역의 사용형태는 어떠한지에 대해 자세한 자료를 수집하려고 노력했다. 우리의 연구가 미래의 모든 연구를 위한 기준 자료가 되길 바랐고, 히말라야 고산지대의 다른 동물과 생물다양성과 더불어 사는 이 아름다운 동물보호를 위한 활동의 초석이 되길 바랐다. 우리는 여러 유명한 논문과 베스트셀러의 작가인 피터 매티슨Peter Matthiessen의 작품 『눈표범The Snow Leopard』의 충격에 못지 않은 과학적인 자료를 제공하고자 했다. 이 책은 매티슨이 조지 셸러와 같이 신성한 크리스탈 봉峰에서의 청교도적인 성지순례를 하면서 날짜별로 쓴 책이다. 크리스탈 봉은 우리 캠프에서 무척 가까이 있는 봉우리다. 비록 매티슨이 "이 설산 속의 전설적인 동물을 한 번만이라도 보려고 하는 시도만으로도 모든 여행의 충분한 이유가 된다"고 했지만 그의 진정한 목적은 자신의 내부에서부터 발생했다. 부인의 갑작스런 죽음으로 깨닫기 시작한 삶의 의미를 찾고자 했던 것이다. 그의 시적인 소설이 제공한 이미지와 《내셔널지오그래픽National Geographic》에 실린 셸러의 우아하고도 영명한 사진이 어울려 수많은 미국인들을 히말라야 계곡으로의 오지 여행을 부추겼다. 그것은 전설과도 같은 눈표범을 둘러싸고 있는 현대의 살아 있는 신비를 찾아나서는 길이었다.

수 세기 전, 불교 성자인 밀라레파Milarepa, 1025~1135 - 티베트의 위대한 시인이자, 뛰어난 수행승으로 피나는 고행을 통해 최고의 깨달음을 얻었다. 그의 생애를 다룬 영화 〈밀라레파〉가 제11회 부산영화제에 출품되기도 했다-옮긴이 주는 검은 닝마파티베트 불교의 한 분파-옮긴이 주의 불경을 주로 연구하였으며, 눈표범으로 변신하여 자신을 신봉하는 사람을 당황하게 만들었다.

『눈밭의 노래The Songs of Snow Range』는 밀라레파가 라프치 계곡에서 명상 수련을 하는 동안 악한 악마와 악령들을 물리친 유명한 이야기를 적고 있다. 라프치 계곡은 현재는 에베레스트 산 측면을 따라 지정된 쿠오모랑마 자연보호구역 내에 위치하고 있어서 보호를 받고 있다.

전설에 따르면 어느 해 시월에 밀라레파는 6명의 신도들과 함께 '악마를 정벌한 위대한 동굴'로 출발했다. 그리고 그는 그곳에서 몇 개월 동안이나 정신적 수행을 위한 명상에 들어가겠다고 했다. 밀라레파를 남겨두고 집으로 돌아오던 신도들은 길 위에서 엄청난 눈폭풍을 만났다. 신도들이 눈보라를 헤치고 집에 도착한 이후에도 눈은 18일 동안 밤낮으로 그치지 않고 쏟아졌다. 자연히 동굴은 마을로부터 단절되었고, 눈보라가 그친 이후에도 6개월 동안이나 어떠한 연락도 주고받을 수 없는 상태가 되었다. 뿐만 아니라 신도들은 그들의 수행 중인 스승에게 어떠한 음식도 가져다줄 수가 없었다. 그가 도저히 살아 있을 수는 없을 것이라고 가정한 신도들은 제사를 지내주었다. 티베트 달력으로 사가의 달3월말이 지나서야 시신을 찾기 위한 수색작업을 시작할 수가 있었다.

밀라레파가 머물렀던 동굴을 얼마 남겨두지 않은 지점에서 신도들은 앉아서 긴 휴식을 취하고 있었다. 그때 멀리서 눈표범이 커다란 바위 위에 올라앉아 하품을 하고 기지개를 켜는 것이 보였다. 그들은 표범이 사라질 때까지 한참 동안을 쳐다보고 있었다. 수색작업을 계속하면서 그들은 밀라레파가 십중팔구 눈표범의 먹이가 되어 시신조차 찾기 힘들 거라고 생각했다.

동굴 입구에 도착하자마자, 그들은 인간의 발자국과 표범 발자국이 어지럽게 찍혀 있는 것을 보았다. 그들은 당황하지 않을 수 없었다. 틀림없이 악마의 주술이 아니면 귀신일 거라고 여겼다. 그순간 밀라레파의 노랫소리가 들려오더니 밀라레파가 나타나 제자들을 꾸짖었다. "이 게으름뱅이들 같으니라구! 한참 전에 건너편 언덕에 와 있더니 왜 이리 늦었는가? 준비해놓은 음식이 이미 식었을 거네. 어서 들어오지 못할까!"

너무나 기쁜 나머지 신도들은 소리를 지르고 춤을 추었다. 동굴 안을 둘러보니 그들이 6개월 전에 조금 남기고 간 밀가루는 아직도 다 먹지 않은 채로 남아 있었다. 뿐만 아니라 거기에는 여섯 명이 먹기에 충분한 음식이 차려져 있었다. 신도 중의 한 명이 소리쳤다. "아! 정말로 벌써 저녁시간이 되었네요. 하지만 어떻게 우리들이 오는 걸 아셨나요?" 밀라레파가 대답하기를 "내가 바위 위에 앉아 있었는데 너희들이 길 저쪽 너머로 오는 것이 보이더구나." 신도가 말하기를 "표범 한 마리가 거기 앉아 있는 것은 보았습니다만 스승님은 보이지 않던데요?" 그러자 밀라레파가 말하기를 "내가 그 표범이었느니라."

4원 四元, 세계의 근원 즉, 만물의 근원으로 흙, 물, 공기, 불을 말하며, 이 4원이 결합 분리하여 만물이 생긴다고 본다-옮긴이 주세계의 도사로서 그는 완전히 도를 통하고 자신을 어떤 형태의 몸이든지 자신이 원하는 대로 변신할 수 있었다. 아! 얼마나 내 자신이 눈표범의 몸으로 변신할 수 있기를 바랐던가! 그들의 그림자 속으로 녹아 들어가서 먹이를 구하고 짝을 구하러 영역을 돌아다니는 나 자신의 모습을 바라보기를 갈망했는지. 덫을 설치할 필요도 없고 운이 나쁜 표범 한 마리를 사로잡아 마취를 시키고 무선 송신기를 부착할 필요가 없지 않겠는가? 표범의 사진을 찍기 위해 눈이 쌓인 높은 언덕까지 올라가서 카메라 트랩을 설치할 필요도 없고 말이다. 나는 아프리카에서 연구활동을 하는 사람들이 부럽기 짝이 없다. 최소한 그들은 연구장소까지 차를 몰고 갈 수도 있고 그들의 목표물은 평평한 가시거리에서 기다리고 있지 않은가?

눈표범이 본능적으로 독립 생활을 하는 동물이긴 하지만 반사회적인 동물은 아니다. 그들은 자신의 존재를 알리고 강함을 과시하기 위해 다양하고 복잡한 냄새와 신호 표시를 가지고 있다. 다시 만나거나 만나는 것을 피해야 한다는 것을 알리기 위해 꼭 서로 만나서 이야기할 필요가 없다. 그들의 후각은 우리가 상상하지도 못하는 차원까지 이르렀다. 우리의 사교적인 접촉과 마찬가지로 그들은 직접 접촉하거나, 공격하거나 최소한 명백한 물리적 신호를 사용한다. 우리는 혹독한 주변환경에 완벽하게 조화를 이루는 눈표범의 미묘한 감각에 대해 아직도 알지 못한다. 눈표범은 제5차원의 보이지 않는 생명체 즉, 산의 정령으로 멀리 서 있는 존재다.

우리가 만약에 야생의 생명에 감정과 가치를 부여할 수 있다면, 나는 눈표범을 비폭력주의자라고 정의하겠다. 녀석은 자신의 사촌격인 일반 표범과는 달리 공격적이지 않다. 사람을 잡아먹는 눈표범에 대한 보고도 없다. 인도의 라다카에서는 가축을 잡아먹는 습관이 있음에도 불구하고 사람과 눈표범이 놀라울 정도로 사이좋게 공존하고 있다고 한다. 한 번 공격으로 십여 마리, 혹은 그 이상의 양이나 염소를 죽일 때도 있지만 이에 대한 사람들의 보복이나 응징 같은 것은 거의 발생하지 않는다. 화가 난 가축 주인이 눈표범을 공격하거나 돌을 던지거나 막대기로 때려서 죽인 사례가 한 두 건 알려졌을 뿐이다. 하지만 궁지에 몰린 눈표범이 자신을 방어하거나 사람을 공격하려고 시도한 경우는 거의, 아니 전혀 없다. 통상, 목동들은 나머지 양과 염소들을 끌고 안전하게 도망가기 위해 포식자를 죽이기보다는 쫓아버린다.

한편 눈표범은 자신의 먹이를 남기기 싫어한다. 때때로 여러 날 동안, 심지어는 사람들이 방해를 해도 남은 몸뚱이 하나를 끝까지 뜯어 먹는다. 사람과 동물이 서로 존중하고 양보하면서 살아가는 가운데 서로에 대한 공포를 잊어버리도록 진화될 수는 없을까?

최초로 눈표범의 행동과 생태계에 관한 자세한 자료를 제공하고자 했던 우리의 초기 노력은 다행히 성공했다. 그리고 이 자료는 오랫동안 효율적인 관리와 보호를 위한 기초자료로서 활용되었다. 접근하기 어려운 서식지, 연구기금의 부족, 불분명한 정치적 국경선 등도 눈표범의 비밀을 깨기 힘들게 하는 여러 가지 이유들 중의 하나다.

돌이켜보면 나는 눈표범을 보호하려는 노력을 계속하면서 그들의 가치를 알게 되는 만큼 나 자신과 인간의 가치에 대해 많은 것을 배웠다는 것을 깨달았다. 지구상에서 가장 동떨어진 오지의 주민들과 같이 일하면서 나는 현지에서 양과 염소를 키우는 목부들과 공감대를 형성하게 되었다. 어린아이들은 전통적으로 양을 모는 목동 노릇을 해왔다. 하지만 요즘에는 많은 아이들이 학교에 다니고 있다. 앞 세대로부터 전승되어오던 동물을 다루는 기술은 점점 사라져가고 있다. 최근에는 눈표범들이 튼튼하지 못한 가축 축사의 울타리를 넘어 들어와 하룻밤에 여나믄 마리씩 죽이는 일이 종종 발생하고 있다. 이 가축은 때로는 한 가족의 전 재산이기도 하다.

나는 2000년도에 눈표범보호협회를 만들어서 가축의 우리를 포식자들이 침투하지 못하도록 보강하고 나아가서는 눈표범을 사람들이 싫어하는 해로운 동물에서 가치 있는 자산으로 변화시키려고 하고 있다.

"튼튼한 우리를 가지고 있으면 우리 목동들은 집에서 잠을 잘 수 있지만 그렇지 않으면 추운 땅바닥에서 양을 지켜야 합니다. 그리고 눈표범을 죽이지 않을 수 있다면, 우리는 좋은 불교 신자가 될 수 있을 것입니다."

라다크의 헤미스국립공원에서 가축을 키우고 있는 한 목동이 말했다. 눈표범과 불교 신자들은 나에게 야생의 생물에 대한 깊은 경외와 점점 사라져가는 소중한 전통문화와 자연유산을 보호하는 일에 대한 긴박함을 일깨워주었다. 심지어는 가진 것도 별로 없는 이들 히말라야 사람들과 티베트 사람들은 귀중한 곡식과 가축을 잃고도 현지의 야생 생물들을 아끼고 보호해주고 있다.

우리가 연구하는 동안 네팔 전 지역에서 눈표범이 겨우 열여덟 번 나타 났다. 하지만 이제는 라다크 지역에서만도 1년에 몇 차례씩 나타나기도 한다. 2004년 겨울, 우리 팀은 눈표범 한 쌍이 데이트하는 것을 몇 시간이나 관찰한 적이 있다. 그들은 서로에게로 아주 우아하고 품위 있게 그리고 천천히 다가갔다. 잠시 동안 서로 몸을 부비고 얽히더니 보다 진하게 애무를 하고는 짝짓기를 하는 것이었다.

라다크와 다른 곳에서 눈표범은 자연과 문명의 가교 역할을 하고 있다. 현지 사회를 위한 새로운 이익을 창출하고 기회를 가져다주고 있다. 트래킹 하는 관광객들은 현지의 전통적인 가옥에서 묵고 싶어 한다. 마을 주민의 생활을 경험하고 현지의 전통 문화를 배우고 싶어 한다. 그리고 무엇보다도 야생의 눈표범을 직접 목격하거나 그 신성한 자태를 볼 수 있는 기회를 가지길 바란다. 현재 이 지역 마을 공동체는 이런 '전통 가옥 홈스테이'를 통해 제법 많은 소득을 올리고 있다. 그들은 수입의 1퍼센트를 마을보존기금 으로 내놓는다. 이 돈은 눈표범의 상태를 향상시키는 데 사용한다.

활동 초기에 라다크의 목부들이 우리에게 묻기를 왜 우리 협회의 이름을 그들이 저주하고 있는 포식자의 이름을 따서 지었냐고 물은 적이 있었다. 이제 그들은 눈표범을 저주하기는커녕 눈표범과 다른 야생동물들을 "우리 의 산에 있는 진주 목걸이"라고 부른다.

하지만 아시아의 고산 지대의 어느 곳에선가는 서서히 야생지역이 사라 지고 있다. 그와 동시에 수많은 생물의 종족들과 유전적 다양성도 같이 사 라지고 있다. 문명은 소비 지상주의와 자유무역주의라는 이름의 도끼 아래 파괴의 길을 걷고 있다. 우리 모두를 피폐하게 만들고 있는 것이다. 운좋게 도 나는 앞으로 15년 동안 눈표범의 성스러운 왕국을 방문할 수 있다. 하지만 결국 마지막에는 이들 눈표범의 운명은 오늘날의 젊은이들 손에 달려 있다는 것을 안다. 이들 나라의 새로운 세대의 자연보호주의자들을 가르치고 길러내야 한다. 그리고 나는 기꺼이 그들을 도와주는 멘토가 되고자 한다.

눈표범이 없는 산봉우리를 상상해보았는가? 나는 상상조차도 싫다. 나의 꿈은 나의 어린 조카가 언젠가는 히말라야의 작은 길을 걸어가면서 눈표범을 만나 다정하게 교감을 나누는 것이다. 두 마리의 표범이 짝짓기를 하는 것을 관찰하고 난 후 어느 봄날에 우리의 카메라 트랩이 암컷이 두 마리의 새끼 표범을 거느리고 나타나는 사진을 촬영했다. 그래서 우리는 "우리 눈표범"이 성공적으로 번식을 하고 있다는 것을 알게 되었다. 그리고 우리의 통합적인 노력이 효과를 거두고 있다는 것을 알았다. 이 전설적인 히말라야의 정령이 자신이 가진 소중한 가치와 마술로 계속해서 히말라야와 이곳 사람들을 축복하기를 빌어 마지않는다.

로드니 잭슨 Rodney Jackson

로드니 잭슨은 1981년 네팔 서부 오지에 사는 눈표범에 대한 무선 추적장치을 이용한 연구로 로렉스 상을 받았다. 현재 그는 표범에 관하여 세계적인 권위자로 알려져 있다. 그는 그의 일생을 고양이과 동물의 보호에 기여하였으며, 눈표범이 가축들을 잡아감으로써 직접적인 피해를 보고 있는 시골의 목부와 농부들과 같이 연구활동을 해왔다. 그는 눈표범 보호협회의 창시자이자 위원장이며 많은 과학적 논문과 서적을 저술했다. 한 방송국의 자연 다큐멘터리인 〈고요한 포효Silent Roar〉라는 프로그램의 기술자문을 맡기도 했다.

올빼미 웨슬리 이야기

스테이시 오브라이언

웨슬리는 내가 스무살이 되던 해에 나의 삶 속으로 들어왔다. 나는 녀석을 집 근처에 있던 야생동물 구조센터에서 처음 만났다. 회복이 불가능한 부상을 입었기 때문에 그곳에 놓아두기가 어려웠고 그렇다고 야생으로 돌려보낼 수도 없는 처지였다. 내가 처음 녀석을 보았을 때는 아주 조그마하고 털도 안 난 천방지축의 새끼 올빼미였다. 눈도 뜨지 못하고, 머리도 제대로 가누지 못하는 정도였다. 태어난 지 불과 사흘, 올빼미라기보다는 새끼 공룡같았다. 녀석은 온몸을 부들부들 떨면서 소리도 내지 못했다. 어미가 발로 차서 둥지에서 떨어뜨려 부상을 입었다. 누군가 데려다가 매일 24시간 동안 매 두 시간마다 먹이를 먹여주고 따뜻하고 편안하게 만들어주어야 하는 긴박한 상황이었다. 나는 이것이 오랫동안 계속해야 하는 일이라는 걸 알았다. 왜냐하면 올빼미는 철창 속에 갇힌 상태에서도 15년을 살 수 있기 때문이다.

이 어린 녀석이 나에게 건네졌을 때 내 손바닥에 쏙 들어갈 정도로 작았다. 나는 녀석을 내 연구 가운 주머니 속에 넣고 따뜻해지라고 손으로 꼬옥

덮어두고 있었다. 녀석을 위해서 조그마한 상자로 둥지를 만들고 아기를 싸주는 담요로 싸서 넣어주었다. 그리고 웨슬리라는 이름을 지어주었다.

녀석을 데리고 온 첫날 밤 나는 녀석이 들어 있는 상자를 내 베개 옆에 두고 손으로 덮어준 채로 잠을 청했다. 녀석은 마치 둥지 속에서 제 어미에게 하듯이 내 손에 기대고 잠이 들었다. 자정쯤이 되자 뭔가를 긁는 듯한 날카로운 소리가 나의 귓속으로 파고들었다. 녀석이 배가 고파 소리를 질러댔던 것이다. 구조센터에서는 나에게 얼린 생쥐를 주었다. 나는 냉장고로 가서 얼린 생쥐를 꺼내다가 전자레인지에 넣고 해동을 시켰다. 웨슬리는 계속 소리를 질러댔다. 생쥐를 잘라서 녀석을 꼭 잡고는 부리 안으로 한 조각씩 집어넣어 주었다. 생쥐 두 마리를 게 눈 감추듯 꿀꺽하더니 금세 잠에 곯아떨어졌다. 그로부터 몇 개월 동안을 녀석은 배만 고프면 나를 깨웠고 그게 몇 시인지 상관없이 나는 일어나서 녀석에게 먹을 것을 만들어주어야 하는 일이 반복되었다.

녀석이 드디어 눈을 뜨던 날, 녀석은 나의 눈을 한참 동안이나 들여다보았다. 그러고는 갑자기 새끼 올빼미가 어미를 부르는 날카로운 소리를 지르는 것이었다. 나는 "안녕 웨슬리" 하고 불러주었다. 우리는 서로에게 홀딱 반해버렸다. 의심의 여지도 없이 녀석은 나를 어미 올빼미라고 생각했다. 그리고 내가 하는 모든 것을 따라하려고 했다. 내가 이를 닦고 있으면 녀석은 칫솔을 집으려고 했고, 내가 세수를 하면 녀석은 수도꼭지 아래로 얼굴을 들이밀었다. 할 수 없이 나는 조그만 그릇에 물을 담아주어야 했다. 내가 낮잠을 자거나 밤에 잠자러 가면 녀석도 두 발을 올리고 잠을 청하려고 무척 애를 썼다. 본능은 밤에 깨어 있어야 한다고 말해주지만 녀석은 내가 하는 그대로 하고 싶어 했기 때문에 잠자려고 노력했다. 내가 심각해 보이면 이따금씩 한쪽 눈만 뜨고는 나를 훔쳐보았다. 내가 화장하고 있으면, 녀석은 부리로 깃털을 다듬고는 거울을 들여다보았다. 그리고 내가 샤워를 하고 있으면 줄기차게 들어오겠다고 난리를 쳤다. 샤워하는 동안 나는 녀석을 막아내느라고 정신이 없었다. 내가 집 주위를 돌아보면 녀석은 뒤뚱거리며 의기양양하게 내 뒤를 따라온다. 마치 작은 털복숭이 인간처럼. 녀석은 나와 같이 있거나 내가 하는 것을 따라할 때를 빼놓고는 한 번도 행복해 보이지 않았다. 어쩔 수 없이 우리는 모든 것을 같이할 수밖에 없었다. 얼마 지나지 않아 우리는 떼려야 뗄 수 없는 사이가 되었다.

웨슬리의 나는 것을 배우기 위한 노력은 참으로 눈물 겹고 가슴이 아픈 것이었다. 그는 날개를 펄럭여서 앞으로 날아가기는 했는데 어떻게 멈추어야 하는지를 알지 못해서 벽에 부딪히고, 테이블에 엉덩이로 미끌어지고는 나중에는 머리를 처박곤 하는 것이었다. 이러한 착륙 기술을 배우면서 자존심이 무척 상했는지 방 구석으로 걸어가더니 머리를 숨기고는 나를 쳐다보지 않는 것이었다. 그래서 나는 녀석의 응원군이 되어야 했다. 감히 앞에서는 웃지도 못하고 화장실에 들어가서 문을 잠그고 눈물이 날 때까지 웃어댔다.

우리가 함께 지낸 지 2년차가 되는 해부터 녀석은 정상적인 올빼미의 소리를 내기 시작했다. 조금씩 다양한 변화를 주면서 녀석은 실제로 올빼미의 언어로 나에게 말을 하는 것이었다. 나는 녀석이 내는 각각의 소리가 무엇을 뜻하는지 배웠다. 녀석은 무언가 부탁하는 소리를 구체적인 의미를 가진 수십 가지 각각 다른 소리로 바꿔냈다. 예를 들면 "나를 목욕탕으로 들여보내줘요. 탕속에서 장난치고 싶단 말야!" 하고 부리를 타닥거리며 부딪친다. 녀석은 자신이 물새인 줄 착각하고 있었다. 올빼미는 물을 마시지 않는다. 그러니 물을 가지고 논다는 것은 더더욱 있을 수 없다. 녀석은 때로는 날개 달린 어린 고양이 새끼처럼 논다. 똑바로 날아올랐다가는 베개 위로 폭탄이 낙하하듯 떨어진다. 동물 인형과 필름 카트리지와 그리고 내 발 위로도. 나

중에는 발을 보호하기 위해 항상 잘 가리고 다녀야 했다. 나는 녀석에게 계속해서 말을 했다. 녀석이 알아들을 것이란 기대는 당연히 하지 않았다. 그런데 놀랍게도 녀석이 알아들었다. 얼마 지나지 않아서, 녀석은 여러 가지 단어를 이해하게 되었다. 처음에는 자기 이름부터 시작해서 '생쥐', 그리고 스스로 관심이 많은 것 순으로 이해하기 시작했다. 그 다음에는 각각 다른 시간의 길이를 알아차리기 시작했다.

만약 내가 "웨슬리, 두 시간 후에 놀아줄게. 오케이?" 하고 말하면 녀석은 참을성 있게 기다렸다. 하지만 약속한 두 시간이 지나면 녀석은 갑자기 달려들어 공격적이 되었다. 놀아달라고 계속해서 떼를 쓰고 절대로 그냥 있지를 못한다. 점점 더 녀석이 나의 말을 알아듣는다는 확신을 갖게 되었다. 심지어는 문장도 이해하는 것이 틀림없었다. 그리고 나도 녀석의 표현을 알아듣게 되었다. 몇 년 동안 우리는 너무나도 친해져서 이제는 서로가 다음에 무엇을 할 것인가를 미리 알 수 있게 되었다. 녀석을 속이는 것은 이제 불가능해졌다. 녀석 모르게 침실에서 빠져나오려 하면 녀석은 어느새 달려와서 문밖으로 미끌어져 나온다.

맨 처음 먹이를 줄 때부터 우리는 서로 꼭 껴안았다. 이제는 그 포옹이 서로 간에 점점 더 굳은 믿음으로 바뀌었다. 녀석은 내 팔에 뛰어올라와서는 완전히 자기를 내맡긴다. 내 왼팔에 배를 대고 누워 머리는 손바닥에 올려놓고 두 다리는 대롱대롱 공중에 흔들거리게 한다. 그러면 녀석은 아예 정신을 놓아버리고 나만이 들을 수 있는 가느다란 소리를 낸다. 눈을 감고는 얼굴을 들썩이며 올빼미 특유의 달콤한 만족의 세계로 빠져들어간다. 우리는 많은 밤을 이렇게 하면서 보냈다. 내가 다른 잡지를 읽으면서 독서 삼매에 빠져 있는 동안 녀석은 잡지를 물어다가 갈기갈기 찢어놓는 것을 좋아했다. 나는 녀석에게 어떤 잡지가 녀석의 것이고 어떤 것이 내 것인가를 알려주었다. 그러면 녀석은 내 잡지는 건드리지도 않는다. 대신에 잔뜩 쌓아놓은 바스락거리는 잡지 조각들을 찢고 또 찢고 흐뜨러뜨리고 뛰어들면서 혼자 난리를 친다.

어느 날 녀석은 자기 날개 아래를 긁어달라고 내밀더니 날개를 점점 더 활짝 폈다. 내가 녀석의 옆에 나란히 앉으면 그 밑으로 들어갈 수 있을 정도로 날개를 쭈욱 뻗더니 내 가슴 위로 엎드렸다. 그러고는 머리를 내 목에 기대고 조그만한 부리로 뭐라고 웅얼거리는 것이었다. 마치 어린 아기가 웅얼이하는 것처럼. 그러더니 날개를 뻗어서 내 어깨 위로 올리는 것이었다. 문자 그대로 올빼미 포옹이었다. 이 상태로 몇 시간 동안이나 녀석의 깃털을 골라주었다. 움직이면 이 평화로움을 깰까 봐 겁내면서. 그때 이후로 우리는 언제나 이 자세로 잠을 잤다. 내가 반쯤 베개에 등을 기대고 누우면 녀석은 내 배 위에 누워서 날개를 내 어깨 위에 걸치고 말이다. 그러고는 우리서로가 조용하게 이야기한다. 녀석은 올빼미 말로, 나는 인간의 언어로. 우리는 완벽하게 서로가 말하는 것을 이해했다.

웨슬리는 나를 자기와 같은 동료 올빼미로 만든 것이다. 녀석은 나에게 충성을 다했고 나를 위해서 온몸을 다 바쳤다. 살아 있는 생쥐를 내 입에 강제로 밀어넣기도 했다. 내가 아무것도 먹지 않는 것이 걱정된 것이었다. 녀석이 걱정을 하지 않도록 쥐를 먹는 척하다가 감췄다. 녀석을 속이는 것은 정말 힘든 일이었다. 녀석은 내 목소리를 듣기만 하면 자기들 동료를 부르듯 나를 불러댔다. 내가 낮잠을 즐기고 있으면 내가 깨어나기를 기다리면서 끈기 있게 나의 눈을 들여다본다. 내가 눈을 뜰 때까지. 눈을 뜨지 않았어도 녀석이 나를 보고 있다는 것을 느낄 때도 많다. 그러다가 내가 깨어나기를 기다리다가 지치면, 나의 눈꺼풀을 조심스럽게 물고는 들어올린다. 눈을 뜨게 하려는 것이다. 이 행동을 신뢰하는 것은 나의 몫이다. 녀석의 부리는 매우 무섭게 생겼다. 오랜 기간 동안 웨슬리는 모든 생활에서 나의 동료이자 친구였다. 나는 지역의 야생 올빼미들에 대한 연구에도 빠져들었다. 올빼미들은 자신들만의 생각과 자아의식과 개성과 견해를 가지고 있어서 정말 매력투성이다.

웨슬리와 같이 산 지 15년쯤 되었을 때 나에게 무서운 병마가 찾아왔다. 나는 양성뇌종양을 가지고 있었는데 수술이 불가능한 것이었다. 계속해서 편두통에 시달렸다. 소위 난치성 기저부 반신불수 악성 편두통이라는 복잡한 이름을 가진 병이었다. 난 여러 번 의식불명 상태에 빠졌고 한 번 심장마비가 오더니 결국은 발작성 수면병으로 발전했다. 편두통이 너무 심해서 뇌정맥 경련으로 전이되었고 그로 인해 한쪽이 마비되었다. 의사는 치료가 불가능하다고 말했다. 나는 겨우 30대의 나이에 가족의 짐이 된 것이다. 물론 내가 일부러 그런 것은 아니었지만 온 가족이 내 병으로 인한 걱정과 경제적 어려움으로 무거운 분위기에 눌려 있는 것을 볼 수가 없었다.

나는 자살을 결심했다. 죽고 싶지는 않았지만 고통은 도저히 참을 수 없었다. 아무리 강한 진통제도 듣지 않았다. 나는 결심했다. 내가 죽는 이유를 설명하는 편지를 써 놓으면 우리 가족들도 나의 상태를 이해하고 나의 목숨을 일찍 버리는 것이 어쩔 수 없는 선택이라고 이해해줄 것이었다. 그러고 나서 웨슬리의 깊고, 나를 믿고 있는, 천진하기 짝이 없는 눈을 보았다. 녀석은 자신의 영혼의 눈을 통해서 나에게 이렇게 말했다. "안 돼! 그러면 안 돼요!" 그러자 나는 생각했다. 녀석도 이제 늙어가고 있었다. 누가 녀석과 같이 있어줄 것인가? 녀석의 몸이 말을 듣지 않을 때 누가 녀석을 돌봐주고 위로해줄까? 녀석을 도저히 버릴 수가 없었다. 올빼미의 방식은 한번 친구가 되면 끝까지 같이 가는 것, 일생의 동반자인 것이다. 내가 그 믿음을 배반하는 것은 아닐까 하는 생각에 자살을 포기할 수밖에 없었다.

나를 살린 것은, 나를 일생일대의 가장 어두웠던 때로부터 구해준 것은 바로 웨슬리였다. 나는 결심했다. 웨슬리가 이 모든 세월 동안 가르쳐준 것을 받아들이기로.

나는 웨슬리가 나이가 들어 힘들고 연약해진 시간을 같이 지냈다. 그즈음 나는 너무 아파서 먹이를 주러 냉장고까지 기어가기도 힘들었을 때도 있었다. 하지만 나로 하여금 침대에서 나와 냉장고까지 기어나오도록 만든 것은 웨슬리였다. 녀석이 나이가 들어가면서 점점 더 약해질 때쯤 내 병은 서서히 치료되었다. 녀석은 내 품안에 안겨서 숨을 거두었다. 평화롭고 행복한 올빼미로서. 나는 녀석과의 약속을 지켰다. 그리고 녀석은 나를 위해 몸과 마음을 바쳤다. 나는 지금도 항상 녀석이 나와 함께하고 있음을 느낀다.

지금은 다른 올빼미들이 나를 찾아온다. 그들은 야생의 숲으로부터 바로 날아와서 나에게 얘기를 해준다. 어떻게 내가 그들의 말을 알아듣는다는 것을 알고 있을까? 녀석들은 내 안에 있는 무언가를 보고 있는 걸까? 나는 알지 못한다. 하지만 의심하지는 않는다. 올빼미들과 사람이 진정한 친구가 되는 날이 올 것이라는 것을!

스테이시 오브라이언 Stacey O'Brien

스테이시 오브라이언은 생물학자, 특히 야생동물 행동 전문가로 훈련을 받았다. 스테이시는 영장류 연구를 마치고 나서 캘리포니아 공대의 배크만 행동생물학연구소에서 올빼미 연구를 시작했다. 맹금류 구조센터에서 일하던 중에 올빼미에 관심을 가지게 되면서 연구를 시작했고, 그러다가 운명을 바꿔놓는 행운을 만나게 되었다. 어미를 잃은 외양간 올빼미를 인공으로 키우게 되는 기회가 온 것이다. 그녀는 최근 올빼미 웨슬리에 대한 책을 쓰고 있다.

어린 수염고래의 감사 인사

크레이그 포턴

뉴질랜드 남섬의 북쪽 끄트머리에는 '이별의 모래언덕'이라는 이름을 가진 모래언덕이 있다. 좁은 반달 모양의 모래언덕이 타스만 해Tasman Sea를 향하여 26킬로미터나 뻗어 있는 곳이다. 모래언덕 안쪽에는 파도가 만들어 놓은 넓고 평평한 개펄이 썰물 때마다 드러난다. 이곳에는 철새들의 먹이가 풍부하기 때문에 흑꼬리도요새와 붉은어깨도요새 같은 철새들이 넘쳐난다. 이들은 알래스카나 시베리아로 돌아가기 전에 여름을 이곳에서 지낸다. 그리고 이곳은 높은 파도가 밀려오는 곳이기 때문에 고래들이 뭍에 올라와 죽는 일이 자주 발생했다. 오랫동안 슬픈 일들이 많이 일어났다. 얼마나 많은 고래들이 죽었는지, 1990년대에는 열 번의 여름 중에서 아홉 번이나 고래들이 뭍에 올라와 죽었다. 이런 일들을 스트랜딩Stranding이라 부른다. 사실 초기 유럽 이민자들은 모래언덕이 시작되는 곳에 있는 푸퐁가Puponga 정착지에 삼발이 솥을 걸어 놓고 스트랜딩한 고래를 삶아 기름을 뽑아냈다.

1991년 어느 여름날 검은 고래 345마리가 높은 파도에 떠밀려 푸퐁가 근처의 해변에 널브러져 있었다. 다행이 아직은 죽지 않은 상태였다. 그때까지만 해도 고래 구조작업은 잘 이뤄졌고 대단히 숙달된 상태였다. 환경부에서 파견된 구조반들의 지도하에 수백 명의 자원봉사자들이 담요와 바구니와 삽을 들고 재빨리 현장으로 달려왔다. 자원봉사자들은 팀을 만들어 고래 한 마리씩을 맡아서 더위를 식혀주고 햇볕에 타지 않도록 보살폈다. 그리고 고래들이 다시 바다로 돌아갈 수 있도록 균형을 잡게 도와주었다. 그리하여 대부분의 고래들은 성공적으로 다시 바다로 돌아갈 수 있었다.

2002년 9월 어느 흐린 오후에 똑같은 장소에서 작은 고래 한 마리가 떠밀려왔다. 나는 전에도 여러 번 지친 검은 고래를 성공적으로 구조한 적이 있고, 고래나 돌고래가 대규모로 떠밀려온 경우와는 달리 단 한 마리의 고래를 구조하는 방법에는 여러 가지 옵션이 있다는 것을 알고 있었기 때문에 재빨리 물옷으로 갈아입고 도와주러 나갔다. 몇몇 주민들과 함께 담요를 덮어 수분을 유지해주고 똑바로 돌려놓고 나자 두 명의 환경부 직원들이 달려왔다. 고래 도감 책을 찾아보니 우리가 구하고 있는 고래는 피그미수염고래였다. 아직 어린 수컷이었다. 책자에는 이들이 남위 30도에서 60도 사이의 극지 부근에서 주로 발견되며 이 종에 대해 생물학적으로 거의 알려진 것이 없다고 적혀 있었다. 또한 피그미수염고래는 몇몇 사라진 종들과의 흥미로운 연결고리를 제공할 수 있는 남아 있는 몇 안 되는 종으로 알려져 있다.

그런 희귀한 녀석이 우리 앞에 누워 있는 것이다. 일견 평화로워 보일 정도로 천천히 숨을 쉬면서. 우리가 조심스럽게 물을 끼얹어주는 동안 나의 아내는 그녀가 알고 있는 모든 언어를 총동원하여 조용히 녀석을 안심시키고 있었다. 녀석이 듣고 있다는 것은 의심할 여지가 없었다. 하지만 녀석의 커다란 심장은 무엇을 느끼고 있을까? 녀석의 스트레스를 완화시키기 위해 가능한 한 모든 접촉을 시도했다. 녀석의 아주 아름답고 매끈하고 부드러운 몸뚱이가 조용히 팔딱이고 있었으며, 하얗고 둥그런 상처가 나 있었다나중에 이것이 사나운 쿠키커터 상어에 의한 것임을 알았다. 우리가 트레일러에 매트리스를 얹고 녀석을 들어 올리기 위해 주변과 몸 밑으로 도랑을 파는 동안 녀석은 꼬리 한 번 파닥이지 않고 아무 소리도 내지 않았다. 바다에 있는 가족이나 친구로부터 아무런 신호가 들리지 않기 때문일 것이다. 만약 우리가 평평한 개펄로부터 12킬로미터 떨어진 파카와우Pakawau 해변의 더 깊은 바다로 옮겨주면 넓은 바다로 나가기가 쉬울 것이라고 생각했다.

천천히 도로로 운전해 가는 동안 나는 녀석 옆에 나란히 앉았다. 한 손을 녀석의 크고 차가운, 젖은 목에 얹어 놓고 그의 커다란 눈 속에서 녀석이 살아온 세상을 보려고 했다. 우리 사이에는 서로 이해할 수 없는 간극이 있는 것은 확실하다. 하지만 녀석이 이 낯선 세상에 대해 매우 놀라고 있고, 집으로부터 멀리 온 길 잃은 어린아이라는 느낌은 최소한 공감할 수 있었다.

마침내 어스름이 깔릴 즈음에야 녀석을 바다에 풀어줄 수 있었다. 녀석은 잠시 망설이더니 균형을 잡지 못해 비틀거렸다. 그러고는 결심한 듯 해변을 따라 평행으로 헤엄치기 시작했다. 나는 물이 허리에 닿는 곳까지 들어가서는 녀석을 바다 쪽으로 힘껏 밀어주었다.

마침내 녀석은 넓은 대양이 어느 쪽인지 감을 잡은 듯 우리에게서 똑바로 멀어져갔다. 나는 녀석의 등지느러미가 바다와 하늘의 어둠을 가르고 사라지는 것을 기쁜 마음으로 지켜보았다. 다섯 시간에 걸친 우리의 노력은 녀석이 사라짐으로써 끝을 맺었다. 그러나 거의 모습이 사라졌다고 생각되는 순간에 녀석은 돌아서더니 일직선으로 나를 향하여 돌아오는 것이 아닌가? 오 신이시여! 녀석이 다시 해변으로 밀려오는 것은 아니겠지요?

녀석은 내 옆에 와서 멈췄다. 그러고는 그 넓은 얼굴로 나의 넓적다리를 쿡쿡 찔러대고는 다시 돌아서서 바다로 헤엄쳐 갔다. 그때의 차갑고 어두운 바다에서 문득 몇 년 전에 암으로 돌아가신 어머니의 얼굴이 떠올랐다. 병원에서 나와 막 차에 오르려다 말고 어머니는 담당 의사에게로 가시는 것이었다. 그 의사는 방금 어머니에게 뇌종양은 수술이 불가능하다고 알려준 사람이었다. 어머니는 남의 일처럼 나에게 말씀하셨다.

"의사에게 고맙다는 말을 안 했지 뭐냐."

아마도 그 고래는 우리 어머니가 그랬던 것처럼 감사하다는 말을 하고 싶었던 것일지도 모른다. 나는 내 허벅지에 대고 쿡쿡 찌르던 녀석의 느낌을 영원히 잊지 못할 것이다. 죽을 때까지도.

크레이그 포턴 Craig Potton

포턴은 뉴질랜드의 사진작가이자 환경보호론자다. 그는 뉴질랜드의 손꼽히는 야생과 자연의 풍경을 찍는 작가이며, 사진을 찍기 위해 뉴질랜드 전역과 남극 지역의 섬들, 남극의 드라이밸리와 로스 해, 네팔의 히말라야를 여행했다. 영화 〈반지의 제왕〉, 〈나니아 연대기〉 등에서 현장 촬영 및 스틸 사진작가로도 일했다. 그는 크레이그 포턴 출판사의 창립자이기도 하다.

02

동물을 사랑하는 사람들

동물들과 같이 살아가기

앨런 드렝선

어린이들은 언제 어디서든지 개나 새, 뱀과 개구리, 개미 같은 다른 생명을 사랑할 준비가 되어 있다. 우리 집 막내딸은 마룻바닥에 기어다니는 거미나 다른 벌레를 보기만 하면 좋아서 어쩔 줄을 모른다. 이처럼 모든 아이들은 곤충과 새를 좋아한다. 그러므로 어린아이와 동물을 동시에 비교하면서 관찰하면 생명에 관한 중요한 것들을 많이 알 수 있다. 그들은 어떻게 하면 상상력이라는 창조적 에너지를 최대한으로 사용할 수 있는가를 우리에게 보여준다.

내가 아주 어렸을 적에 아버지께서는 나와 동생에게 강아지 한 마리를 사주었다. 아버지는 동물들, 특히 말과 개를 무척 사랑했고 강아지와 어떻게 지내야 하는지, 어떻게 훈련을 시켜야 하는지 등을 가르쳐주었다. 우리에게 강아지를 대하는 올바른 자세가 무엇인가를 설명하거나 직접 시범을 보이면서 알려주었다.

아버지는 동물과 마음을 나누는 놀라운 능력을 가지고 있었다. 아무리 수줍음을 많이 타는 개라도 아버지에게는 언제나 반갑게 다가왔다. 아버지는 녀석들을 부르지 않는다. 조용하게 녀석들에게 제스처를 보여줄 뿐이다. 동물들은 아버지가 서 있는 자세만 보고도 자기들을 놀라게 하거나 배가 고파 잡아먹으려 하거나 공격하지 않는다는 것을 안다. 단지 호기심이 많고, 친구가 되고 싶고, 같이 놀고 싶어 한다는 것을 알아채는 것이다. 아버지는 어떻게 하면 동물들에게, 또는 아이들에게 긍정적인 정신적 에너지, 다시 말하면 그들을 안심시키고 친근하게 만드는 기氣를 발산할 수 있는지를 가르쳐주었다. 아버지는 이런 기는 심장과 마음이 같이 조화를 이룰 때 우러나오는 에너지라고 했다. 우리의 마음을 통제함으로써 이것을 우러나오게 하는 방법을 배울 수 있다고 말했다.

아버지가 개나 고양이, 갈매기나 뱀, 닭, 기타 다른 동물과 같이 지내는 것을 지켜 보아왔지만 한 번도 초조해하거나 화내는 것을 본 적이 없다. 개를 훈련시킬 때 보면 아주 부드럽게 명령했다. 호의적인 제스처와 계속적인 칭찬으로 훈련시켰다. 아버지는 개의 관심을 완벽하게 사로잡았다. 개에게 어떤 것을 어느 수준까지 가르칠 수 있느냐고 물었더니, 개들이 배우려고 원하는 것이면 무엇이든 가능하다고 했다. 또한 말도 마찬가지라고 했다. 아버지의 확신은 자신이 동물과 같이 일할 수 있는 능력에 기초를 두고 있다. 그리고 우리가 마음만 먹으면 무엇이든 할 수 있다고 했다.

아버지는 온갖 종류의 야생동물과 가축이 섞여 있던 농장에서 자랐다. 여름에는 노르웨이 학교에 다니고, 겨울에는 영어학교에 다녔다. 할아버지는 그 당시 노르웨이에서 건너와 정착한 이민 1세대였다. 아버지는 동물을 교육시키는 방법을 할아버지와 그리고 동물에게서 배웠다고 했다. 할아버지의 세대들은 대부분 수렵이나 채취를 주로 했고, 말을 주로 사육했다. 나는 노르웨이 사람들의 사진 중에서 사람과 말과 개가 함께 있는 바이킹의 사진을 제일 좋아한다. 대부분 여행 중에 찍은 것이다. 이들의 여행은 흔히 '바이킹' 하면 떠올리기 쉬운 약탈과는 관계가 없고 오히려 노르웨이의 무속신 앙과 연관되어 있다. 말과 개는 노르웨이의 옛 전설에 자주 등장하고 강력한 힘을 뜻하는 이미지를 가지고 있다. 아버지는 그러한 전설들을 많이 알고 있었으며, 틈나는 대로 내게 들려주셨다.

내가 아버지에게서 배운 것은 아버지가 알고 있는 것의 극히 일부에 불과했다. 그것은 내가 전통사회의 농장에서 자라지 않았기 때문이기도 하지만 아버지가 일 년 내내 집에서 몇 시간 또는 며칠씩 걸리는 곳에서 일했기 때문이기도 하다.

아버지에게 배운 것은 핵심을 잘 파악하는 것이 무척 중요하다는 것이다. 나는 아버지로부터 동물에게 어떻게 접근하고 동물과 어떻게 잘 지낼 것인가를 배웠지만 아버지가 가르쳐준 많은 세세한 기술들을 일상생활에서 별로 사용하지 않아서 다 잊어버리고 말았다. 아버지가 동물에 대해 가르쳐준 것은 약간의 기본적인 지식과 실제적인 경험자료, 민간요법과 반드시 지켜야 할 규칙이었다. 가장 중요한 것은 동물의 가치를 존중하는 태도와 감각을 가르쳐준 것이다. 그것은 마음의 상태요, 존재하는 방법이다. 우정 어린 에너지를 가지고 접근하도록 방향을 제시하는 긍정적인 정신이다. 이러한 정신으로부터 신뢰감이 나오고 상상의 나래를 펼치며 놀면서 배움을 공유하게 된다.

우리는 심한 감정적 혼란으로 고통받는 어린아이들이 종종 개와 같은 동물들과 이야기하는 것을 볼 수 있다. 이것은 아이들이 사람들과 관계를 개선하는 데 도움을 준다. 애완용 강아지는 무엇인가 달라고 조르지 않는다. 사람들을 평가하지도 않는다. 사람들을 자신의 기준으로 받아들인다. 사람에게서 무언가 기대하지도 않는다. 그들과 같이 말하고 교감하고 싶어 한다. 그들을 보호하려고 한다. 어린아이가 무슨 말을 하고 어떤 행동을 하더라도 그 아이가 자기에게 친절하게 대하는 한 받아들인다.

개들은 사교적인 동물이다. 항상 사람과 친해지려는 준비가 되어 있다. 특히 애정을 표현하고, 존중해주고, 먹이를 주고, 털을 빗겨주고, 말을 걸고, 쓰다듬어주는 사람에게는 더욱 그러하다. 개는 칭찬받기를 좋아하고 진정한 마음으로 칭찬을 해주면 정말로 놀라운 일도 해낸다. 녀석들은 인간의 감정에 반응할 줄도 알고 순수한 슬픔과 행복에 대해 깊이 공감할 줄도 안다.

오랫동안 우리가 보아왔던 동물들로부터 그들의 지식과 민감성과 애정 등, 인상적이고 감동적인 모습을 직접 눈으로 보아왔다.

무척 오래 전에 나는 할아버지와 함께 여름을 같이 보낸 적이 있다. 할아버지는 말을 잘 타는 노르웨이 개척자의 피가 흐르고 있는 분이다. 아버지처럼, 할아버지도 개와 말과 기타 다른 동물들과 함께 농장에서 자라났으며 겨우 뜀박질을 하기 시작할 때부터 말타기를 배웠다고 한다. 할아버지는 아버지가 일찍이 가르쳐준 동물과 친해지는 방법을 내게 다시 가르쳐주었다. 사실 나는 이미 몇 해 전부터 아버지가 가르쳐준 것이 모두 맞다는 것을 확인할 수 있었다. 할아버지는 또한 야생동물에 대해서 아버지가 가르쳐주지 않은 것, 그리고 내 스스로도 배우지 못한 많은 것을 알려주고 또 실제로 보여주었다. 할아버지는 말 조련사로서 매일매일을 말뿐만 아니라 다른 동물들과 함께 평생을 살아왔다. 당시에 할아버지는 60대 후반이었는데도 자연 속에서 야생동물과 함께 지내기도 했다.

일찍이 아버지가 가르쳐준 것과 마찬가지로 할아버지도 말이나 야생동물과 함께 지내려면 그들을 존중하고 애정을 가져야 한다는 것을 보여주었다. 한때 할아버지도 말들에게 엄격하게 대한 적이 있었다고 한다. 그렇다고 화를 낸 것은 물론 아니다.

"말들은 아주 겁이 많은 녀석들이란다. 녀석들의 이빨은 날카롭지도 않고 그저 풀이나 곡식 알갱이만 먹지. 빨리 달릴 수 있는 발굽과 다리를 가지고 있지만 싸우려고 달리는 것이 아니라 위험에서 도망치기 위해서 달린단다. 녀석들은 뛰어난 눈과 귀와 코를 가지고 있지. 그들에게 네가 해를 끼치지 않으리라는 것을 믿게 만드는 게 가장 중요하단다. 녀석들에게 다가갈 때에는 당당하게 다가가되 공격적으로 보이면 안 된단다. 네 말과 친구가 되어라. 그리고 녀석이 무엇을 좋아하고 무엇을 싫어하는지를 관심을 가지고 지켜보거라."

할아버지는 말을 타면서 어떻게 말을 통제하는지 어떻게 보살피는지를 가르쳐주었다. 할아버지는 내게 럭키라는 아주 크고 흰 말을 한 마리 주셨다. 녀석은 짐을 나르고 탈 수 있도록 훈련된 말이었다. 할아버지의 가르침을 잘 실천한 덕분에 럭키와 나는 금방 친해졌다.

매일 저녁 할아버지와 나는 식사를 마치고 모닥불 옆에 조용히 앉아 있었다. 말들이 가까이서 풀을 뜯고 있었는데, 녀석들이 풀을 뜯고 씹어대는 소리를 듣고 있으면 더욱 편안해지고 솔솔 기분 좋은 졸음이 몰려왔다. 야생 동물들도 숲속에서부터 초원으로 조심조심 나오기 시작했다. 어떤 녀석들은 우리가 있는 곳으로 아주 가까이 오기도 했다. 할아버지는 한 가지 자세 그대로 앉아서, 숨소리를 낮추고, 단전에 힘을 주면서 명상 상태로 기다리고 있어야 한다고 말했다. 그러면 야생동물들이 가까이 다가온다는 것이다. 새들도 캠프에 날아들고, 캠프 아래 강가에서는 곰이 어슬렁거리고, 사슴들이 힐끔거리며 지나갔다. 줄무늬 다람쥐와 회색 다람쥐들은 빤히 쳐다보다가는 황급히 달아나곤 했다.

내가 그곳에 머무는 동안 할아버지는 야생에 사는 동물과 집에서 기르는 동물에 대해 끊임없는 이야기 보따리를 펼쳐놓았다. 그 이야기 속의 동물들은 아주 지혜롭고, 뛰어난 통찰력을 가지고 있었다. 야생의 동물들은 전체적으로 뛰어난 집중력과 관찰력을 보여주었다. 그리고 편안하고 자연스럽게 모든 일이 있는 그대로 흘러가도록 해주자 그들은 자신들의 세계를 보여주었다. 할아버지는 말에게 짐을 싣고 오솔길을 따라 산길을 가면서도, 한번도 서두르거나 쓸데없이 힘을 낭비한 적이 없었다. 비록 일흔을 바라보는 연세였지만 새벽부터 저녁까지 걸어다닐 수도 있었고, 말의 짐과 안장을 내릴 수도 있었고, 캠프도 설치하고, 나무도 자르고, 불도 피우고, 저녁도 손수 지었다. 그것도 입으로는 끝없이 이야기를 해주면서. 할아버지가 들려준 이야기는 서부에서 야생동물들을 잡아서 길들이고 가축으로 키우기 시작했을 때까지 거슬러 올라간다. 그리고 대부분 말로 전해내려오는 이야기들이었다.

우리는 이제 이러한 소중한 전통을 잃어가고 있다. 이들을 지속할 수 있는 기반을 유지할 공동체가 필요한 데도 우리는 그러한 장소와 공동체를 파괴하고 있는 중이다.

나는 성인이 되면서 아버지와 할아버지가 동물과 함께 공존하는 것에 대해 가르쳐준 핵심적인 가르침의 일부를 잊어버리고 말았다. 언젠가 기르던 개, 맥스에게 뭔가를 가르쳐주려고 한 적이 있다. 내가 피곤해 있었는지 그만 인내심을 잃어버리고 화가 나서 맥스에게 고함을 지르고는 손으로 철썩 때리고 말았다. 이 화를 참지 못한 잠깐의 행동 때문에 맥스와 화해하는 데 꽤 오랜 시간이 걸렸다. 내가 녀석을 부르면 짖거나 으르렁대지는 않았지만, 가까이 가면 신경을 곤두세우고 불안해했다. 나의 부족한 인내심과 잘못된 에너지의 사용으로 우리 둘 사이에 문제가 생긴 것이다. 결국 오랜 시간 참고 견디면서 소위 말하는 '에너지'의 교류를 통해 겨우 이전의 관계를 회복할 수 있었다. 이 방법을 통해 개와 나는 나의 충동적인 행동으로 인해 발생한 문제를 해결할 수 있었다.

이러한 과거의 경험을 통해, 나는 동물이 사람을 끌어들이고 치료할 수 있는 긍정적인 에너지를 만들어낼 수 있다는 것을 알았다. 그리고 동식물과 인간과의 관계, 또는 인간과 자연과의 관계 속에서 서로 조화를 이루며 살아갈 수 있다면 이러한 에너지를 만들어내는 것은 언제든지 가능하다는 것을 알았다. 이러한 관계를 만들어나가는 것은 우리가 익히 아는 동물 훈련의 이론으로는 어려운 일이다.

이것은 하나의 실천적 삶의 방법이며, 우리로 하여금 자신을 열고 다른 동물들과 같이 자연의 세계를 공유하게끔 만드는 실제적 활동이다. 사랑이야말로 이러한 자신을 열고 긍정적인 기를 만들어내는 가장 중요한 열쇠다. 사랑의 감정을 통해서 우리는 다른 것들, 인간뿐만 아니라 다른 존재들과 조화를 이루면서 우리 자신을 완성하는 것을 배운다. 이것이야말로 바로 깊은 통찰과 이해의 원천이다.

자연의 세계는 온갖 동물로 가득 차 있다. 인간의 삶의 범주 안에도 마찬가지다. 동물들은 현재 우리 인간이 가지고 있는 많은 문제를 해결하는 데 필요한 지식과 지혜를 가지고 있다. 동물들과 조화롭게 살 줄 아는 사람들은 평화롭게 살아간다. 동물들이 바로 평화 그 자체이니까. 우리가 조화로운 기운을 가지면 동물을 훈련시키거나 조종하려 하지 않을 것이다. 그들을 그대로 인정하고 받아들이게 될 것이다. 아름다운 그 무언가를 창조할 수 있도록 서로 협력하는 것을 배운다. 동물을 훈련시키는 기술은 사랑과 동정과 관심을 통해 어떻게 조화로운 기운 속에 살아갈 것인가를 배우는 것이다. 이것이야말로 아버지와 할아버지가 행동으로 보여준 삶을 살아가는 지혜다.

19세기에 가장 위대한 말 조련사들은 미국 서부에서 그 기술을 배워갔다. 가장 유명한 사람 중의 하나가 바로 "속삭이는 조련사"였다. 말의 귀에 대고 아주 부드럽게 명령하기 때문에 붙여진 이름이다. 이 속삭이는 조련사들은 아무도 다루지 못한 펄펄 뛰는 야생마를 아주 짧은 시간에 진정시킬 수 있다고 한다. 그들은 몇 시간씩을 말과 단 둘이서 누구의 방해도 받지 않고 마구간에서 지낸다. 그러면서 말과 아주 끈끈한 유대관계를 맺고, 신뢰감을 쌓고, 친구의 우정을 만드는 것이다. 자신이 나쁜 사람이 아니고 도움을 주는 사람이라는 것을 말에게 알게 해준다. 어떻게 녀석을 사랑해줄 것인지, 서로 친구가 되기 위해 어떤 노력을 할 것인지를 말해준다. 그러고는 그 말을 타고 짧은 거리를 가면서 어떻게 훈련시키고 다루어줄 것인가를 정확하게 설명해준다.

나의 할아버지는 집안에서 조련사가 될 아이는 일찍부터 망아지와 친구가 되도록 가르쳤다. 여러 가지 방법이 있지만 가장 중요한 것은 망아지와 같이 놀아주는 것이다. 마치 자신이 어린 말이라도 되는 것처럼 망아지들과 같이 논다. 같이 뛰어다니고 함께 게임도 한다. 그래서 그들 '종족'의 멤버가 되는 것이다. 그러면 거꾸로 망아지들이 조련사의 주위를 쫓아다니기 시작한다. 이러한 과정에서 말과의 우정이 끊어지거나 그 마음에 상처를 주면 안 된다. 관계가 단절된 말은 상처를 입는다. "조련사가 되는 비결은 최고의 말을 만드는 것처럼 너 자신이 최고의 사람이 되는 것이란다"라고 할아버지는 곧잘 말씀 하셨다.

이런 것들은 아버지와 할아버지께서 나에게 개와 말, 그리고 다른 동물들과 같이 지내는 방법에 대해 가르쳐준 것 중 일부에 불과하다. 자기 자신과 친해지는 것과 다른 사람과 친해지는 것은 결코 다르지 않다. 동물들과 조화를 이루며 살아가는 것은 다른 인간이나 자연과 함께 조화를 이루며 지혜롭게 살아가는 것과 똑같다. 우리가 만약 우리의 욕망을 비울 수 있다면, 야망과 공포를 버린다면, 그리고 동물_{자연}을 부려먹으려는 생각을 버리고 그들과 우리의 에너지를 일치시킨다면 우리는 두 마음이 아니다. 우리는 동물들과 상호협력의 조화 속에서 만나게 될 것이다. 혼자서 만들어내는 것보다 훨씬 아름다운 것들을 창조해낼 것이다.

아버지께서 언젠가 수sioux족 아메리카 인디언의 한 종족-옮긴이 주들이 말을 타는 것을 본 적이 있다고 했다. 조랑말 위에 안장도 없이 말을 타는 시범을 보이고 있었다. 그들이 야생마처럼 달리고 점프하고 돌고 비비꼬는 묘기를 보이는 것을 보고 아버지는 그만 돌처럼 얼어붙고 말았다. 아버지는 마침 옆에서 전시회를 구경하고 있던 수족 인디언 노인에게 어떻게 저 젊은 전사가 말 위에 붙어 있을 수 있는지를 물어보았다고 한다. 노인은 잠시 생각하더니 빙그레 웃으면서 손바닥을 합장을 한 채 내밀더란다. 그러고는 힘차게 공중으로 휘저으면서 "둘이 아니야! 둘이 아니라고" 하며 외쳤다고 한다. 서로가 일치를 이루면 둘은 곧 하나가 된다. 적은 곧 친구가 된다. 우리와 동물과의 관계가 일치의 과정이 될 때 우리는 넓디넓은 생태계 속의 일원이 되며, 우리가 멀리했던 자연의 영적인 힘을 깨닫는다. 이때에 이르러서야 비로소 우리의 행동은 아름다움이 된다.

할아버지는 어느 날 전체적인 경치에 대해 관심을 기울이라고 했다. 우리는 고개 위에서 쉬고 있었다. 거기서는 물이 흐르는 하천의 유역이 한 눈에 들어왔다. 그곳은 자연 태초의 모습 그대로였다. 할아버지는 모든 것이 다 제자리에 있음을, 모든 것이 서로 조화롭게 어울려 있음을, 그리고 그 결과 가슴 벅차오르게 만드는 놀라운 아름다움을 찬찬히 둘러보았다. 그러고는 입을 열었다. 우리가 인간으로서 하려는 모든 일은 이런 모습이 되어야 한다고. 우리의 행동을 아름답게 해야 하고 자연 세계의 모든 아름다움에 무언가 한 가지라도 더할 수 있도록 행동해야 할 거라고.

시간이 가면 갈수록 나는 그날 보았던 광경을 곰곰히 되짚어 생각하게 되었다. 이제서야 그 순간에 할아버지께서 모든 철학과 살아가는 법에 대해

요약을 해주신 것이라는 것을 깨달았다. 산업적 농업과 벌목현장을 볼 때마다 그것이 얼마나 보기 흉한지, 얼마나 어울리지 않는 자리인지, 그리고 생태학적으로 무책임한 행위인지를 알게 되었다. 내가 바라보던 아름다웠던 농장과 숲이야말로 제대로 된 자연이 아니고 무엇이겠는가? 나는 그날 할아버지께서 보여주신 자연이 드러내는 전체적 조화와 나 자신이 옳다고 생각했던 것들을 비교함으로써 깊은 인식의 변화를 체험해온 것을 깨달았다.

이것을 보다 명료하게 하는 가장 좋은 방법의 하나는 인간의 한계를 초월한 생태학으로 표현하는 것이다. 우리는 어머니에게서 물려받은 하나의 생명체로 출발해서 천천히 하나의 개체로서 자신을 인식하게 된다. 이러한 과정은 자연적인 기초단계로부터 다양한 수준의 단계를 거친다.

현대의 서구문화는 개인주의 형태로 굳어져버린 듯하다. 자연과 우리의 자연적인 감정을 날카롭게 갈라놓고 자신의 자아만을 인식하게 한다. 이렇게 자연으로부터 소외되는 것은 확실히 심각한 문제가 아닐 수 없다. 하지만 이것은 또한 기회일 수도 있다. 왜냐하면 우리가 자신의 자아의식의 울타리 밖으로 한 발자국이라도 나가기만 하면 생태적 자아Ecological Self라고 불리는 보다 넓은 의미의 자신을 찾아가지고 돌아올 수 있기 때문이다. 생태학적 자아란 우리 스스로가 원하는 그 어느 것도 될 수 있고 알지 못하는 그 어떤 것도 없는 깊은 자연의 일원으로서 그 조화의 세계 속으로 빠져드는 것을 말한다.

모더니즘은 어떤 특정한 환경이나 특수한 입장도 무시하려 한다. 감정이 빠져나간 껍데기뿐인 추상적인 개념에 머무르려는 것이다. 그러나 자아에 대한 인식이 뿌리째 뽑혀버린다면, 우리는 자연 속의 일원으로 존재할 가치에 대한 근거 자체가 없어진다. 그러면 우리 스스로 방향을 잡아나갈 수가 없게 된다. 우리는 반드시 우리의 정체성을 느낄 수 있는 넓은 범위의 장소와 환경으로 돌아와야 한다. 그렇게 해야만 개인의 한계를 초월한 한 층 성숙한 단계로 들어갈 수 있다. 우리는 자아 이전pre-ego 단계로 시작하고 나서 점차 사회적이고 개인적인 자아로 발전한다. 그리고 더 성숙한다면 초자아transpersonal ego 단계로 발전할 수 있다. 초자아의 단계에 들어서면 좁은 역사적 시간의 한계를 넘어 영원의 세계로 들어갈 수 있다. 또한 우리를 존재에 대한 자아인식의 원천적 기초 단계의 세계로 들어갈 수 있게 한다. 이 세계야말로 항상 창조적으로 떠오르는 야생과 원시의 땅이다. 여기에 완전하게 들어설 수 있다면 신성神聖의 존재 안에서 세속적인 삶을 살아가는 것이다. 모든 행동에 있어서 신성을 공경하고 존중하는 것이다. 하지만 겸손해야 한다.

우리가 지금까지 설명했던 깊은 이해와 포용을 가지고 동물과 더불어 같이 살아갈 때 비로소 초자아적 인식을 실현할 수 있다. 이것은 정해진 시간도 없고, 정해진 형태도 없는 범우주적 인식이다. 범우주적 인식이란 자연에 존재하는 모든 정신적인 요소들이 한데 어울릴 수 있는 새로운 세계를 창조하도록 도와주고 유지하는 것이다. 아직까지 우리가 풀지 못한 갈등과 내면 깊이 묻혀 있는 숨겨진 문제들을 가지고 있긴 하지만 이렇게 하면 우리 자신들이 동물과 더불어 같이 지낼 수 있다. 그리고 우리 자신의 생태적 그림자와 깊이를 노출시키고 드러나게 하는 방법이다.

동물과 같이 지내는 것을 배우게 되면 우리가 누구이며 또 무엇인지에 대해 깊은 성찰을 하게 된다. 우리는 동물과 자연, 사람을 각각 그들이 가지고 있는 고유의 가치로 판단해야 한다. 그래야 동정심이라는 맑은 기운을 통해 그들을 알게 된다. 우리는 동물들의 입장에 서서 그들을 사랑해야 한다. 각각의 동물들의 입장에 맞추어 특별한 관계를 형성할 수 있어야만 자신들만의 탄탄한 감정과 입지를 가진 모든 동물과 이야기를 나눌 수 있다. 이것이

동물들이 나에게 가르쳐준 몇 가지 지혜다. 물론 아버지와 할아버지의 가르침이기도 하다. 나는 이 모든 선물에 대해 깊은 고마움을 느낀다. 우리 모두 우리들 안에 있고 우리들의 주변에 있는 동물을 사랑한다. 모든 동물들이 번창하고 자신을 깨달을 수 있기를 기원한다!

앨런 드렝선 Alan Drengson

앨런 드렝선은 브리티시컬럼비아에 있는 빅토리아대학교의 명예 철학 교수다. 그는 유명 잡지인 《트럼페터The Trumpeter：Journal of Ecosophy》를 창간하고 선임 편집인을 지냈다. 또한 《에코포레스트리 Ecoforestry》라는 잡지의 창간 편집인을 역임했다. 저서로는 『환경의 위기를 넘어서Beyond Environmental Crisis』, 『생태학 운동의 심화The Deep Ecology Movement』, 『기술의 실천The Practice of Technology』 등이 있다. 그는 다수의 야생 보호를 위한 비정부기구에도 관여했다. 야생지역의 여행을 즐겼으며, 합기도를 수련하고 있다.

동물과 더불어 더 좋은 세상 만들기

마이클 마운틴

기본적인 것들

동물을 어떻게 보호할 것인가에 대해서는 사람마다 그 방법이 제각각이다. 어떤 사람은 집안에서 많은 고양이를 키워야 한다고 하기도 하고, 어떤 사람은 채식주의자가 되어야 한다고 하기도 하고, 동물 구조에 관한 시위에 참석해야 한다는 사람도 있다. 동물을 사랑하는 사람들은 아주 정열적인 사람인 경우가 많다. 그리고 우리는 자기가 특별히 관심을 갖는 일에 관하여 흥분하기 쉽다. 동물보호론자들은 때때로 정열적으로 목청을 높이기는 하지만 무엇이 동물에게 가장 좋은 것인지에 관해서는 사람마다 생각이 다를 수 있다는 것을 잘 인식하지 못하기도 한다.

아무도 자기가 주장하는 것만이 '정확한' 철학이나 올바른 접근법이라고 우길 수는 없다. 남에게 설교하는 대신 남의 말을 경청할 때 훨씬 더 많은 것을 배울 수 있다. '베스트프렌즈 동물협회Best Friends Animal Society'에서는 보호구역의 직원을 포함해 사람들이 무엇을 믿어야 하는지, 어떻게 살아야 하는지, 무엇을 먹어야 하는지를 다른 사람에게 조언해주고 있다. 그렇게 함으로써 각 사람이 자기가 지향하는 방향이 올바른 방향인가를 확신하고 모든 사람에게 제시하도록 하는 것이다. "심판하지 말라, 그리고 심판받지 말라." 어느 유명한 철학자가 한 말이다. 참으로 좋은 충고다. 다른 사람에게 무엇을 하라, 무엇을 해서는 안 된다 라고 계속해서 말하는 사람은 사실은 자기 자신의 삶과 가치에 대해 스스로 내적인 확신이 부족한 사람이다. 그러나 이런 기초적인 철학들이 동물을 사랑하는 사람들의 근본적인 바탕이 된다. 지금까지 내가 말한 것과 완전히 반대의 이야기처럼 들릴지 모르지만, 나는 이것이 모든 동물을 사랑하는 사람들의 기본적인 권리라고 생각한다.

우리가 살고 있는 지구의 모든 생명체는 다른 생명체의 희생을 담보로 살아가고 있다. 현재 우리가 존재하는 것은 어쩔 수 없이 다른 생명체의 고통을 초래할 수밖에 없다. 그러나 사람들이 동물에게 하는 행동 중에는 인간의 생존이나 존재와 관계 없이 단지 고통 그 자체만을 주는 경우가 많다. 이러한 행동들 중에서 가장 나쁜 것은 바로 생체실험이다. 동물을 과학적 실험에 사용하는 것이다.

마하트마 간디Mahatma Ghandi, 1869~1948는 생체실험에 대해 "인간이 죄 없는 동물에게 행하는 죄악 중에 가장 나쁜 죄악이다"라고 말했다. 우리가 다른 동물들보다 더 우등한 동물이라는 이유 하나 때문에(사실 인간이 다른 동물보다 우등하다는 객관적 증거도 없다.) 다른 동물을 복종하게 만들고, 고문하고 모욕할 신성한 권리를 가지고 있다고 믿는 것은 인간의 자부심과 교만의 극치다.

생체실험에 관하여는 논란이 분분하다. 과학자들은 의학이나 과학의 미개척 분야에 대한 동물의 생체실험은 매우 효과적이라고 주장한다. 하지만 우리는 다른 지각능력이 있는 존재를 의도적으로 고통을 주면서 실험한다면 좋은 결과가 나올 수 없다고 믿고 있다. 또한 비록 이런 변명이 사실이라 할지라도 이런 변명 따위로는 동물에게 고통을 주는 생체실험이 정당화될 수는 없다.

수천 년 전의 세계보다 오늘날의 세계가 살기에 더 건강한 세계일까? 최근에 많은 전염병이 '문명화된' 세계를 휩쓸었다. 그중에는 치료법을 발견하지 못한 것들도 많다. 이것은 자연의 세계와 인간과의 관계를 거의 이해하지 못한다는 반증이다. 의학계의 사람들은 현 세대의 항생제들은 새로운 강력한 저항력을 가진 박테리아에 대해 점점 더 효과가 떨어지고 있다고 한다. 문제는 이를 해결할 방법이 보이지 않는다는 것이다. 즉 더 강력한 새로운 세대의 항생제를 만들 수가 없다는 것이다. 에이즈나 암이나 심장질환에 대한 치료법도 없다. 그렇다고 힘없는 동물들을 괴롭히면서 새로운 약을 더 많이 만들려고 노력한다고 해서 세상을 질병으로부터 구할 수 있는 것은 아니다.

실제로 동물들은 의약품이나 치료법 개발을 위한 것보다 다른 곳에 더 많이 이용되고 있다. 무기체계 개발이나 화장품, 가재도구 개발, 자동차 안전 실험 등이 그들의 동의도 받지 않고 이루어지고 있다. 최근에는 우주 탐험에서도 동물이 적극적으로 이용되었다. 개와 원숭이가 "아무도 가 본적이 없는 곳에 용감하게 간" 위대하고 영웅적인 최초의 동물이 되었다.

인간들은 생체실험과 스포츠 사냥을 즐기는 것은 물론 화려한 모피 코트와 특별한 음식들을 얻기 위해서 동물들에게 필요 이상의 많은 고통을 준다. 인간의 허영과 사회적 진출을 위해 이들 죄 없는 동물들이 희생되는 것은 용서할 수 없는 죄악이다. 인간의 진보된 문명과 고상한 취향이 자연과 동물, 그리고 우리 자신의 영혼을 파괴시키는 것이다.

황금률

이것은 도덕적 심판이 아니다. 하나의 단순한 삶의 단면이다. 다른 동물을 잔인하게 대하는 행위는 우리 자신의 내면의 그 무엇인가를 파괴하는 행위다. 우리가 잘 알고 있는 단순한 인과응보의 법칙이 우주를 지배하고 있다. 모든 과학자들도 잘 알고 있다. 이 인과응보의 법칙은 또한 모든 세상에 알려진 주요 철학과 종교의 중심적인 황금률이 되고 있다.

모든 종교의 주요 경전에는 다음과 같이 기술되어 있다.

"남에게 대접을 받고자 하는 대로 너희도 남을 대접하라."
— 『신약성서』 기독교 경전

"너 자신을 아프게 하는 것들로 다른 사람을 아프게 하지 말라."
— 『우다나바르가』 불교 경전

"네가 당하기 싫어하는 일을 다른 사람에게 하지 말라."
— 『랍비 힐렐』 유대교 경전

"다른 사람이 너에게 하지 않기를 바라는 행동을 다른 사람에게 하지 말라.
— 『논어』 유교 경전

"이것이 의무의 전부이니, 내게 고통스러운 것을 남에게 강요하지 말라."
— 『마하바라타』 힌두교 경전

"인간은 자기가 대우받고 싶어하는 대로 다른 모든 생명을 대우해야 한다."
— 『수트라크리탕가』 자이나교 경전

"네가 대접받고 싶은 대로 남을 대하라. 네가 버리고 싶은 것은 다른 사람에게 행하지 말지어다.
— 『압둘라 안사리』 이슬람 수피 경전

이것은 간단하게 말하면 친절함에 대한 율법이다. 베스트프렌즈 동물협회의 친구 하나가 나에게 시를 하나 보내왔다. 그 시는 매월 발간되는《베스트프렌즈매거진Best Friends Magazine》의 한 코너에 실려 있다.

동물들에게 친절하여라.
나무들에게 친절하여라.
네가 살고 있는 지구와 그 위에 있는 모든 것들에게 친절하여라.
어린이들에게 친절하고 너희들 상호 간에 친절하여라.
……그리하면 하느님이 너희들에게 친절하게 하실 것이다.
그리고 이것은 바로 약속이니라.

다른 사람에게 친절하게 대하고 나면 왠지 기분이 좋아진다. 친절은 무언가 일을 다르게 만든다. 모든 일에 에너지를 불어넣어준다. 스트레스는 에너지가 떨어지면서 생기기 시작한다. 많은 의사들은 대부분의 질병은 스트레스에서 생기기 때문에 스트레스를 멀리하면 건강은 자연히 얻을 수 있다고 말한다. 스트레스가 생기지 않도록 에너지를 유지한다면 항상 건강한 삶을 살 수 있다.

우리 인간의 세상에서 탐욕이나 이기주의보다 친절함이 더 두드러진다면, 세상은 더욱 좋아질 것이다. 우리 모두는 건강해지고 모든 사람들의 기분이 좋아질 것이다. 그리고 우리의 문명화 때문에 발생한 많은 질병들이 떨어져 나갈 것이다.

동물들과 교감 나누기

베스트프렌즈 동물협회 초기에, 우리 보호구역 창립자의 일원인 페이스 말로니Faith Maloney를 매일 아침 '도그타운Dog town'의 부엌에서 만날 수 있었다. 그는 거기서 약 600마리의 개를 위한 아침식사를 준비하고 있었다. 어느 날 아침, 신문기자가 물었다. "해마다 미국 전체에 있는 동물보호소에서 수백만 마리의 개와 고양이가 죽어 나가는 데 이 살상금지 보호구역이 무엇을 바꿀 수 있다고 생각합니까?" 페이스는 그저 웃으면 말했다. "만약에 당신이 여기 있는 동물 중에 하나라면 엄청나게 다르다는 걸 알 거예요."

페이스는 모든 개의 이름을 외우고 있었다. 그녀에게 있어서 도그타운은 그저 개들이 살고 있는 보호구역에 대한 애칭이 아니었다. 이것은 정말 하나의 마을이었다. 개들도 사회적 동물이다. 그들도 사회를 만든다. 도그타운은 하나의 완전한 사회를 이루고 있다. 녀석들은 자체적으로 소그룹과 계급체계를 만들었다. 그룹별로 영역이 만들어지고 다른 그룹의 영역을 절대로 넘지 않는다. 다른 그룹의 영토를 침범하는 행위이기 때문이다.

즉흥적으로 도그타운을 방문하면 그곳에서 일어나고 있는 많은 일들을 놓치게 될 것이다. 개들이 짖어대고 뛰어다니는 이면에는 주요한 사회적 상호작용들이 일어나고 있다. 이들의 생활은 어느 한 가정에서 생활하는 개들과는 판이하게 다르다. 거리로 쫓겨나 학대받고 버림받고 때로는 사람들에게 혼이 난 개들은 이곳에서 자신들만의 새로운 삶을 영위해나가고 있다.

페이스는 개들이 인간화되었다고 말하기보다는 자신과 직원들이 '견공화犬公化'되었다고 말한다. "나 자신이 거의 개가 되어 가는 것 같아요. 어느 날 문득 내가 이들 거대한 집단의 일원으로서 그들 모두와 이야기하고 있는 것을 알았습니다."

베스트프렌즈 보호구역에 살고 있는 대부분의 개들은 커다란 우리에서 무리를 지어서 생활하고 있다. 낮에는 많은 개들이 우리를 벗어나 돌아다닌다. 어떻게 오백 마리가 넘는 개들을 다 추적하고 있는지 페이스에게 물어보았다.

"그거? 간단해. 녀석들은 내 머리 속에 다 들어 있거든. 녀석들이 내 머릿속에 들어와 있는 한 문제없어."

나는 동물과 의사소통하는 법에 대해 많은 책을 읽었다. 대부분은 좋은 내용들이다. 그리고 세상에는 동물과 의사소통을 하는 신기한 재주를 가진 사람들이 많이 있다. 이런 것들을 이상하거나 신비하게 여기는 사람들도 있지만 600마리의 개들과 같이 살아가는 베스트프렌즈 도그타운에서는, 그것은 신비한 것이나 비밀스런 것이 아니다. 페이스의 머릿속에 들어 있는 아주 밑바닥으로부터 우러나오는 일상적인 행동이다. 그들과 코드를 맞추고, 각각의 본능에 따라 움직이고, 서로의 관계를 유지하는 것이다. 개들이 '또 다른 엄마'로 믿고 있는 사람과의 관계가 끊어지게 되면 엄청나게 불안해하고 마을 전체가 혼란에 빠진다.

오늘날 이곳의 직원과 방문자를 포함하여 수백 명의 사람들이 동물들을 보살피는 일을 도와준다. 그리고 전문 수의사들이 완전하게 구성된 진료장비를 갖추고 정기적으로 방문해 아픈 개들을 돌본다. 그들은 자신들이 진료했던 동물들에 대해서는 정확하게 기억하고 있다. 거의 질문 없이 한 번 보고 건강 여부를 알아낸다. 절대로 시간을 낭비하지 않는다.

동물과 같이 일하는 모든 사람들은 여러 가지 방법으로 이러한 육감을 발달시킨다. 어느 여름에 한 무리의 학생들이 방문한 적이 있었는데, 그중의 한 여학생이 앞을 보지 못하는 시각장애를 가졌다. 그 학생은 고양이와 같이 일주일을 지냈다. 녀석들과 같이 일하고, 만나고, 쓰다듬고, 그리고 많은 사랑을 주었다. 그 일주일 동안 그 학생은 세 번이나 고양이들에게 무언가를 느꼈고 아주 큰 도움을 주었다. "이 고양이는 몸이 안 좋은 것 같아요" 하고 그녀가 우리들에게 알려주었다. 학생의 말을 듣고 진찰한 결과 그 고양이는 어금니 안에 종양이 막 자라기 시작하고 있었다.

동물과 대화하고, 자연과 교감하는 것은 보호구역 내에서는 아주 자연스러운 일이 되었다. 처음 이곳을 방문하는 사람들은 베스트프렌즈 본부가 있는 앤젤 캐년Angel Canyon에 들어서자마자 이러한 교감이 시작이 된다. 어떤 방문객들은 들어서는 순간 무언가 다른 그 분위기가 자신의 몸에 휘감기는 것을 느꼈다고 한다. 심지어 밤에 도착하는 사람들까지도.

그것은 우리들에게는 하나도 놀라울 것이 없다. 유타국립공원의 골든서클Golden Circle 의 심장부라고 할 수 있는 앤젤 캐년은 애리조나에 있던 작은 보호구역을 대체할 후보지를 찾고 있던 우리의 관심을 단번에 끌었다. 보호구역으로서의 입지적 조건을 모두 만족시키는 곳이었다. 처음에는 적은 숫자의 동물을 이주시키기에는 너무 큰 것 같았다. 하지만 점점 숫자가 늘어가는 보호구역의 식구들을 생각하면 올바른 결정을 한 것이다. 이곳은 대도시로부터 수백 킬로미터나 떨어져 있고 빌딩이나 상점, 심지어는 전깃줄도 없다. 그리고 우리가 꼭 필요하다고 예상했던 것보다도 훨씬 컸다. 하지만 처음 본 그날 이후로 우리가 건설해나갈 청사진이 머리에서 떠나지 않았다.

앤젤 캐년, 베스트 프렌즈의 본부

앤젤 캐년은 베스트프렌즈가 들어오기 전 20여 년 동안 영화 촬영 장소로 사용되었던 곳이다. 여러 유명한 서부 영화에 등장했던 '외로운 개척자의 다리'는 아직까지도 절벽에 매달려 있다. 〈서부개척사How The West was won〉(1962), 〈무법자 조시 웨일즈The Outlaw Josey Wales〉(1976) 등 십여 편이 넘는다. 영화제작자들이 이 골짜기의 아름다운 모습을 찾아내기 전에는 이곳에 거주하던 아나사지Anasazi, 애리조나 · 뉴멕시코 · 콜로라도 · 유타 접경지역에서 발달한 인디언 부족-옮긴이주 인디언들에게는 신성한 지역으로 알려져 있었다.

아나사지 문화는 700년쯤 전에 최고의 중흥기를 맞이했다. 그러다가 갑자기 사람들이 이 지역을 떠났다. 고고학자들이 원인 조사를 하기 전에는 여러 가지 설들이 분분했다. 아나사지 부족은 외계에서 온 사람들이기 때문에 갑자기 UFO를 타고 올라갔을 것이라고 말하는 사람들도 있었다. 하지만 과학자들이 밝혀낸 바에 의하면 이곳에는 오랫동안 가뭄이 들었다고 한다. 그래서 아나사지 족은 떠날 수밖에 없었고 뒤에 다시 다른 부족들이 들어왔던 것이다. 바로 호피족 인디언들이다.

가뭄은 이 특별한 지역을 둘러싼 많은 전설과 설화들을 설명해줄 수 있다. 하루는 한 나이 많은 현지 부족 사람이 이곳을 찾아와서는 계곡을 축복하고 갔다. 그는 커다란 동굴이 있는 곳 바로 아래 풀밭에 무릎을 꿇고 앉아서 기도를 했는데, '천사의 강림Angels Landing'이라고 불리는 그 동굴은 수백 년 전에 모든 부족들이 한 자리에 모여서 '어머니 자연'으로부터 계시를 듣던 곳이라고 설명했다. 그러고는 '천사의 강림' 안에서 솟아나오는 샘에 관한 설화를 들려주었다.

지독한 가뭄이 계속되던 어느 날 밤에 엄청난 폭풍이 몰아쳤고, 벼락이 바위를 때렸다. 그러더니 그 자리에서 커다란 물줄기가 뿜어져나왔다는 것이다. 그 후로 아무리 지독한 가뭄이 들어도 그 샘은 한 번도 마른 적이 없었으며 앞으로도 그럴 것이라고 말했다. 정말로 이곳의 물은 다른 곳에서는 보기 어려울 정도로 맑고 깨끗했다. 그리고 동굴 안을 가득 채우고 있는 평화와 고요의 분위기 또한 그러했다.

　나는 이러한 신성한 장소가 무엇을 의미하는지에 대해서는 전혀 문외한이다. 하지만 사람들에게서 들은 바로는 각각의 신성한 장소는 각각 특유의 분위기를 풍긴다고 한다. 특별한 기운 같은 것이 뿜어져나온다는 것이다. '천사의 강림'에서는 아주 심오한 평화의 기운을 느낄 수 있었다. 동굴은 평화의 기운을 내뿜고 이곳에 들어오는 사람에게도 평화로운 마음을 깊이 심어준다.

　이 위대한 평화는 오랫동안 이곳에 있어왔던 그대로다. 6,000년 전에 이곳에 정착한 고대의 아나사지 부족들은 역사상 가장 평화로운 부족으로 알려져 있다. 그것은 이들이 동굴과 절벽에 남긴 그림과 조각, 상형문자와 암면 조각을 통해 알 수 있다. 아무도 그 도안들이 무엇을 뜻하는지, 전체적인 언어로서의 연관성을 가지는지에 대해 아는 사람은 없다. 하지만 이들 아나사지족들이 남긴 훌륭한 예술의 특성을 이해하는 데 꼭 고대 언어에 대한 전문가일 필요는 없다. 이들이 남긴 것들은 다른 부족들이 절벽과 동굴과 사원의 벽에 남긴 그 어떤 그림이나 문자들과는 확연히 다르다는 것을 누구나 쉽게 알아볼 수 있기 때문이다.

　사실은 그것은 그림에서 우리가 눈으로 볼 수 있는 것이 아니다. 보이지 않는 그 무엇이다. 그들의 그림 중에는 폭력 행위를 묘사한 그림이 하나도 없다. 전쟁이나 사람을 죽이는 그림도, 정벌이나 노예, 심지어는 사냥하는 그림도 없다. 그렇다고 그들이 한번도 사냥을 하지 않았다는 것은 아니다. 그것은 단지 그러한 행위가 예술이나 종교로 승화할 만한 중요한 것이라고 생각하지 않았다는 것이 분명하다. 이집트에 있는 사원의 벽화와 비교를 해보면 그 차이를 알 수 있다. 이집트의 벽화는 온통 전쟁에서의 승리를 자축하는 그림과 다른 민족을 정벌하는 그림으로 뒤덮여 있다. 마야인과 아즈텍

인들의 벽화는 어떤가? 제사를 지내기 위해서 동물을 죽이고 자신들의 몸에 상처를 내는 광신도의 모습이 그 시대의 질서였음을 잘 보여주고 있다.

또 하나의 전설은 몬테주마Montezuma, 멕시코 아즈텍 제국 최후의 황제 - 옮긴이 주 왕과 신하들이 남긴 땅속에 묻혀 있는 보물에 대한 이야기다. 몬테주마는 멕시코에서 신대륙에 쳐들어온 스페인 정복자들에게 살해당했다.

1915년에는 한 보물사냥꾼이 보물지도를 들고 근처에 있는 카납 마을에 나타나기도 했다. 그는 앤젤 캐년에서 30킬로미터 정도 떨어진 곳에 있는 계곡을 파헤쳤다. 여기저기를 파헤치고, 또 다른 지도를 가져와서 또 파헤치더니 결국 포기했다. 피곤에 지친 그는 계곡을 잘못 짚었다고 말했다. 아마도 그다음 계곡이라는 것이다. 그 후로는 아무도 처음부터 다시 시작할 엄두도 내지 못했다. 그리하여 앤젤 캐년은 그 안에 숨겨져 있는 전설 속의 보물을 지켜냈다. 이제 이곳에 오는 모든 사람들은 계곡의 평화와 고요함과 동물보호구역이야말로 진정한 보물이라는 것을 알게 된다.

학대받고 버려진 동물들에게 이 얼마나 아름다운 곳인가! 세상에 살고 있는 정말로 죄 없는 동물들에게, 그것도 우리가 제공할 수 있는 것이라고는 고작 '자비로운' 죽음일 수밖에 없는 그들에게 생명과 사랑을 가져다주는 곳보다 더 성스러운 곳이 어디 있겠는가?

신성한 곳

조지프 캠벨Joseph Campbell, 1904~1987은 학생들에게 특별한 목적을 위해, 그리고 삶의 진정한 목적을 만나기 위해 사용하는 장소는 어디든지 성스러운 곳이라고 말했다. 그런 곳을 통해 자신의 생애의 성스러운 드라마의 영웅이 될 수 있다고도 말했다. 이러한 세계에서는 자기 자신의 뮤즈신muse-음악의 여신이 부르는 소리를 듣고 있다. 그들 자신의 목소리보다 더 높은 곳에서 들려오는 소리, 동물의 소리, 자연의 소리 그리고 생명의 소리를 듣는다. 거역할 수 없는 위대한 신성한 모임에 부름을 받는 곳이다.

우리는 각자의 방식대로 우리 내면의 진실에 따라 살아간다. 어떤 절대자를 따르고 우리가 '대우받고 싶은 대로 다른 생명들을 대우하라' 는 황금률을 따른다.

우리 삶의 여로에서 가장 기초가 되는 것이 이 황금률이다. 그러므로 이들 오갈 데 없고 도움이 필요한 죄 없는 동물들을 도와주고 보호하는 것이야말로 삶의 황금률을 따르는 것이요, 신성한 장소로 들어가는 열쇠라는 것은 우리가 이미 알고 있는 진리다. 그들은 인생의 깨달음을 찾아 헤매는 우리 탐구자들의 맨 끄트머리에서 우리를 기다리고 있다. 그들은 우리의 마음 속에 있는 굳게 닫힌 그곳을 열 수 있다. 우리를 동정심과 영적인 사랑으로 가득 차게 하고 우리에게 삶의 진리와 자연의 지혜를 얻도록 하며, 진정한 자신에게 가까이 데려다 준다.

오늘날의 세계에는 두 가지 특별한 경향이 눈에 띄고 있다. 하나는 구시대의 몰락이요, 다른 하나는 가슴을 따뜻하게 하는 이야기들이 늘어나고 있다는 것이다. 구시대의 몰락은 정부와 종교와 비즈니스 세계와 그리고 사회 질서를 바로잡고자 하는 모든 세계적인 연구기관에 번지고 있는 어두운 주제다. 과거의 질서에 대한 신념을 가지고 있거나 모든 계층에서 그리고 모든 분야에 걸쳐서 매일매일 드러나는 구시대의 부조리와 부정부패에 대해 이제는 놀라는 사람도 거의 없다.

또 다른 추세는 늘어나고 있는 가슴 따뜻한 이야기들이다. 세계 곳곳에서 매일매일 읽고 들으면 기쁨이 솟아나는 그런 이야기들이다. 이들은 고통받고 있는 동물들을 돌봐주고, 현장을 뛰어다니는 사람들의 이야기다. 삶을 신성한 것으로 보고, 온몸을 다 바쳐서 이러한 삶을 키워나가는 사람들의 이야기다.

보호구역의 동물을 보러오는 사람들 가운데 이러한 사람들이 많이 있다. 편지를 통해서, 뉴스를 통해서 그들의 친절하고 동정심 넘치는 활약을 읽고 들었다.

당신이 바로 그들이다. 동물을 사랑하는 사람들, 사람과 동물들에게 그리고 모든 살아 있는 것들에게 친절과 동정을 베풀 줄 아는 사람들이다.

또한 세 번째 요인은 오늘날 진행 중에 있다. 과학과 기술이 거대한 변화점을 향하여 우리를 급격하게 몰아가고 있다는 것이다. 21세기의 처음 이삼십 년 동안 인간은 우리 자신들과 다른 자연의 세계에 돌이킬 수 없는 손해를 입힐 것이다. 그러고나서야 새롭고 좀더 나은 문명의 세계를 만들어갈 것이다.

이 두 시기에 놓여 있는 것이 바로 오늘날의 과학사회에서 유행하는 '특이점 singularity, 기술이 인간을 뛰어넘어 새로운 문명을 생산해갈 시점, 싱귤래러티로부터 새로운 시대가 정식으로 열린다는 것 - 옮긴이 주' 이다. 이 용어는 시간상의 어느 한 지점을 뜻한다. 지금부터 이삼십 년 지난 후에 일들이 너무 드라마틱하게, 너무 빠르게 변해서 도대체 우리의 생활이 어떤 모습이 될지 상상조차 할 수 없을 정도가 되는 때를 말한다. 이러한 변화를 이끌어가는 요인들이 무엇인지 예측이 가능하다고 과학자들은 말한다. 하지만 변화가 끝난 그 이후에 우리와 우리 사회의 운명은 어떤 모습이 될까? 그것은 아무도 예측할 수 없다.

긍정적 견해를 가진 사람들은 좋은 생각과 좋은 운명에 의해서 가장 좋게 일이 해결될 것이며, 우리는 유토피아의 시대로 들어가게 될 것이라고 말한다. 부정적인 견해를 가진 사람들은 우리 자신의 근시안적인 오만과 어리석음 때문에 우리의 보다 강력해진 힘으로 스스로를 파괴하고 핵무기 테러와 인간이 만든 바이러스에 의해 스스로 죽어가고, 환경의 붕괴와 또 다른 위협이 발생할 것이라고 한다.

이것은 공상과학 소설의 판타지가 아니다. 더 좋아지든지 나빠지든지 우리가 지금 만들어가고 있는 세상의 일이다. 그리고 이러한 것들은 현재의 우리에게는 일어나지 않는다. 미래에 일어날 일들이 현재에 준비되어지고 있는 것이다. 그것도 우리들에 의해서. 다시 말하면 미래는 우리 자신들의 손 안에 있다. 이러한 변화를 올바른 방향으로 나가도록 이끌어가려면 어떻게 해야 할까?

오늘날의 혁명의 가장 중심이 되는 것은 서로 같이 일하고자 하는 닮은 마음을 가진 사람들이다. 정보를 서로 공유하고, 서로 협력하고, 지나간 역사 속에서는 갈 수 없었던 길을 같이 만들어가고자 하는 사람들의 능력이다. 비록 수천 킬로미터 떨어져 살고 있어도 가능하다.

'닮은 마음을 가진 사람들' 은 커져가고 있는 네트워크다. 세상 방방곡곡을 가로질러서 동물들과 자연과 우리 사람들을 연결하는 그물망이다. 우리 인간도 단지 자연의 작은 한 부분이 될 뿐이다. 이러한 시기가 도래했음을 이해하는 사람들이 모두 하나로 연결되어야 한다.

이러한 사람들은 본능적으로 동물과 자연을 돌보는 일이 아주 중요하다는 것을 안다. 자신의 삶의 한 부분을 죄 없는 생명체들을 위해 좋은 일을 하는 데 바친다. 개와 고양이, 새와 물고기, 땅과 바다를 위해 무엇이든지 그들이 할 수 있는 방법을 실천한다.

베스트프렌즈의 활동은 "동물들에 대한 친절이 우리 모두를 위해 더 좋은 세상을 만든다"는 단순한 철학 위에서 운영된다. 친절은 같이 살아가는 세상에서 우리가 모두 하나라는 것을 일깨워준다. 우리보다 더 위대한 그들,

즉 다른 동물과 자연을 보살피는 일이 바로 우리 자신을 보살피는 일이라는 것을 알게 해준다.

베스트프렌즈 활동의 즐거움 중의 하나는 이런 좋은 사람들을 점점 더 많이 만나게 된다는 것이다. 집에서도 만나고 세계 곳곳에서도 만난다. 모든 나라에서, 모든 문명에서, 모든 인종, 모든 종교, 모든 역사적 배경에서도 만난다. 그리고 마음으로는 모두가 똑같은 언어로 말을 한다. 친절과 보살핌의 언어 말이다.

이것을 우리는 '베스트프렌즈 네트워크'라고 말한다. 이것은 서로 좋아하는 마음을 가진 사람들의 공동체다. 서로 함께 배우고, 서로 함께 자라나고, 함께 좋은 일을 더 많이하는 사람들의 모임이다. 과학자들이 피할 수 없는 세계라고 말한 새로운 세계에 대한 용감한 투자라고 부를 수도 있다.

우리가 꼭 이 새로운 세계의 뼈대를 세우고 머리를 만들어야 한다는 것은 아니다. 하지만 동물을 사랑하고, 자연을 사랑하고, 서로 사랑하는 수백만의 사람들이 만든 네트워크로서 하나의 뜨거운 심장이 될 수는 있을 것이다.

마이클 마운틴 Michael Mountain

마이클 마운틴은 '베스트프렌즈 동물협회' 회장이다. 이 단체는 동물에게 친절을 베푸는 활동에는 어느 곳이든 가리지 않고 찾아나선다. 이 단체가 운영하는 '베스트프렌즈 동물보호구역Best Friends Animal Society'은 미국에서 가장 규모가 큰 동물보호구역으로서 유타 주 남부의 붉은 암벽 지대에 위치하고 있다.

우리의 형제, 당나귀

안토니오 비에이라

당나귀의 신분증명서

당나귀는 동물, 포유류, 네 발 달린 동물, 척추동물에 속하고, 에쿠스Equus
와 같은 속屬이며, 아시누스Asinus 종種이다. 녀석의 네 다리 끝에는 작은 말
굽이 있다. 처음 태어날 때에는 다리에 얼룩무늬가 있고, 등에는 운명의 낙
인처럼 십자무늬가 있다. 녀석은 길이 잘 들어 있고, 참을성이 강하며 온순
하다. 하지만 인간과 마찬가지로 자신만의 분위기가 있고 유머도 가지고 있
다. 녀석이 골을 내면 막대기로 때려도 소용없다. 사료를 많이 먹는 편이 아
니고 물은 더더욱 적게 먹는다. 물 한 모금 마시지 않고 48시간을 갈 수도
있으니까. 하지만 반드시 깨끗한 물만 먹는다.

이와 같은 일반적 특징만으로도 말과 당나귀를 구별할 수 있다. 잘만 다
루면 당나귀는 만능 일꾼이요, 소용 가치가 높은 동물이다. 말은 자부심이
강하다. 반면 당나귀는 아주 겸손하다. 당나귀가 가장 힘들고 어려운 일은
도맡아 하는 동안 말은 거드름을 피우며 사람들을 태우고 다닌다.

우리는 걷는 모습과 일하는 모양을 보고도 당나귀와 말을 구별할 수가 있다. 당나귀는 듣기 좋은 힝힝거리는 울음소리와 훈련시키기 쉬운 태도, 조용하고 참을성 많은 성격을 지니고 있다. 심지어는 예닐곱 명의 아이들이 등에 올라타도 참아낼 정도이니까. 여러 가지 재주와 온순한 성격 등 당나귀는 말보다 훨씬 우월한 것들이 많다.

녀석들 사이에는 친구도 없고 적도 없다. 그저 서로에게 관대하다. 이것은 사람을 포함해서 모든 일반적인 수컷이 자기의 사랑하는 반려자를 보호하는 방법과 같다. 단 당나귀와 같은 종인 말은 제외하고.

말을 지칭하는 단어는 몇 가지 되지 않는다. 하지만 당나귀를 지칭하는 이름을 모두 찾아보려면 사전이 필요할 정도다. 그중에는 특이하고, 불명예스럽고, 모욕적인 것들도 있다.

성경 인물 아브라함의 아들 이스마엘처럼 오늘날 '애스ass 당나귀의 다른 이름으로 속어로 고집쟁이, 바보 등의 의미를 지니고 있으며 또한 여자의 성기나 '몹쓸 놈' 등의 표현으로도 사용되고 있다 - 편집자 주' 라고 불렸을 때 기분 좋을 사람은 아무도 없다. 또한 우리는 종종 신세 한탄을 할 때 이렇게 표현한다. "나는 당나귀의 삶을 살고, 노새처럼 일을 하고, 장님의 당나귀처럼 고통스럽다."

당나귀의 생각

"인간은 신의 창조물 중에서 가장 고상하고 기품 있는 창조물이다." 이 말은 누가 했을까? 바로 인간이다. "인간은 이성적인 동물이요, 생각하는 존재다." 이 표현을 믿는 것은 누구일까? 이 또한 인간이다. "인간이 신의 모습을 본떠서 만들어졌다는 것은 사실이고 정설이다." 누가 이렇게 어리석고 이단적인 말을 했을까? 역시 인간이다. "당나귀는 어리석고, 일도 잘 못하고, 게으르고, 겁쟁이에 느려터지고, 고집이 센 놈이라고 업신여김을 받아 마땅하다." 누구의 생각일까? 물론 인간이다.

우리가 받은 지혜에 대해 반성하고 다시 한번 생각해보자. 앞에서 열거한 표현에 지적 사고력과 도덕적 정직함이 결여된 것은 없었는가?

나는 다른 동물의 시체를 앞에 두고 춤을 추는 동물을 본 적이 결코 없다. 독수리는 다른 독수리를 먹지 않고, 동물은 배가 부르면 먹이를 죽이지 않는다. 동물들은 쾌락을 위해서, 밉기 때문에, 복수하기 위해서, 잔인하게 다른 동물을 죽이지 않는다. 소위 '이성적 동물'이라고 자칭하는 동물만이 그런 행위를 한다. 평화를 위한 회의는 항상 실패로 끝난다. 회의에 세계열강들, 혹은 힘 있는 자들의 편에서 그들의 이익만을 대변해주는 법률가나 외교관을 불러 모으는 대신에 당나귀를 참석시켜보라. 그 편이 회의에 더욱 도움이 될 것이다. 당나귀는 살아 있는 기도요, 겸손이요, 평화이며, 평안함 그 자체다.

당나귀의 세상에서는 평화가 지배한다. 녀석은 사람 없이도 살 수 있다. 그러나 사람은 당나귀의 노동력과 희생과 고통 없이는 할 수 있는 일이 거의 없다. 인간에게 가장 위대한 서비스를 제공하는 동물들은 버림받고 착취 당하는 것이 보통이다. 당나귀처럼 이른 새벽부터, 비가 오나 눈이 오나 사람과 함께 있어주고 가장 잔인한 동물인 인간에게 겸손하고 인내하며 봉사해온 동물이다. 이토록 많은 헌신과 희생들도 아직은 인간의 마음을 즐겁게 하는 데는 충분하지 못하다는 걸까?

예수교파의 신부인 피에르 샤를 Pierre Charles 은 이렇게 설교했다.

"인간들은 남의 마음을 헤아리지 못하는 동물입니다. 그들은 잔인함을 두려워하지만 이를 흠모합니다. 다른 사람으로부터 도움을 받기를 바라지만 그것을 자비롭게 그리고 관대하게 제공하는 사람들을 무시합니다. 사자는 절대로 인류에게 도움을 주지 않습니다. 위험한 이웃입니다. 아무도 사자에게 멍에를 씌우고 쟁기를 끌게 하지 않습니다. 녀석은 절대로 인간을 위해서 일하거나 인간에게 정중하게 대하지 않습니다. 하지만 우리는 녀석을 얼마나 찬양합니까? 녀석을 동물의 왕으로 칭송하지 않습니까? 우리는 사자를 국가의 상징에도 집어넣고, 문장에도 새기고, 동상도 만들어줍니다. 화려한 장식과 고상함과 계급을 바칩니다. 그리고 독수리는 어떻습니까? 녀석은 잔인하고 탐욕스러운 맹금류입니다. 날카로운 부리와 구부러진 발톱으로 잡은 동물을 갈기갈기 찢어 먹습니다. 하지만 얼마나 당당합니까? 누구나 마음속의 과거의 웅장했던 로마제국의 상징인 독수리를 기억합니다. 그리고 독수리를 타이틀에, 문서에, 장식품에 새겨 넣습니다. 어떤 사람에게 '독수리'라는 별명을 지어주는 것은 최상의 문화적, 지적 이력에 대한 칭송입니다.

반면에 개, 말, 당나귀, 돼지, 양 같은 동물들은 경멸과 모욕의 대명사입니다. 그중에서도 '당나귀ass'란 말은 가장 나쁜 것이 되어버렸습니다. 아무도 괴롭히지 않고 항상 우리의 짐을 덜어주고 배고프거나 목마를 때 소리를 지르는 것 말고는 귀찮게 하지도 않는 데도 말입니다. 모든 바보 같은 사람은 당나귀라고 불립니다. 당나귀라고 불리는 것보다 더한 모욕은 없습니다"

당나귀의 성격

최근 심리학계에서는 각 동물의 성격에 대해 조사했다. 동물들을 보다 잘 이용하기 위해서였다. 개성을 형성하는 기본적인 요소인 기질을 우선 조사했다. 기질은 사람이 각자가 서로 다르듯이 동물들도 서로 다르다. 한 동물의 성격은 유전과 영양섭취, 기후, 대우, 습관, 성별 균형, 호르몬 분비 등등의 결과로 나타난다.

여러 가지 연구결과 동물들의 반응도 우리 인간과 매우 흡사하다는 것이 밝혀졌다. 쥐는 겁이 많고 영리하며, 여우는 교활하고 활발하고 거만하다. 말은 불같고 정열적이고 충동적이며 용감하고 겁이 없다. 당나귀는 온순하고 조용하고 참을성 많고 무슨 일이든지 기꺼이 하려 한다.

많은 사람들이 당나귀가 선천적으로 사회성이 뛰어난 동물이라는 사실을 믿으려 하지 않는다. 하지만 당나귀는 선천적으로 사귀기 쉽고 다루기 쉬운 동물이다. 이것은 당나귀와 사촌들인 아시아 당나귀나 티베트 당나귀들이 숲과 야생에서 살아가던 시대를 연구하면 쉽게 추적이 가능하다. 자신들이 포식자도 아니고, 자신을 보호할 수단도 부족하기 때문에 당나귀들은 자신들만의 '잠정협정'을 맺었다. 서로를 보호하기 위해 '명예의 서약'을 한 것이다.

이러한 이유로 그들은 무리를 만들어서 이동을 했다. 가장 강하고 용감한 리더가 이끌어간다. 그들은 또한 선천적으로 레이더와 같은 뛰어난 후각을 가지고 있다. 녀석들은 아주 먼 거리에서도 발정기에 들어선 암컷 냄새는 물론 사나운 동물의 냄새를 맡을 수 있다. 주의 깊게 살펴보면 녀석들은 오늘날에도 윗입술과 머리를 하늘로 치켜들고 공기의 냄새를 맡아보는 본능적인 습관을 가지고 있는 것을 알 수 있다.

오늘날에도 녀석들은 포식자가 다가오는 것을 알아채면 가장 높은 소리로 울어댄다. 동료의 경고 신호를 들으면 녀석들은 넓은 지역으로 몰려서 어린 새끼를 가운데 두고 자신들의 등을 적이 오는 방향으로 하고 빙 둘러선다. 그러면 아무리 강하고 용감한 동물이라도 가까이 다가오지 못한다.

당나귀가 작은 발굽을 들고 차는 뒷발길질은 마치 면도날처럼 날카롭기 때문이다.

심지어는 오늘날에도 우리는 당나귀가 가지고 있는 고대 그들의 조상들이 가진 성격을 찾아 볼 수가 있다. 무리나 떼를 지어 생활할 때 지키던 습관이라서 우리가 길가에서 한두 마리를 만날 때는 거의 그러한 성격을 인식할 수가 없다. 당나귀들은 자동차 같은 큰 물체가 다가오면 본능적으로 뒤로 돌아서서 등을 그쪽으로 향한다.

언젠가 나는 솔로노폴레Solonopole 근처의 댐 공사 현장을 지켜보고 서 있었다. 댐의 벽을 만들기 위한 토사를 운반하고 있는 200마리의 당나귀들이 보여주던 질서 있는 움직임과 책임감이 내게 깊은 인상을 주었다. 당나귀들은 한 마리당 두 박스의 토사를 운반하고 있었다. 200미터쯤 떨어진 강가의 둑에서는 사람들이 흙을 파서 상자에 하나씩 담고 있었다. 당나귀들은 상자를 등에 얹어 주면, 혼자서 운반했다. 인간의 도움을 받지 않고 인디언 파일 Indian file, 일렬 종대를 말하며 인디언들이 공격할 때 일렬로 열을 지어 공격했다고 해서 붙여진 이름이다-옮긴이 주로 열을 지어 묵묵히 댐의 벽을 쌓고 있는 곳으로 이동을 하는 것이었다. 댐에 도착하면 기다리고 있던 소년들이 상자 밑의 끈을 당겨 흙을 쏟아내고 당나귀는 다시 강둑으로 돌아갔다. 이러한 왕복 운반 작업을 당나귀는 한 번도 쉬지 않고, 대열에서 낙오하지도 않고, 서로 부딪히지도 않고 계속하는 것이었다.

이것은 내 생애에서 본 가장 질서정연하고 완벽한 집단행동이었다. 내가 어렸을 때 이와 비슷한 일을 본 적이 있다. 아버지가 한 무리의 당나귀에 건초더미를 싣고 농장으로부터 48킬로미터나 떨어진 세드로 마을로 몰고 갔을 때의 일이다. 당나귀들은 똑같은 보조로, 질서정연하게 그리고 놀라울 정도로 순서를 지켜가며 대열을 지어서 이동했다. 한 번도 쉬지 않고 일정한 속도로 걸어가는 것이었다. 수송대는 보통 서른 마리에서 마흔 마리의 당나귀로 구성되고 몰이꾼 한 사람과 도우미 한 사람이 이끌고 간다.

이러한 협동심을 확인하기 위해 실험 농장을 만들어 실험을 했다. 짐을 싣지 않은 당나귀가 짐을 실은 노새를 따라가는 것을 보는 것은 흔히 있는 일이다. 짐을 실은 친구의 일을 덜어 주기 위해 따라가는 것이다.

이러한 동물들의 군집성을 묘사하면서 한 미국 작가는 이러한 현상은 서부 개척시대에 아주 흔히 볼 수 있었다고 말했다. 야생마의 무리들이 서로 부르짖고 껑충거리며 목장의 말 우리를 빙빙 돌아 지나가면 이들 기르던 말들이 울타리를 부수고 뛰어나가 야생의 무리를 따라간다는 것이다.

많은 사람들이 당나귀가 친해지기 쉬운 동물이라는 것에 대해 글을 썼다. 당나귀는 특히 어린이들과 쉽게 친해진다. 이런 글 중에서 나는 후안 라몬 히메네스Juan Ramon Jimenez,1881~1958, 스페인의 시인으로 1956년 노벨 문학상을 수상함-옮긴이 주가 지은 달콤한 시 「플라테로와 나Platero e yo」를 추천하고 싶다.

나는 말과 당나귀의 심리에 관해 비교하는 따위의 일은 그만두기로 결심했다. 왜냐하면 말의 변덕스러움과 당나귀의 겸손함, 꾸준함을 세르반테스 Miguel de Cevantes, 1547~1616가 『돈키호테Don Quixote』에서 묘사한 것보다 더 잘 그려낼 수가 없기 때문이다. 그는 돈키호테의 당나귀 로시난테와 산쵸 판자를 구별하면서 당나귀의 고집불통을 너무나도 잘 표현했다.

감정적인 반응들

퀘논은 그의 저서 『말의 영혼L'Ame du Cheval』에서, 말과 노새와 당나귀의 귀는 '영혼의 거울' 이라고 설명했다. 모든 본능적인 반응들은 귀가 붙어 있는 위치를 보면 알 수 있다고 한다. 어떤 위험에 부딪히거나 기분 나쁘거나 상대를 위협하거나 화가 날 때, 그리고 주인을 알아보고 기쁨을 표시하고자 할 때에는 귀로써 이야기한다. 어떤 일에 의심이 가면 귀를 쫑긋 세운다. 귀는 당나귀의 신성한 안테나다. 감정을 측정하는 일종의 레이더나 온도계 같은 것이다.

당나귀가 노새나 말보다 더 큰 귀를 가지고 있다는 것은 더 민감한 감각이나 깊은 감정을 가지고 있다는 것을 의미한다.

당나귀, 노새, 말은 공격적인 동물이 아니다. 하지만 잘못 대하면 놈들은 반항한다. 당나귀나 노새는 아주 좋은 기억력을 가지고 있다는 것을 잊어서는 안 된다. 심지어 네덜란드에는 "당나귀는 같은 돌을 두 번 밟지 않는다"라는 속담도 있다. 당나귀를 데리고 처음 가는 길로 하루 종일 데리고 간 후 풀어주었더니 당나귀들은 한 치의 오차도 없이 출발한 곳으로 돌아왔다고 한다. 당나귀들은 어려서 훈련받을 때 당한 고통과 주인으로부터 조롱을 받은 순간들을 두뇌신경과 무의식 속에 새겨 영원히 간직한다.

가장 덜 공격적이고 보복하지 않는 동물이 당나귀다. 그들의 믿을 수 없을 만큼 예민한 감각은 때로는 전혀 생각지도 않는 곳에 쓰인다. 예를 들어 수맥을 찾는 일 같은 때 사용된다. 파라과이 내륙지방의 오지에서는 여름철에 주민들이 강바닥을 따라가다가 당나귀 발자국이 많이 찍혀 있는 곳을 찾아 우물을 파면 어김없이 물이 나온다고 한다. 당나귀들이 지하수의 수맥이 흐르는 곳의 습기를 감지하는 것이다.

우리 아버지는 노새와 당나귀와 말을 포함해서 많은 동물을 키웠다. 어떤 녀석들은 목장에서 자유롭게 무리를 지어 살고 있었고 또 어떤 녀석들은 각각 나누어서 적당한 우리 속에서 키웠다. 나는 동물에게서 많은 것을 배웠다. 특히 인간성 회복을 위한 처방과, 다른 사람을 사랑하고 존경하는 사회성에 대한 교훈을 많이 배웠다. 오늘날에도 나는 종종 오지로 돌아가 잠시 동안 동물들과 같이 지낸다. 그러면 도시에 있을 때보다 더 인간다워지는 것을 느낀다. 도시에 있을 때에는 나도 모르게 더 공격적이 되고 덜 점잖아지고 나쁜 태도를 보이게 된다.

안토니오 비에이라 Padre Antonio Vieira

안토니오 비에이라는 브라질의 동물 권익보호 운동가이며 당나귀에 관한 세계 최고의 권위자다. 그는 역사, 동물학, 시, 민속학, 생태학 등 4권짜리 당나귀에 대한 방대한 전문서적을 발간했다. 그는 남미 지역에서 일어나고 있는 당나귀에 대한 고문과 학대에 대한 보고서를 만들었고, 이 지구상에서 가장 신비스럽고 사랑스러운 동물 중의 하나인 당나귀의 비참한 현실에 대한 관심을 촉구했다. 당나귀를 보호하기 위한 헌신적인 노력 외에도 그는 브라질 전역에서 행해지는 관중의 오락을 위해 황소를 괴롭히는 스포츠인 "바쿠아자다Vaquejada, 브라질의 유명한 로데오 경기로 일주일 내내 계속되는 축제-옮긴이"를 금지해야 한다는 캠페인을 벌이고 있다.

어느 물고기 이야기

잉그리드 뉴커크

그의 물고기에 대한 사랑은 하와이에서 스노클링을 했을 때부터 시작되었다. 화산암 바위 틈새에서 잉글리시 양몰이 개의 크기 만한 물고기의 무리를 보았다. 또한 오색찬란하고 조그만, 휘파람새보다 작은 크기의 물고기가 자신의 손가락 사이로 헤엄치는 것을 보았다. 물고기들은 그를 호기심에 가득 찬 천진난만한 눈으로 바라보곤 했다. 오직 때가 전혀 묻지 않은 순수하고 착한 어린 아기들에게서나 볼 수 있는 그런 눈이었다. 그리고 그 눈엔 사랑이 가득 차 있었다. 어떤 녀석들은 거칠어 보이고 어떤 녀석들은 공격적이었다. 어떤 녀석들은 수줍어하기도 했다. 물고기들도 개나 고양이, 사람들처럼 각자 개성을 가지고 있음이 분명했다.

산호로 둘러싸인 바다의 한 식당에 앉아 메뉴판을 열어 보는 순간 그는 갑자기 온몸이 얼어붙는 것 같았다. 메뉴판 안에는 불과 몇 분 전에 본 커다란 물고기의 사진이 들어 있었다. 녀석은 타원형의 큰 접시 위에 길게 누워 있었다. 그 눈은 더 이상 생명이 춤추던 그 눈이 아니었다. 그 눈의 주인과 마찬가지로 죽음으로 가득 차 있었다. 그는 전혀 이해를 할 수가 없었다. 그 아름답고 자유로운 친구들이 어쩌다 이 지경이 되었을까? 어떻게 인간들은 작살로 물고기를 잡을 수가 있을까? 그것도 재미로 말이다. 그는 그 물고기를 먹고 싶은 생각이 사라져버렸다. 이제는 먹는 것을 상상조차 할 수가 없었다. 인간의 폭력행위의 결과로 자신 앞에 죽어 있는 그 물고기를 먹어야 하다니! 조금 전까지도 그는 만나는 물고기마다 각각의 아름다움과 사랑스러운 성품을 찾으려고 했다. 그러던 그가 불에 구운 가자미나 튀긴 메기를 보는 순간 평생 자기가 해야 할 일에 대한 해답이 선명하게 마음속으로 들어왔다. 나는 그에게 토요일을 기다리는 어느 물고기에 대해 이야기해주었다.

그 물고기는 메릴랜드에 있는 어느 집의 수족관에서 살고 있었다. 주중에 집안이 조용한 때에는 창문가 수조의 동쪽 끝에서 지냈다. 아침에 떠오르는 해를 자신의 지느러미에 받고 나서는 바닥의 흙에 심겨져 있는 갈대 사이를 살피며 돌아다녔다. 하지만 토요일 아침이면 녀석은 수조의 반대편 쪽까지 헤엄쳐 간다. 그리고 기다린다. 그곳은 사람들이 들어오고 나가는 것을 바라다볼 수 있는 가장 좋은 관찰 지점이다. 녀석은 방문객들이 나타나는 복도의 현관문을 지켜보며 누군가가 들어오기를 기다린다. 이 물고기는 방문객들을 좋아했다.

누군가가 들어오면, 녀석은 자신을 물속에서 위로 일으켜 세우고는 유리 쪽으로 가깝게 밀어붙인다. 그들을 좀더 자세히 보고, 물의 표면을 통해서 들려오는 그들의 대화를 듣고자 하는 것이다. 사람들이 떠나가면 녀석의 기분은 다시 가라앉는다. 그 물고기는 수조의 바닥으로 돌아가서 하릴없이 자갈을 골라서 입에 넣었다가 뱉거나 천천히 뒤로 헤엄친다. 물이 흔들릴 때마다 생기는 작은 먼지 폭풍을 피하면서 그저 시간이 지나가기만을 기다린다.

오후가 되면 집주인이 일터에서 집으로 돌아온다. 마치 개가 문 앞에서 스쿨버스를 기다리듯이 물고기는 구멍에 열쇠를 꽂기도 전부터 천천히 헤엄을 치기 시작한다. 집주인이 테이블 위를 손가락으로 두드릴 때까지 앞으로 갔다가 뒤로 갔다 반복한다. 몇 번 왔다갔다 하다가는 물 한가운데 서서 기대를 가지고 문 쪽을 바라다본다.

패티 허스트 미국 신문 재벌의 상속녀로 자신을 납치한 사람과 사랑에 빠져 사회적 이슈가 되었다-편집자 주 처럼, 그 물고기는 자기를 잡아온 사람에게 빠져버린다. 아니면 녀석은 집주인이 자기를 사랑한다고 믿고 있는지도 모른다. 물고기에 대한 사람의 사랑이란 전혀 어울리지 않는데도. 사실상 집주인은 문 앞에 도달할 때까지도 물고기에 대해 까맣게 잊어버리고 있다. 방에 들어서는 순간 갑자기 생각이 나서 물고기에게 "헬로우" 하고 말한다. 물고기는 펄적펄쩍 뛰면서 꼬리를 흔든다. 자신의 몸의 1/5 정도를 물 밖으로 드러낸다. 몸을 쓰다듬어 주기를 기대하면서.

그 사람은 손가락을 물속에 넣고 물고기의 등을 다정하게 쓰다듬어준다. 물고기는 몸을 이쪽저쪽 들이대면서 기쁨에 넘쳐 지느러미를 흔들어댄다. 물고기는 모른다. 집주인과 친구들이 때때로 재미삼아 붉은색 공 모양의 폭죽을 수로에 던져 넣고, 잉어들이 산란하는 시기에는 둑 위에서 장대로 때려서 죽인다는 사실을. 물고기는 모른다. 집주인이 여름날에 낚시나 그물로 물고기를 잡아서 바로 창문 밖에서 구워먹곤 한다는 사실을. 집주인은 친절하고 착하다. 하지만 마치 우리들 모두처럼 폐쇄적인 마음을 가지고 있다. 누구인지도 모르는 물고기를 죽이는 것은 이 문명사회에서는 단지 일상 생활의 한 부분일 뿐이다.

물고기는 따분하지 않으려고 최선을 다한다. 돌들을 입안에 넣고 돌려서 깨끗하게 청소하고, 장식품들 사이로 헤엄치기도 하고 공기 파이프에서 나오는 공기 방울에 자신의 몸을 간지르기도 한다. 한번은 일부러 서쪽 끝에까지 헤엄쳐 가서는 플라스틱으로 만든 해조류를 그의 작은 입으로 물어다가 동쪽 구석으로 옮겨 놓았다. 그리고 다음 날 주인이 탱크에 물을 새로 갈아주고는 해초를 원위치로 옮겨 놓으면 물고기는 또다시 그것을 옮겨 제가 좋아하는 곳에 가져다놓는다.

그는 누워서 고양이를 기다리기도 했다.

고양이는 부엌에 앉아 세라믹 접시를 조심스럽게 긁어대거나 바로 옆에 있는 싱크대에서 물을 마시곤 한다. 초콜릿을 좋아하는 사람이 고디바 Godiva, 벨기에의 유명한 수제 초콜릿 브랜드-옮긴이 주에 이끌리듯이 고양이는 물고기가 있는 어항에 관심을 갖는다. 시간이 흐르자 고양이가 물을 마시기 위해 어항 쪽으로 다가왔다. 녀석은 책장을 타고 건너와서는 어항 가장자리에 뒷발로 버티고 서서 머리를 어항 속으로 서서히 내렸다. 물고기는 해초 사이에 숨어서 이를 지켜보고 있었다.

혀를 내밀어 물을 마시기 전에 고양이는 깊이를 가늠해보았다. 그리고 어디 잘못된 것은 없는지 한번 둘러보았다. 하지만 물고기는 마치 생쥐가 그러하듯 숨을 죽이고 수초 사이에 조용히 숨어 있었다. 고양이가 내민 혀가 막 물에 닿으려는 순간 물고기는 행동을 개시했다. 마치 어뢰처럼 수초 사이를 치고 나가면서, 몸을 활처럼 구부리고 낡은 오르간에서 터져 나오는 소리처럼 후다닥 튀어나갔다. 물속에서 무언가 움직임이 있다는 것을 알아챈 고양이는 물을 마시려던 찰나에 깜짝 놀라 어항에서 물러섰다. 이와 같은 일이 매일 같이 반복되었다.

얼마 뒤 새로운 물고기들이 어항에 들어왔다. 이들은 마치 책장 사이에서 한 무리의 젊은 폭주족들이 살고 있는 것을 찾아낸 도서관 직원같이 점잖지만 화가 잔뜩 난 것처럼 보였다. 물고기는 자기 몸을 물 위로 퉁기며 지느러미를 흔들면서 그들이 정말로 화풀이를 할 것인지 계속 주시하고 있었다. 하지만 그들을 공격하지는 않았다.

시간이 지나면서 새로 들어온 물고기들이 하나씩 죽어갔다. 그들 중의 몇몇은 '배 멀미'로 죽었다. 커다란 가방에 담겨 대양으로부터 수집상들에게 이리저리 옮겨 다니면서, 트럭에 실려서 다시 수족관으로, 그리고 다시 차에 실려서 집까지 오면서 생긴 병이었다. 어떤 녀석들은 전염병에 걸려 쓰러졌다. 지느러미가 썩기 시작하더니 결국에는 빙빙 돌며 어항 바닥에 가라앉았다. 그들의 우아하던 몸뚱이들이 결국 한 줌 흔적으로만 남아버렸다. 어떤 놈들은 전기가 끊기는 바람에 산소 부족으로 죽고 말았다.

이제는 늙어버린 이 물고기를 제외하고는 두 마리의 '코끼리 코 물고기'만이 수족관에 남아 있었다. 하지만 코끼리 코 물고기 역시 이 늙은 물고기보다 오래 살지는 못했다.

어느 토요일 주인이 영화관에 간 사이에 수족관에 금이 생겨 물이 새기 시작했다. 주인이 돌아왔을 때는 이미 마룻바닥에 물이 흥건해 있었고, 수족관에는 2~3센티미터의 물만이 남아 세 마리의 물고기 모두가 옆으로 누워 퍼덕이고 있었다. 주인은 각각의 물고기들을 커피 포트, 조그마한 냄비, 볼이 깊은 접시에 따로따로 담아 충분한 물을 공급해주었다. 하지만 작은 코끼리 코 물고기 한 마리는 이미 깊은 상처를 입어 정상적으로 숨을 쉴 수가 없었고 균형을 잡을 수도 없었다. 다른 두 물고기가 옆에서 보살펴주었음에도 불구하고 이틀 만에 숨을 거두고 말았다. 나머지 한 마리의 코끼리 코 물고기 역시 작은 물고기가 죽은 지 1주일 만에 죽고 말았다. 또다시 늙은 물고기만 외롭게 남았다.

그동안 이 늙은 물고기는 새로운 식구들을 많이도 받아들였다. 그와 새로운 식구들은 항상 일정한 거리를 두고 서로를 존중하며 지내왔다.

내가 처음 녀석을 보았을 때 2센티미터도 채 안 될 정도로 아주 작은 물고기였다. 그때는 아직까지 연어 스테이크와 토스트에 생선 알을 얹어 먹고 있을 때였다. 코끼리 코 물고기들이 죽었을 때 녀석은 15센티미터 이상 자라 있었다. 그때는 내가 생선류를 먹지 않을 때였다. 녀석이 자라감에 따라서, 물고기가 장식용으로 키워진다는 것이 과연 옳은 것인가를 생각하기 시작했다. 자연의 일부인 생명체를 그림이나 옷가지처럼 마음대로 골라서 거실을 꾸미기 위해 사용할 수가 있단 말인가? 내가 추구하는 즐거움은 녀석들의 메마른 삶과 '우연한 죽음'만큼 가치 있는 것이 아니었다.

녀석은 끝내 그 수족관 안에서 한 많은 생을 마감했다. 그가 잡혀오기 전에 살던, 그의 조상들이 살던 물은 어떠했을까? 그리고 녀석이 어떻게 잡혀서 왔을까? 그리고 우리가 그를 사왔을 때, 그 작은 물고기의 자유로운 운명을 빼앗으면서 과연 우리는 무엇을 생각하고 있었을까? 정말 미안하다. 나의 오랜 친구, 물고기야!

잉그리드 뉴커크 Ingrid Newkirk

잉그리드 뉴커크는 '동물에 대한 윤리적인 사람들의 모임PETA'의 공동창립자이자 회장이다. 이 단체는 미국에서 가장 큰 규모의 동물권익보호단체로서 1백만 명 가까운 회원과 지지자를 확보하고 있다. 잉그리드는 〈투데이 쇼Today show〉, 〈크로스파이어Crossfire〉, 〈나이트라인Nightline〉 등의 TV프로그램에 출연했다. 일곱 권의 책과 무수한 논문을 저술하였으며, 20년이 넘게 경찰서 부서장과 메릴랜드 주 법집행관으로 근무했으며 가장 많은 동물학대 용의자 체포율을 기록했다.

너의 목적이 되게 해다오, 나의 친구여

크리스틴 유지콥스키

별빛이 무던히도 빛나는 그날 밤 밖으로부터 돌아오자마자 나는 네가 침대보 위에서 온몸이 젖은 채 숨을 헐떡이고 있는 것을 보았단다. 우리 고양이 중의 한 녀석이 일을 저지른 것이 틀림이 없었지. 상처는 하나도 없었지만 심장은 무척 빠르게 뛰고 있었다. 내상을 입은 것은 아닐까? 충격을 받았을까? 속으로 너무 걱정이 되어 눈앞이 아득하고 아무 생각도 없이 머릿속이 하얗게 비어가더구나.

우리가 처음 만났을 때 너는 내 팔 위에 올려놓으니 무척 좋아했지. 누군가의 여름 피부의 따뜻함을 좋아하더구나. 그리고 살 냄새도. 너는 어미 품속에서 보호를 받지 않아도 될 만큼 자란 거니? 아니면 겨우 손가락 반 길이 만큼밖에 자라지 않는 생쥐 종의 하나인 거니? 어떻든 간에 난 너에 대해서 아는 게 별로 없단다.

여하튼 오늘 아침 내가 무엇을 해야 할지 알았단다. 물과 너를 살릴 약을 구해야지. 최소한 몇 방울의 약을 삼킬 정도는 되는 것 같아 보였지. 아무리 가벼운 손길로 너를 쓰다듬어주어도 너의 부드러운 회색 털에는 투박한 것처럼 보였단다. 나는 고양이나 강아지에게 먹이를 줄 때 너를 내 팔에 안고 다녔지. 이들 모두가 너를 새 식구로 맞아주는 것처럼 보였단다. 좀전에 너를 공격한 것이 틀림없다고 여겨지는 녀석도 너를 보고는 아무 짓도 하지 않은 척 행동하더구나. 그리고 이상한 것은 모두가 너를 받아들였던 것처럼 행동하더구나.

"어쩜 이렇게 작은 것이 있을까? 오늘 왜 우리를 찾아온 거니?"라고 내가 물었지. "생명을 가진 모든 것들을 똑같이 사랑하고 보살펴주어야 한다는 걸 당신에게 보여주려구요." 너는 아주 조그맣게 대답했지. "당신은 이걸 알아야 해요. 우리는 서로 알고 있는 것을 나누어야 해요. 그건 우리가 태어나면서 가지고 나온 본능이지요. 당신은 당신 안에, 나는 내 안에 이 본성을 가지고 있지요. 잊지 말고 기억해야 하는 거예요. 난 당신이 나의 건강을 되찾을 수 있도록 보살펴주셨으면 해요."

나는 이렇게 작고 가냘픈 생명을 오랫동안, 정말 오랫동안 돌본 적이 없었다. 마치 바람에 흔들리는 긴 풀잎처럼 어린 시절의 기억이 내 앞에 아른거린다. 지나간 일들이 주마등처럼 떠오른다. 멀리서 부른 소리가 이런 그림 같은 기억들을 자유롭게 놓아주라고 유인한다. 날개 다친 휘파람새, 물웅덩이에 빠져서 거의 죽을 뻔했던 꿀벌, 두 마리의 마코앵무새, 개, 나비, 어미 없는 개미핥기들에 대한 기억들이 꼬리를 물고 떠오른다. 미모사의 달콤한 향기와 병솔꽃나무의 향기가 마치 과거의 유물인 양 이 활동사진 같은 기억들과 잘 어울렸다.

나는 당시 수줍음을 많이 타던 일곱 살짜리 소녀였다. 이런 놀라운 생명들이 모두 나의 친구였다. 최소한 내가 브라질에 남아 있을 수 있었던 동안은 말이다. 우리는 상파울로에서 서쪽으로 한 시간 반 걸리는 곳에 살고 있었다. 우리 집을 지나면서부터는 모두 정글이었다. 온갖 생명체들로 가득차고 나를 이해하는 모든 세계가 그곳에 가득 있었다. 그곳은 아주 간결하고 편안한 곳이었다.

그리고, 왜 그랬는지는 모르지만 나는 자연의 세계가 무언가 통하고 사랑스럽다는 것을 느끼게 되었다.우리 집에서는 경험하지 못했던 그 무언가가 거기 있었다. 몸을 한 번 돌릴 때마다 편안함과 동료 의식과 놀라운 존경심이 보이는 것이었다. 그때를 돌이켜볼 때마다 정글과 우리 집 정원의 구분 없이 정말 알지 못하는 것들을 많이 만났다. 나이가 어려서 수줍음을 많이 타기 때문에 다른 사람들과는 잘 어울리지 못했지만, 식물과 동물들 사이에서는 편안하고 다정한 그 무언가가 있다는 것을 알게 되었다. 인간들의 세계는 문제와 대결의 세계지만 식물과 동물 친구들의 세계는 간단하게 말하면 서로 도와주는 놀이터였다. 그곳은 공동체 의식과 삶의 의미로 가득하며 조용한 침묵의 가르침으로 가득 찬 곳이었다. 오늘날에도 그 오래 전의 대화와 교훈의 기억을 살리려고 애를 쓰고 있다.

그 당시 우리 가족은 휴식과 안정이 필요한 때였다. 어머니는 떠날 때가 되었다고 하시면서 유럽을 거쳐 미국으로 갈 것을 결정했다. 브라질의 군사 정부가 히틀러와 너무나도 놀라울 정도로 같은 목소리를 내기 시작했기 때문이다. 어머니는 여러 해 전에 히틀러의 억압을 피해 브라질로 도망왔다. 내가 생각했던 것보다 훨씬 빨리 이사가 진행됐다. 파리로 그러고는 뉴욕으로. 아마도 또 다른 종류의 정글로 이사한 것이다. 지금은 웃으면서 이야기 하지만 당시에는 웃을 수가 없었다. 8년 동안에 3개국을 옮겨 다니면서 나 자신이 여기저기로 옮겨 심어지는 나무처럼 느껴졌다.

이제야 겨우 자연의 우산 속에서 생활했던 그 어린 시절들이 얼마나 중요한 것이었는가를 깨닫는다. 내가 숲 속에서 만난 모든 것들은 그들이 어떤 모습을 하고 있든, 어떤 크기였든지 간에 상관없이 모두가 나의 친구였을 뿐만 아니라 나의 선생이기도 했다. 하지만 도시의 콘크리트 보도블록에 옮겨 심어진 수줍음 많이 타는 어린 소녀는 점점 더 내성적이 되어 갔다. 이러한 상실의 고통을 묻기 위해 나는 몇 년 동안을 자연의 세계에 대해 내 자신의 빗장을 닫아거는 치밀한 작업을 했다.

만약에 누군가가 20년 전에 대평원과 텍사스힐이라고 알려진 구릉지대 사이의 지역에서 살아가겠노라고 말했다면 나는 말도 안 되는 소리라고 그저 웃고 말았을 것이다. 하지만 나는 현재 댈러스에서 남서쪽으로 2시간 걸리는 곳에 있는 구릉지대와 참나무 언덕과 초원의 사바나 지대의 수천 제곱킬로미터의 땅에서 살고 있다. 그리고 그것을 축복이라고 여기고 있다.

중부 텍사스의 북쪽에 위치한 글렌로즈 시 부근은 공룡마을이다. 강바닥을 가로질러 건너간 무수한 공룡 발자국 화석들이 수천 년 전과 똑같이 남아 있다. 이러한 화석들은 지금과는 전혀 달랐던 그 옛날의 이야기를 들려주고 있다. 오늘날에는 육지 동물이 살고 있는 이곳이 과거에는 바다 동물들로 넘쳐나던 곳이라는 것을 알려주고 있다. 거기에는 길고 긴 이야기들이 숨어 있다. 그리고 사람들은 그것을 대지의 지층에 남아 있는 흔적을 통해서 강하게 느끼고 그때의 소리를 듣는다. 한때 바다였던 이곳에 융기된 지반 사이에 계곡이 펼쳐져 있다. 융기된 지반에 올라서면 수 킬로미터 이상의 경치가 발아래 펼쳐진다. 여기서 바라보는 전망은 나에게 아프리카의 향수를 불러일으키게 하고 '고향 집' 생각에 눈시울이 뜨거워지게 한다.

이제 이곳은 나의 고향이 되었다. 또한 이 땅은 1천여 마리 동물들의 집이기도 하다. 이들의 대부분은 생존이 위협받거나 멸종 위기에 처해 있는 동물들이다. 그들에 대한 보호계획을 세우지 않는다면, 야생에서는 곧 걷잡을 수 없는 위험에 빠져들 것이다. 이들은 전 세계의 여러 곳에서 왔다. 아프리카, 아시아, 남미 대륙, 가까이는 미국의 남서부에서 온 동물도 있다. 그레비 얼룩말, 회백색 코뿔소, 아닥스 영양북아프리카산 큰 영양-옮긴이 주, 치타, 멕시코붉은갈기늑대, 붉은 늑대, 갈기 늑대, 기린, 애트워터초원뇌조미국 일부 지역과 텍사스 지역에 사는 희귀한 새로서 전 세계에 50마리 정도 남아 있다-옮긴이 주 기타 여러 동물이 보호를 받으며 살고 있는 곳이다. '현대판 쥐라기 공원'이냐며 사람들이 호기심에 가득 차서 자주 묻는다. 단정적으로 말할 수는 없지만 그렇다고 볼 수 있다. 지금은 '포슬림 야생동물 보호센터'라고 널리 알려져 있는 이곳을 만들어온 동물들과, 넓은 땅과 그리고 사람들에 대해 놀라움을 금치 못한다. 이곳은 지난 18년 동안 나의 집이자 학교였으며 나의 공동체였다.

포슬림은 야생동물 보호구역이다. 그리고 살아 있는 연구소다. 자연의 숭고한 교훈을 배우는 커다란 하나의 실험실이다. 사우스 아프리카와 짐바브웨 같은 나라에 있는 서식지 보호구역과 똑같이 만들어진 곳이다. 다른 곳과 마찬가지로 이곳도 넓은 지역에 울타리를 설치하여 그 안에서 동물들이 자유롭게 뛰어놀도록 만들었다.

포슬림은 또한 공공적인 측면을 가지고 있다. 많은 방문객들이 하루 또는 며칠에 걸쳐 체험을 하러 온다. 야생체험 캠프장에서부터 고급 호텔까지 다양한 숙소에서 자연을 체험하기 위해 머물 수 있다. 여러 가지 교육적인 프로그램을 통해 자연을 배우고 보호센터의 동물 사랑 프로그램을 지원하면서 무언가 깊은 자신의 내면을 찾아갈 수 있도록 준비되어 있다. 이 프로그램은 현장체험을 통해서뿐 아니라 세계 어느 곳에서든지 지원이 가능하다.

1987년 1월에 텍사스 중북부 지역에서 조그마한 개인 동물구조 센터로 시작한 이곳은 전혀 뜻하지 않게 현재는 5,600여 제곱킬로미터의 대지와 1천여 마리의 동물을 보유하는 결과를 가져왔다. 처음에는 우리가 가능하다고 생각하는 일들을 믿고 앞으로 나갈 수 있도록 지원해준 몇몇 분들의 도움으로 아주 작게 시작했다. 이 분야에 대해 아는 것이 거의 없었기 때문에 오히려 우리는 기꺼이 실험을 하고 모르는 것은 물어볼 수가 있었다. 1990년에 이르러서는 여러 번의 시행착오를 거치고 기존의 여러 시스템을 분석한 결과 아주 급진적인 프로그램을 시작할 수 있는 용기를 갖게 되었다. 과학과 철학과 생태학을 접목시키는 사업을 벌이게 된 것이다. 그것은 주요 사업 분야와 부수적인 사업을 연결하는 것이었다.

포슬림 센터는 멸종위기에 처한 종들에 대한 홍보와 관리, 연구에 노력을 다했다. 학생들과 세계 각지의 전문가들을 훈련시키고, 일반 대중에 대한 교육은 물론 범세계적인 환경보호 프로그램을 지원하기도 했다. 오랜 기간 동물보호주의자들의 사명이라고 여겨져왔던 사업을 본격적으로 시작했다. 자연과의 일치를 이루기 위해 명상하고, 공부하고, 관찰하고, 탐구하고, 실천 방법을 발전시킬 수 있는 장소를 개발한 것이다. 포슬림은 서로 협력적인 연구를 통해서 사업적 차원의 보호와 공동체 설립, 생명과 생태학적 체계를 지원하는 장소가 되었다.

시간이 지나면서 포슬림의 기반시설을 발전시키고 조직을 자연의 내재된 가치를 배가할 수 있는 통합적인 재단 구조로 만든다는 원칙하에 점검을 실시했다. 그리고 이러한 체계적인 변화의 과정은 우리 내부에서부터 서서히 이루어져갔다. 우리는 인간이 우리들의 세계보다 훨씬 더 큰 자연 시스템 속의 일부분이라는 것을 깨닫기 시작했으며, 우리 각자가 모든 행동에 대해 책임을 지고 변화를 이끌어가야 할 의무가 있다는 생각을 갖게 되었다. 그리고 자연과 교감하는 것이야말로 우리를 종전에 가지고 있던 생각, 즉 인간이 다른 피조물보다 우월하다는 사고로부터 벗어나, 지구 전체의 모든 종들의 공동체 안에서 살아가는 상호주의적이고 참여주의적인 방향으로 나아가야 한다는 것을 깨닫기 시작했다. 포슬림은 이러한 변화의 과정을 주도하고 수용하는 기구로 발전되어간 것이다.

2000년에 나는 포슬림의 책임자들을 젊은 세대들로 교체했으며 독립적인 이사회로 바꾸었다. 미래에도 살아남을 수 있는 체제로 바꾸기 위해서였다. 보이지 않는 곳에서, 나는 이런 변화하는 생각과 행동의 조언자로서 항상 남아 있었다. 내가 포슬림 센터에 서 있는 순간, 심지어 오늘 이 순간에도 나는 신비함과 평화로움의 혜택을 받고 있다. 이것들은 이미 여러 가지 다른 내 생애의 언어들과 함께 내 안에 형성되어 있다. 이 땅은 용기 있는 행동을 해야만 하는 일에 나를 불러 주었다. 더 깊은 진실과 훨씬 더 위대한 균형된 전체를 만들어가도록 나를 불러주었다. 그리고 내가 그 사명과 위험 속에 기꺼이 몸을 던짐으로써 우리가 오래 전에 잃어버렸던, 시대를 초월한 가치를 실현할 수 있게 해주었다.

스월른이라는 여섯 살 짜리 기린이 있었다. 태어날 때부터 건강해본 적이 없는 녀석이었다. 어디가 특별히 나쁜 것은 아닌 것 같았지만, 딱히 좋은 부분도 없었다. 스월른은 휴식하기보다는 덜 움직이는 편이었고 아주 여윈 모습이었다. 어느 날 오후 녀석이 완전히 탈진한 것을 발견했다. "빨리 머리를 높게 해줘야 해." 누군가가 말했다. 기린은 항상 머리를 높게 올리고 있어야만 한다. 그렇지 않으면 사용하지 않는 압력이 만들어져서 뇌에 동맥류가 생기게 된다. 우리는 이 조용하고 거대한 녀석을 무릎에 눕힌 채 이틀을 꼬박 보살펴야 했다.

12시간이 지나자 나는 녀석의 호흡에 리듬을 맞추기 시작했다. 나는 녀석이 싸우는 힘이 약해질 때 녀석에게 힘을 실어주고 기운을 북돋아주었다. 무릎에 느껴지는 녀석의 머리 무게만도 20킬로그램이 넘어 보였다. 다른 기린들은 우리를 둘러싸고 원을 그리며 돌고 있었다. 그들은 열을 지어서 조용하게 고개를 앞뒤로 활처럼 휘청휘청 흔들면서 천천히 걸었다. 계속해서 하나의 원을 만들면서, 이따금씩 멈추었다가 다시 걷곤 했다. 그들의 걸음걸이는 스월른이 버티고 있는 노력과 조화로운 일치를 보여주는 것 같았다.

작별의 행사일까? 축원의 제사일까? 죽음의 댄스일까? 더 높은 세계와의 영적 교감이었을까? 갑자기 숫컷들의 신경이 날카로와졌고, 암컷들이 덩달아 흥분하기 시작했다. 우리가 수컷들을 다른 곳으로 이동시키려고 하자 그들이 우리에게 지켜보라고 말하는 것 같았다. 그 기억이 아직도 생생하다. 암컷들은 수컷들이 하는 대로 따라하는 것이었다. 몸의 자세라든지, 움직임이라든지 모두가 죽어가는 기린의 에너지와 일치하는 것이었다. 모두가 조용한 가운데 존경과 존중의 자세로 녀석의 죽음과의 싸움을 지원하고 있었던 것이다.

스월른의 눈이 나를 사로잡았다. 그리고 나는 어떤 소리를 들었다. "우리는 이곳에 배우기 위해서, 그리고 가르쳐주기 위해서 왔어요. 우리도 당신네들과 똑같이 스스로 선택해서 이곳에 왔죠. 우리는 우리가 무엇을 하고 있는지 잘 알고 있어요. 당신들도 그렇지 않나요?" 그 물음을 알아챘을 때는 무릎에 기댄 녀석의 머리가 점점 더 무겁게 눌러오기 시작했다. "당신은 우리의 진정한 동반자 관계를 만들기 위해 기꺼이 노력해줄 건가요? 침묵으로 말하는 신비의 언어 속으로 들어올 수 있나요?"

내가 두려움에 떠는 표정을 떠올렸을 때 녀석은 시선을 돌려버리고 말았다. 그 동그라미, 나의 확신, 그 질문, 나의 희망과 절망의 사이클은 그 후로도 24시간 이상 지속되었다. 스월른이 죽은 후 얼마가 지나서 텍사스 대학교에서 일단의 교수들이 도착했다. 사전에 방문하기로 일정이 잡혀 있었다. 나는 얼굴이 온통 눈물범벅인 채로 그들은 맞이할 수밖에 없었다.

감정이 흐르는 대로 내버려두는 것은 자연 세계의 지혜를 존중하는 것이다. 나는 아무도 관심이 없던 시절에 야생동물을 위한 보호구역을 내 손으로 도입한 것에 대해 무한한 감사를 드린다. 나 자신의 혁명과 변화에 대해 매일매일 대해야 하는 문제를 확대시키는 하나의 방법이기도 했다. 자연이 큰 목소리로 들려주는 침묵의 소리는 나로 하여금 각각의 생명체가 살아가는 진실을 상기시켜주었다. 나 자신을 바라보는 것은 단순히 자연의 법칙이 자연적인 상태로서 변화를 수용하는 나의 능력을 향상 시킨 모양이 반영된 것을 보는 것이다. 나는 지금도 T. S. 엘리엇 Thomas Elliot, 1888~1965이 한 말을 떠올린다. "당신이 모르는 곳에 가기 위해서는 아무도 가지 않은 길로 가십시오. …… 우리가 시작이라고 부르는 것이 때로는 종말이요, 종말이라고 부르는 것이 때로는 시작이기도 합니다."

이제 나는 알고 있다. 우리는 자신에게 주어진 사명과 자신이 하고 싶어 하는 일을 위해 스스로를 만들어가야 한다는 것을. 나는 마침내 '알지 못함'에 기꺼이 무릎을 꿇고 실험의 도구가 될 것이다. 우리는 어디로 가고 있는가? 떠오르는 영감에 귀를 기울이고 있는가? 자신을 변신할 수 있는 인큐베이터로서 만들어가고 있는가? 보이든 보이지 않든, 다가오는 모든 살아 있는 생명들이 살아가는 장소의 중심으로서, 그들을 경험하고, 연구하고, 이해하고, 인연을 맺고, 인정하고, 서로 사랑하고, 그들 모두를 완전하게 이해할 수 있는 그런 공간으로서 말이다. 이러한 가능성을 위해, 그들의 기쁨과 아픔을 모두 이해하고 공유할 수 있도록 나는 기꺼이 서로 다른 생명의 종들을 연결하는 다리가 되고 의사소통자가 될 것이다.

만약 우리가 모든 생명체 사이의 협력적인 동반자 관계를 형성하기 위해 그들을 통제하고 지배하려는 행위를 버린다면 어떻게 될까? 만약 우리가 우리 어른들을 존경하듯이 모든 생명체들을 존중한다면 어떤 일이 벌어질까? 만약 우리 스스로 자연과 함께, 또는 자연 속에서 완전한 평정의 과정에 참여한다면 어떻게 될까? 만약 우리가 인간의 지식이라는 것이 우주적인 지식이 아니라 단지 단편적인 것 중의 하나일 뿐이라고 간주한다면 어떤 일이 일어날까? 만약 우리가 지구의 모든 표면을 다른 모든 생명체들과 공유하겠다고 결정한다면 어떻게 될까? 만약 개개인의 의지의 의사소통이 모든 사람들에게, 그리고 모든 사람을 위해 영예롭게 받아들여진다면 어떻게 될까?

만약 우리가 우리 자신을 진행 중인 진화의 과정에 서 있다고 상상한다면, 우리는 포슬림 야생동물 보호센터와 같은 또 다른 기쁨의 장소를 만들어낼 수 있을 것이다. 인간과 다른 모든 동물들, 땅, 식물, 물과 바람, 광물질 들이 하나의 공동 목적을 위해 모였다. 그 목적이란 모든 생명과 지각 능력이 있는 존재들 사이에 공동체적 관계가 회복되는 것이다. 우리는 모든 살아 있는 것들과 개인적 이익의 차원을 넘어서 존중과 숭배와 이해와 서로 간의 호혜주의에 기초를 둔 동반자 관계를 창조하도록 개방적이고 솔직한 의사소통을 통해 관계를 맺어야 한다. 더 큰 공동체 안에서 하나가 되는 것을 받아들이고 이를 위해 무엇을 해야 할 것인가를 점검해야 한다.

아주 오랫동안 그 작은 생쥐는 나의 속옷을 접어놓은 곳에 남아 있었다. 이 작고 가냘픈 존재는 나와 마찬가지로 자유로운 의지와 신성한 신의 축복을 받고 있었다. 녀석은 나보다 더 깨우친 존재일까? 녀석의 신뢰와 의존의 표시는 나의 자세, 그의 자세, 아니 우리의 자세의 한 기능인가? "더 많은 그 무언가를 나에게 말해다오, 꼬마야. 내가 들어야 할 것, 내가 배워야 할 것, 그리고 해석해야 할 것들을 말이다. 나는 네가 온 그 평야로 돌아가야 한다는 것을 알고 있단다. 내가 너의 자연의 보금자리 안에 있는 땅 위에 너를 조심스럽게 내려놓음으로써 나는 너에게 감사하고 네가 나에게 깨우쳐준 큰 목적을 위해 순종하며 살아갈 것을 약속할게. 어느 한순간도 심장이 뛰는 순간순간마다 잊지 않으마."

크리스틴 유지콥스키|Christine "Krystyna" Jurzykowsky

크리스틴 유지콥스키는 텍사스 중북부에 있는 포슬림 야생동물 보호센터의 공동 설립자다. 오늘날 포슬림 보호센터는 1천여 마리 이상의 동물들이 생존하는 데 공헌했다. 이곳에는 물소, 치타, 사슴, 얼룩말, 늑대를 포함한 다양한 멸종위험 종들이 보호받고 있다. 그녀는 인간 사회가 자연의 세계와 공생관계이고 자연의 한 부분임을 일깨워주는 데 공헌했다.

범고래의 음악 사랑

짐 놀먼

아주 오래 전에 나는 3년 동안 여름이면 킬러고래라고 불리는 범고래들과 함께 물속에 뛰어들곤 했다. 당시 범고래는 마치 사자만큼이나 위험한 동물이라는 인식이 만연하던 때였다. 때문에 내가 맨 처음 그들과 함께하던 1975년에는 범고래를 가까이서 연구하는 것은 고사하고 야생의 건강한 범고래와 함께 잠수를 한다는 것 자체가 정신 나간 행동으로 여겨졌다.

내가 범고래와 함께 바다에서 시간을 보낸 것은 범고래가 흉포하다거나 위험하다는 생각을 전혀 하지 않았기 때문이다. 나는 신문에 난 범고래의 위험한 기사들 대부분도 믿지 않았다. 난 한 번도 녀석들을 킬러고래라고 부른 적이 없다. 그들은 항상 나에게 있어서는 범고래였다. 그리고 그 이름의 선택은 우리 사이에 친구 같은 관계를 형성하는 데 큰 도움이 되었다. 만약에 그런 우연한 만남이 없었다면 고래들은 나를 그저 하나의 인간이라는 동물의 종으로 밖에 보지 않았을 것이라고 느낀다. 자신들에게 해만 끼쳐온 오랜 폭력의 역사와 나쁜 영혼을 가진 동물로서 나를 받아들였을 것이다. 난폭하다고 소문 난 고래들은 아마도 그저 자신들을 보호하기 위해 방어자세를 취했을지도 모른다. 사실, 처음에는 내게도 그런 동작을 1~2분간 취해보이기도 했다. 하지만 대부분 그들의 믿음은 바라보기만 해도 가슴이 터질 것 같은 감동으로 다가왔다. 내가 말하는 그러한 사건은 1978년에 일어났다.

한 사진작가가 나와 고래가 물속에서 같이 노는 사진을 찍어도 되겠냐고 물어왔다. 나는 동의했고 우리는 밴쿠버 섬에서 좀 떨어진 해협에서 한 무리의 고래 떼를 찾아나섰다. 우리는 존스턴 해협의 북동쪽 해변을 따라 뻗어 있는 조그만 만Bay에서 몰려다니는 열두 마리의 범고래를 발견했다. 나는 드라이수트를 입고 워터폰이라고 불리는 악기를 손에 들었다. 워터폰은 그것을 발명한 리처드 워터스Richard Waters의 이름을 딴 것이다. 그것은 외계인이 사용하는 것 같이 보이는 도구로써 청동가지 끝에 피자 파이 접시와 진공 청소기 튜브, 샐러드 접시를 용접하여 붙인 것이다. 하지만 이것은 코르크처럼 물에 떠서 나의 무게를 잘 지지해준다. 청동가지를 방수처리된 첼로 활로 앞뒤로 문지르면 외계에서 온 소리 같은 크고 미묘한 소리가 물과 공기 속으로 동시에 퍼져나간다. 그 소리는 헤비메탈 바이올린을 세라믹 접시를 통해 연주한 것과 같다고 누군가 묘사한 적이 있다.

내게는 나름대로의 규칙이 있다. 절대로 고래를 추적하거나 배로 찾아다니지 않고 바닷가에서 수백 미터 떨어진 곳에서 물속에 들어가서 워터폰을 연주한다. 그 소리는 아주 맑다. 고래들이 이 소리를 들을 수 있음은 말할 나위도 없다.

나에게 찾아온 첫 번째 고래는 커다랗고 물결 모양의 등지느러미를 가진 숫놈이었다. 녀석은 물 밑에서 나에게 접근했다. 사실 나는 녀석이 다가오는 것을 모르고 있었다. 갑자기 녀석의 커다란 흰 눈자위가 바로 눈앞에 나타난 것을 보고 깜짝 놀랐다. 수면 아래 불과 1.5미터밖에 안 되는 곳이었다.

수면 바로 위에서 범고래를 보니 그 크기가 얼마나 큰지 놀라 자빠질 것 같았다. 수컷 범고래는 수면 위로 똑바로 올라왔다. 녀석의 크기는 2미터 가까이 되는 물결 모양의 지느러미 때문에 더 크게 보였다. 마치 고층 빌딩 같은 녀석이 내 얼굴을 정면으로 쳐다보는 것이었다. 하지만 나는 워터폰 연주를 멈추지 않았다. 사진작가는 소리를 지르기 시작했다. "계속 연주해요! 계속!" 분명히 그는 아주 좋은 사진을 찍고 있었다.

그 큰 수컷은 그곳에서 10초 이상을 머무르지 않았다. 그리고는 다시 잠수했다. 단지 직선 모양의 등지느러미를 가진 수컷 한 마리만이 그 뒤를 따라갔다. 그 녀석은 결코 나에게 가까이 다가오지 않았다. 하지만 나는 내 바로 밑에서 지나가는 놈의 몸을 볼 수 있었다. 이 수컷 뒤에는 암컷 두 마리가 따라가고 있었다. 그 암컷 두 마리도 수컷을 따라가기 전에 손에 닿을 정도에서 솟구쳐 올랐다가 수컷과 같은 방향으로 헤엄쳐 갔다.

내 경험에 의하면 고래들은 일단 어느 목표 지점을 통과하고 난 후에는 시야에서 사라질 때까지 계속 헤엄쳐나가는 것이 보통이다. 하지만 이번에는 무리 전체가 나에게서 100미터쯤 떨어진 곳에 멈추어 서 있는 것이었다. 나는 쉬지 않고 연주를 계속했다.

갑자기 두 마리의 수컷 고래가 뒤로 돌더니 나를 바라보고는 빠른 속도로 달려드는 것이었다. 나는 녀석들이 다가오는 것을 지켜보고 있었다. 녀석들은 쾌속정처럼 몸 양쪽에 물보라를 일으키며 다가왔다. 나는 그만 얼어 붙었다. 피할 엄두도 내지 못하고 말이다. 얼마나 시간이 걸렸는지 기억조차 나지 않았다. 녀석들은 나를 덥치기 일보 직전에서 두 마리가 동시에 물밑으로 잠수하는 것이 아니닌가? 심장이 목구멍까지 올라오는 것 같았다. 나는 연주하는 것을 멈추었다. 하지만 사진작가는 계속 연주하라며 재촉하는 것이었다. "정말 믿을 수가 없어요." 그리고 소리를 질러대는 것이었다. "계속 연주하세요! 계속!"

뒤이어 다른 고래 두 마리가 물 속에 떠 있는 내 발 밑에 있는 것을 보았다. 녀석들은 물속에 수직으로 서서는 나를 똑바로 쳐다보고 있었다. 나도 그들을 내려다보았다. 나는 연주를 계속할 수가 없었다. 다리에 쥐가 나면서 근육이 얼어붙은 것같이 움직일 수가 없었다. "빨리 와서 나 좀 데려가 주세요!" 나는 소리를 질러댔다. "나를 물속에서 꺼내주세요! 제발."

사진작가는 엔진의 시동을 걸고는 재빨리 내가 떠 있는 곳으로 보트를 몰아왔다. 그는 나를 보트에 오르도록 도와주었다. 그리고 불평을 늘어 놓았다. 아직도 고래들이 이곳에 머물고 있고 자신은 더 좋은 사진을 더 많이 찍을 수 있는데 왜 그만두느냐는 것이었다. 나는 거의 숨을 쉬지 못할 지경이었다. 한참 동안이나 배의 바닥에 누워서 온몸을 부들부들 떨어야 했다. 그리고 내가 도대체 무얼 증명해보이려고 하는가에 대해 스스로에게 물어보았다.

그때 갑자기 물결 모양의 등지느러미를 가진 수컷이 우리 배 옆으로 떠오르더니 몸을 뒤집어 배를 드러내고 눕는 것이었다. 그러자 우리 보트의 길이만한 녀석의 복부가 순백색으로 빛나는 것이었다. 나는 벌어진 입을 벌린 채 뱃전에 기대어 녀석이 거기에 누워 있는 모습을 마냥 쳐다볼 수밖에 없었다.

내가 당황해하고 겁에 질려 있는 것을 보고 자기들 나름대로 미안함을 느끼고 결코 공격할 의사가 없었다는 것을 보여준 것인 듯했다. 나는 그 순간에 그들이 우리에게 보여준 것은 사과의 표시였고 친구가 되자는 표현이라는 걸 곧바로 알아챌 수 있었다. 고래는 나에게 그곳에는 아무런 위험이 없었음을 알려주려고 한 것이었다. 그리고 만약 내가 그럴 생각이 있다면 다시 물속으로 들어오라고 말하는 것이었다. 그리고 그는 사라졌다.

한 오분쯤 휴식을 취한 뒤에 나는 다시 물속으로 들어갔다. 고래들은 그

때까지도 주위를 빙빙 돌고 있었다. 나는 다시 워터폰의 청동가지를 손으로 두드리다가 활로 연주하기 시작했다. 고래들은 내 옆으로 더욱 가까이 와서 거의 20여 미터 정도까지 다가오고 물 위로 떠올라서 숨을 쉬고 있었다. 나는 전에 실험을 통해서 그 정도의 거리에서도 고래들은 음악을 아주 깨끗하게 들을 수 있다는 것을 알고 있었다. 그들이 음악을 들었든 안 들었든, 느꼈든 안 느꼈든 그들은 약 5분 정도 듣고 있다가는 다시 해협쪽으로 헤엄쳐 나갔다. 그리고 나는 곧 보트로 돌아왔다. 나는 이날 느낀 고래의 생각과 배려와 그들이 보여준 음악 사랑을 잊을 수가 없다.

짐 놀먼 Jim Nollman

짐 놀먼은 세계적으로 유명한 예술가이며 환경보호 운동가로서 동물 상호 간 의사소통 연구소Interspecies Communication Inc를 설립했다. 이 연구소는 다양한 동물 종간의 의사소통 연구를 지원하는 기관이다. 연구소의 가장 잘 알려진 현장 프로젝트는 캐나다 서부지역의 범고래와 생음악을 활용하여 상호활동을 25년간 연구한 의사소통 연구다. 놀먼은 가장 잘 알려진 서부 고래 전문가로서 일본 정부와 함께 일하고 있다. 수중 음파를 이용한 그의 고래 연구는 2005년 엑스포에서 단독 전시장에서 전시할 정도로 유명했다. 그는 〈내셔널 지오그래픽〉 TV와 〈식스티 미티츠60 minite〉에도 출연한 적이 있다. 그는 또한 『왜 우리는 정원을 가꾸는가Why We Garden』, 『위치감각을 키우는 법Cultivating a Sense of Place』, 『벨루가 카페The Beluga Caf 』 등 5권의 저서를 출간했다.

태티 웨틀스: 나의 러브 스토리

레이철 로젠탈

태티에게

사랑해. 그리고 보고 싶어. 함께 지냈던 어떤 동물보다도 너는 나와 육체적으로 가장 가까웠단다. 너는 주로 내 몸 위에서 지냈잖니. 내 어깨 위에서, 팔에서, 무릎에서, 그리고 내 손바닥 위에서. 그것은 친밀한 손길이었고, 따뜻함이었고, 소중한 느낌이었단다. 나는 너의 냄새와 항상 깨끗하고 가지런하게 다듬어진 너의 털과 사람들을 유혹했던 너의 긴 꼬리를 사랑했단다. 나는 너의 멋진 수염과 너의 동그랗고 반투명한 귀와 작고 검게 반짝이는 눈과 너의 따스한 아랫배를 사랑했단다.

나는 네가 먹을 것을 감추어 두고 먹고는 입가를 닦는 것을 바라보는 것이 좋았단다. 네가 집안 이곳저곳을 돌아다니며 때로는 뒷발로 깡총거리고 통통 뛰어다니는 모양을 보면서 즐거워했단다. 너의 애정 표현을 사랑했고 네가 작은 혀를 내밀어 나에게 뽀뽀하고 작은 발가락으로 나의 얼굴을 잡고 늘어지는 것을 좋아했단다. 너와 함께 한 모든 활동과 너를 보여준 모든 사람들에 대해 네가 인내심을 가지고 대해준 것이 고맙단다.

오 태티야! 나의 꼬마 친구야! 정말 네가 보고 싶구나. 이제 내 어깨는 정말로 허전하고 나의 빈 손은 너의 작은 몸뚱이의 온기를 찾아 헤매고 있구나.

　태티 웨틀스, 너는 정말 작고 예쁜 녀석이었다. 나는 이 말을 온 세상을 향하여 외치고 싶단다. 너와 같은 종류의 동물들을 적으로, 해로운 동물로, 혐오스러운 실험실에서 실험대상으로 사용되거나 뱀의 먹이 정도로 사용되는 동물로만 알고 있는 이 세상을 향하여 말이다. 나는 너를 하나의 독립된 존재로서 사귀어왔단다. 그리고 세상 사람들도 너를 독립된 존재로서 볼 수 있도록 그들의 눈을 뜨게 하고 싶구나. 왜냐하면 그들이 다른 동물들을 독립된 존재로서 인정하고, 유일하고, 소중한 것이고, 어느 무엇과도 바꿀 수 없는 것으로 바라볼 때, 우리는 완전한 인간성을 갖출 수 있는 준비가 된 것이기 때문이란다. 우리가 다른 생물을, 그들이 인간이거나 아니거나 상관없이 하늘 아래에서는 위엄 있게 살고 죽으며, 존중받고, 자기만족을 추구하는 똑같은 완전한 권리를 가진 존재라고 인정할 수 있을 때만이 우리가 우리 자신을 위해 주장하는 모든 권리를 주장할 수 있는 것이 아니겠니?

태티가 집에 돌아왔다.

나는 내 눈을 의심하지 않을 수 없었다. 병원에 3일간이나 입원하고 거의 죽어가던 녀석이 퇴원을 한 것이다. 병원에 있는 동안 나는 아침저녁으로, 시간마다 녀석을 찾아갔다. 벽에 해부학 그림이 붙어 있는 작은 방에서 녀석과 단둘이서 한 시간 이상을 같이 머물며 치료용 백색 광선을 비춰주었다.

녀석은 내 손바닥에 누워 있었다. 털은 이미 윤기가 빠져 있고 숨을 헐떡이고 눈을 감고 창백해진 모습이었다. 우리는 털 있는 짐승의 코와 귀와 입을 보고 창백해지고 지쳐 있는 것을 분간할 수가 있다. 녀석의 엑스레이를 보았다. 너무도 놀랐다. 녀석의 작은 심장은 이미 커질 대로 커져서 척추 쪽으로 대동맥을 압박하고 있었으며 네거티브 사진에서도 폐에 검은 부분이 보였다. 물이 찬 것이다. 그런데 갑자기 신비하게도 병세가 호전된 것이다. 녀석은 금요일에 퇴원하여 집으로 왔다. 약품 처방전 한 장과 함께.

　나는 녀석을 가능한 한 만지지 않으려고 노력했다. 너무 피곤하게 만들수도 있기 때문이다. 대신 이야기를 많이 했다. "오 태티야 정말 사랑해." 녀석에게 말로 표현할 수 없을 정도로 죄의식이 들었다. 내가 녀석에게 소홀히 한 적은 없었는지, 우리 집 건물 외관에 페인트를 칠한 적이 있었는데 그 페인트 냄새가 심장병을 유발한 것은 아닌지 염려되었다. 나는 녀석의 심장에 문제가 있다는 것을 알고 있었다. 우리가 좀더 일찍 약을 쓰고 치료했더라면 병을 막을 수 있었을텐데 하는 생각이 들었다. 증상은 너무 빠르게 진행되었다.

　집으로 돌아온 어느날 저녁 태티가 아팠다. 나는 다음 날 아침까지 기다렸다. 아마 그 저녁에 바로 병원 응급실에 데려갔었어야 하는 데도 말이다. 그리고 녀석이 자는 서랍에 내가 넣어 준 공기 청정기가 녀석에게 나쁜 영향을 준 것은 아닐까? 혹은 지난 번 캐나다 여행이 녀석을 너무 힘들게 하지 않았나 하는 염려만 했다.

　내가 녀석의 건강에 대해 무심했었나 보다. 퇴원한 뒤로도 녀석은 죽어가고 있었던 것이다. 이래 가지고는 살 수가 없을 것 같았다. 생각해보면 내 생애에서 동물들과 잘 지낸 것을 빼고는 잘한 것이 별로 없는 것 같았다. 그런데 이제 그것마저 실패할 위기에 처했던 것이다. 태티는 겨우 30개월밖에 되지 않은 작은 녀석이었다. 쥐를 전문으로 치료하는 수의사의 말에 따르면 쥐의 수명은 최대 3년 정도가 고작이라고 했다. 하지만 어떤 사람들은 4년이나 5년까지 살 수도 있다고 했다. 심지어는 6년도 산다는 사람도 있었다. 나는 속으로는 태티가 기록을 깰 것으로 기대를 하고 있었는데, 30개월 만에 죽는다면 너무 빠르지 않은가? 도저히 받아들일 수가 없었다.

태티는 배변도 잘 하지 못했다. 며칠 동안 한 번도 먹지 않아서 야위었다. 야윈 데다가 잠을 많이 잤다. 나는 녀석을 서랍 속에 넣어 두고 싶지 않아서 작은 우리에 넣어 내 침대 곁에 놓아두었다. 처음으로 가까이 놓은 것이었다. 녀석이 돌아다니고 싶을 때 내가 바로 달려갈 수 있도록 말이다. 토요일 정오에 막 점심을 먹고 있을 때였다. 항상 그랬던 것처럼 점심 쟁반을 나무 걸상에 올려놓고 침대 가장자리에 앉아서 먹고 있었다. 태티는 자주 내 식사를 나누어 먹곤 했다. 하지만 이번에는 그렇지 못했다. 녀석은 약간 흥분한 것 같았다. 나는 우리의 문을 닫았다. 수의사가 흥분은 절대로 금물이니 평온하게 해줘야 한다고 당부한 말이 떠올랐다.

갑자기 태티가 우리의 문을 물어뜯기 시작했다. 얼른 문을 열어주었다. 녀석은 뛰어내려서는 평상시 가는 길로 해서 옷장쪽으로 갔다. 숨이 차는지 몇 번을 멈춰섰다. 무엇을 해야 할지 알 수 없었다. 녀석을 멈추게 하면 더 악화될 것 같아서 그러지도 못했다. 녀석이 옷장에 다다르자 녀석을 들어올려서 평상시 그의 보금자리인 나의 옷가방 속으로 넣어주었다. 녀석은 뛰어 내려오더니 더 흥분하기 시작했다. 나는 불안해져서 녀석을 들어올려 다시 우리에 놓아주었다. 우리에 도착하자마자 녀석의 심장이 뛰는 것을 멈추는 것이었다. 나는 정신없이 숨을 몰아쉬고 있는 녀석의 입에 대고 입김을 불어넣었다. 잠시 동안 몸을 심하게 떨고 입으로 숨을 쉬려고 노력하는 것이었다. 나는 다시 녀석을 느껴보려고 내 품에 안았다. 심장의 느낌은 이제 사라지고 없었다.

그는 죽고 싶어하지 않았다. 아직 준비가 안 된 것이다. 그의 몸은 아직도 죽음과 싸우고 있었다. 그러나 심장의 박동이 멈추고야 말았다. 배신이었다. 너무도 화가 났다. 내 머릿속에는 계속해서 어떤 소리가 들려왔다. '그가 죽어가고 있다고! 죽어가고 있어!' 나는 하릴없이 그리고 절망적으로 녀석을 쳐다볼 수밖에 없었다. 녀석의 네 발이 공중을 휘저었다. 녀석의 눈이 감기고 입을 몇 번 벌렸다가 닫더니 결국 그것이 마지막이었다. 내가 녀석을 들어올리자 녀석의 몸이 축 늘어지는 것이었다. 녀석을 위해 한 시간 이상을 통곡했다. 도저히 멈추어지지 않았다. 마치 내 몸이 갈갈이 찢어져나가는 것 같았다.

녀석의 털은 내 눈물에 흠뻑 젖어 지저분해졌다. 나는 녀석의 몸뚱이를 침대에 올려놓고 마치 녀석이 쉬고 있는 것처럼 온몸을 가지런하게 정돈해주었다. 녀석의 꼬리를 네 발에 가까이 끌어다놓고 마지막으로 털을 빗겨주었다. 녀석의 침구와 먹을 것과 변기와 옷장 안에 있던 보금자리, 그리고 모든 잡동사니를 치웠다. 그리고 구두 상자를 가져와서 녀석이 쓰던 수건을 깔고 그 안에 녀석을 안치해주었다. 상자 뚜껑을 닫은 후에 냉동실에 넣어두었다.

그리고 친구에게 전화를 걸어 다음날 장례식을 치를 일을 의논했다. 그날은 1982년 8월 7일이었다. 나는 내 몸에서 혼이 빠져나가는 것 같은 느낌을 받았다.

나는 첫 번째 애완동물로 설치류를 선택하려고 했던 것은 아니었다. 나는 항상 개나 고양이를 더 좋아하는 사람이었다. 그러나 우연히 태티가 나타났다. 그리고 녀석은 내가 기른 많은 동물 중에서 나의 심리를 바꿔놓은 몇 안 되는 동물 중의 하나다. 그리고 녀석은 내가 녀석에게 가르쳐준 것보다 많은 것들을 나에게 가르쳐주었다.

이 모든 것들은 내가 남편 곁을 떠나 로스앤젤레스의 시내에서 혼자 살아가기 시작하면서 생긴 일이다. 어느 날 아침 로스앤젤레스 현대 전시관에 들렀다. 그리고 그곳에서 조그만 팻말 하나를 보았다. '호머, 양성애자 쥐'라고 쓰여 있었다. 그리고 바닥에는 실린더 모양의 철제 우리가 하나 놓여 있었다. 나는 그저 지나가는 눈길로 슬쩍 쳐다보았다. 그때 갑자기 아드레날린이 분비되면서 '바로 이 녀석이다!' 하는 느낌이 나를 휘감는 것이었다. 나는 철제 우리에 가까이 갔다. 그리고 작고 까무잡잡한 쥐를 들여다보았다. 녀석은 희망을 잃고 버림받은 표정으로 밖을 내다보고 있었다. 우리는 철망으로 되어 있었는데 바닥에는 아무것도 깔려 있지 않은 채 콘크리트에 놓여 있었다. 우리 안에는 한 조각 손바닥 만한 천이 들어 있었다. 녀석을 덮어 주기에도 작은 조각이었다. 그리고 땅콩 몇 알과 접시 하나가 들어 있었다. 접시에는 더러운 물이 조금 들어 있었다.

뒷목을 훑고 지나가는 뜨거운 무언가를 느꼈다. 나의 동물에 대한 보호본능을 이끌어내는 계시 같은 것이었다. 나는 전시장 책임자에게 찾아가서 물었다. "누가 저 쥐를 키우고 있나요?", "누군가 녀석을 보살피고 있나요?", "주인이 무언가 키우는 방법에 대해서 메모라도 남겼나요?" 모른다는 답변뿐이었다.

나는 우리로 갔다. 문을 열고 그 작은 동물을 꺼냈다. 녀석은 온순하지만 생기가 하나도 없이 맥이 풀린 상태였다. 내가 녀석을 톡톡 두드리자 녀석은 내 손바닥 위에 조용히 앉았다. 그리고는 검고 구슬 같은 눈동자로 나를 빤히 쳐다보고 있는 것이었다. 녀석의 털은 검고 매끄러웠다. 배는 하얗고 발목 밑으로는 마치 흰 양말을 신은 것처럼 하얫다. 그리고 고환은 녀석의 몸뚱아리만큼 컸다.

"그의 주인은 녀석을 공연에서 어떻게 사용하였나요?" 나는 내심 걱정이 되었다. 왜냐하면 그 쥐의 주인은 네 마리의 쥐를 불살라 죽이는 짓을 저지르는 등 악명이 높았기 때문이다. 그는 그 죗값으로 교도소에도 갔다 왔다. 하지만 이 사건은 예술의 세계에서 큰 반향을 일으킨 유명한 재판사건이 되었고 수많은 사람들이 찬반 양론으로 갈라져 격렬한 토론을 벌이기도 했다. 전시장 책임자가 책임을 지고 물러나고, 다른 책임자가 마지 못해서 다른 예술가로 하여금 공연 스케줄을 준비하도록 했다. 슬픈 일이지만 몇몇 공연 예술가들은 그들의 소위 '예술'을 위해 동물을 학대하고 있었다. 그리고 그 것이 그 예술을 욕되게 하고 있는 것이었다.

비록 쥐를 어떻게 키우는지 알지는 못했지만, 나는 그 자리에서 호머를 샀다. 물론 '애완용 쥐'란 실험실용 쥐를 은유적으로 부르는 것이라는 것쯤은 알고 있었다. 그들의 대부분은 의학이나 과학 실험이나 또는 미국 동물 복지법에 의하여 보호되지 않는 제품을 시험하기 위해 사용된다. 그리고 일부 남는 녀석들이 생산 농장에서 애완용 동물 가게로 간다. 그곳에서 대부분은 뱀의 먹이로 팔려나가고 일부 아주 운이 좋은 녀석들이 어린이들의 애완용으로 팔려간다. 하지만 어린아이들은 처음에는 즐거워하다가도 금방 싫증을 내고 녀석들을 우리 속에 넣어 둔 채 잊어버리고 만다. 나는 쥐 키우는 방법에 대한 책을 샀다.

호머는 알고 보니 가장 흥미 있는 작은 어린아이 같았다. 녀석은 아주 진지하고 조심성이 많았다. 온순하고 다정한 녀석이었다. 아주 엄청난 식욕을 가지고 있었고 무엇보다도 겁이 없는 놈이었다. 일단 녀석을 내가 가는 곳에 함께 데리고 다니기 시작했다. 녀석은 내 긴 머리가 만들어낸 커튼 아래에 숨어서 절대로 내 몸에서 벗어날 생각조차 하지 않았다. 녀석과 나는 자주 미술 전람회에도 가고 공연에도 가고 파티에도 갔다.

내가 교실과 워크숍에서 강의를 할 때면 호머는 인기 있는 마스코트였다. 녀석은 남들이 관심을 가져주는 것을 좋아하고 사람들과 그들의 소리와 냄새를 좋아했다. 조그만 연분홍색 코를 공중에 대고 벌름거리며 냄새를 맡아 방향을 찾아내고 핥아줌으로써 나에게 문제가 있음을 알려주었다. 핥아주는 것은 자신이 불안하다는 의미이기도 했다. 너무 시끄럽다든지, 연기가 너무 많이 난다든지 하는 것들을 알려주는 것이다. 미친듯이 핥아대는 것은 화장실에 가고 싶다는 것을 의미했다. 내가 화장실에 종이를 깔아놓으면 녀석은 항상 그곳에서 볼일을 보았다. 내가 새집으로 이사를 했을 때 녀석에게 새끼 고양이용 변기를 가져다주었다. 녀석은 금방 알아보고는 지체없이 그것을 사용하는 것이었다.

녀석이 아직 한참 성장하고 있을 때, 녀석이 내 침대 주위를 종종거리며 돌아다니는 것을 바라보며 '맙소사, 쥐새끼잖아!' 하고 생각했다. 녀석이 쥐라는 사실을 확실하게 보여주는 특징은 녀석의 움직이는 동작이었다. 등을 구부리고 뒤꿈치를 들고 작은 발을 빠르게 움직이는 모습은 멀리서 보면 마치 발이 없이 몸뚱아리만 공중에 떠다니는 것처럼 보인다. 마치 바퀴가 보이지 않게 만든 쥐 로봇 같다.

녀석의 크기에 익숙해지는 것은 정말 어려웠다. 그렇게 작은 녀석을 어떻게 토닥거리며 어떻게 안아주어야 할까? 나는 애정을 표시하고 싶은 격정을 어떻게 할 수가 없었다. 아니, 집게손가락, 엄지손가락, 그리고 다른 손가락 몇 개로 조심스럽게 만져주는 것, 그것이 전부였다. 녀석이 제법 애완용 쥐라고 할 수 있을 정도로 자랐을 때에는 내 애정을 표현할 수 있는 여러 가지 더 좋은 나만의 방법을 개발했다.

내가 침대에 있으면 녀석은 침대로 올라왔다. 처음 녀석을 받아들였을 때 녀석은 나의 엄지발가락에 바늘처럼 날카로운 이빨을 밀어넣었다. 녀석은 내 발가락을 굵은 소시지라고 생각한 것 같았다. 나는 비명을 지르고 녀석을 멀리 밀쳐냈다. 몇 차례 그와 같은 일이 반복되자 녀석은 더 이상 물지 않았다. 침대에서의 우리의 밀회는 보다 편해졌다. 맨 처음 나는 자면서 녀석을 깔아 뭉개지는 않을까 걱정을 많이 했다. 하지만 침대는 부드러웠고 쥐의 골격 또한 부드러웠다. 설치류는 굵은 뼈가 없이 연골로만 이루어져 있다. 그래서 녀석들은 아주 작은 구멍으로도 들락거릴 수가 있는 것이다. 녀석은 내 손 안에서 스푼과 같은 자세로 잠을 잔다.

어느 친구가 놀라는 목소리로 나에게 말했다. "꼭 강아지 같애. 크기만 아주 작을 뿐이야. 미니 강아지를 키우는 것 같아." 그가 진정으로 말하고자 하는 의미는 아마도 이런 것일 것이다. '녀석은 쥐야. 우리는 아마 쥐를 보면 달아나기 마련이지. 하지만 가까이 다가가 보면 이 털 많은 동물이 우리가 애완동물이라고 생각하는 다른 동물과 크게 다르지 않아. 단지 크기만 작을 뿐이지.'

나는 다른 사람이나 동물들과 진정으로 의사소통을 한다는 것은 아주 특별한 일이라고 생각한다. 우리는 사람들 간에 언어를 가지고 의사소통을 하는 것처럼 동물에게도 인간의 언어로 소통을 하려고 든다. 대부분은 명령이다. "앉아!", "기다려!", "일어서!", "멈춰!", "이럇_{말을 달리게 하는 소리}!" 같은 것들이 대부분이다. 우리는 잘 참지 못한다. 그리고 동물들이 이해하지 못하면 녀석들이 머리가 나쁘다고 생각한다. 바보 같다고 생각하거나 훈련이 부족하다고 생각하기 마련이다. 그들의 언어를 배우겠다는 생각은 거의 하지 않으면서 말이다.

또한 사람들은 대부분의 애완동물을 마치 노예처럼 취급한다. 녀석들에게는 봉사의 댓가로 방과 침대가 주어진다. 그들은 경비원이 되기도 하고, 친구가 되기도 하고, 사냥을 도와주거나 사냥감을 찾아주기도 하고, 노래를 불러주기도 하고, 눈이 되어주기도 하고, 귀가 되어주기도 한다. 예쁜 장식품이 되기도 하고, 우아함의 상징이 되기도 하고, 사랑하고 헌신하고 충성을 다한다. 많은 동물들이 인간의 이익을 위해 제 몫을 하고 있지만 기대하던 행동에 대한 보상은 아무것도 받지 못한다.

많은 사람들이 자기의 애완동물을 사랑한다고 말하지만 과연 얼마나 많은 사람들이 애완동물을 우리 인간들과 동등하다고 여기며 완전하게 배려하고 존중하여 주는가? 인간과 다른 동물을 분리시키고 있는 심각한 차이를 연결하는 다리가 되기 위해서는 다른 사람의 인간성을 전부 받아들여야만 가능하다. 이것을 성취한 사람들은 사랑의 완전한 의미를 알고 있다. 사랑이란 소유하거나 붙잡고 있는 것이 아니고 나의 개인적인 욕구나 심리적인 요구를 강요하는 것이 아니라는 것을, 상대를 자유롭게 놓아주고 존중하며, 나보다는 상대의 생각과 취향을 배려하고 있는 그대로의 전부를 받아들이는 것이라는 것을 알고 있다

무엇보다도 이러한 사람들은 성자聖者의 감각을 지니고 있다. 두 사람 간의 사랑과 완전한 의사소통이 아름답고 신비한 만큼, 서로 다른 종간의 사랑과 완전한 의사소통은 그 이상의 무엇이다. 신비하고 초자연적인 것이다.

인간은 다른 종과의 의사소통에 대한 능력과 그들에 대한 존경의 마술을 잃어버린 것 같아 보인다. 물론 몇 가지 예외가 없는 것은 아니지만, 전설과 설화 속에서 동물은 영혼을 가진 존재로서, 초자연적인 힘을 가진 존재로서 계속해서 우리를 매료시키기고 있다. 그들은 우리의 꿈에도 자주 나타나고 우리가 그들에게 서로 봉사해온 자연의 가장 심오한 부분을 상징하기도 한다.

동물, 좀더 정확히 말하면 동물의 사고는 잠재적인 힘이라고 할 수 있다. 우리는 쉽게 접해보지 못한 동물들을 두려워한다. 박쥐라든가 뱀이라든가

표범, 늑대, 쥐 같은 동물들을 두려워하는 것이다. 이러한 반응은 우리의 잠재의식 속에 깊숙이 묻혀진 것들이다. 그 잠재의식은 아주 먼 옛날 교활한 잔꾀에 의지해서 살아온 우리 인류의 조상들로부터 각인되어온 것이다. 그당시에 우리는 먹이사슬의 한 부분이었다. 먹이사슬의 가장 높은 곳에 있던 포식자는 아니었다. 잡아먹기도 하고 먹히기도 했다. 다른 동물들을 두려워하고, 존중하고, 경쟁하고, 또는 피했다. 지속적으로 위험한 포식자나, 물리거나 찔리면 죽음에 이를 수 있는 동물에 대해 경계를 하면서 살았다. 그러나 오늘날에 와서는 그러한 강한 힘을 가진 동물이나 낯선 존재들과의 공생관계가 어떤 것인지 기억은커녕 상상도 못하고 있다. 하지만 우리는 무의식 속에 이를 기억하고 있다.

우리의 아이들은 동화 속의 동물, 즉 개구리 왕자나 빨간 여우, 장화 신은 고양이 등에 대해 많이 알지 못하고 자란다. 하지만 얼마나 많은 아이들이 생물 시간에 살아 있는 동물로 해부수업을 하고 있는가? 호기심을 만족하기 위해, 생명을 이해하기 위해 살아 있는 동물을 죽여도 좋다는 생각을 가르치고 있지 않은가? 야생에서 볼 수 있는 살아 있는 개구리보다 죽은 개구리가 더 교육에 도움을 준다는 생각을 가르친다. 야생동물을 사랑하고 존중하는 것은 과학이나 기술과는 어울리지 않고 현대의 문명화된 사회에는 맞지 않는다는 생각을 한다. 그나마 다행인 것은 일부 부모나 선생님들이 그들에게 살아 있는 동물을 진정으로 알기 위해서, 그리고 이러한 지식을 생명을 보호하는 데 창조적으로 이용하기 위해서는 인내와 동정심이 필요하다는 것을 가르치고 있다는 것이다.

죽음이 다가온다. 죽음은 우리 사업의 한 부분이다. 나는 내가 지켜본 동물들의 죽음을 통해서 나 자신의 죽음에 대해 배운다. 그리고 나는 죽음이 때로는 황홀한 것이기도 하다는 것을 배웠다. 이러한 이해와 더불어 같이 오는 것은 '받아들일 줄' 아는 것이요, '받아들임'과 더불어 같이 오는 것은 평화다.

아파트와 붙어 있는 나의 새 가게는 일부 리모델링을 거쳐 주거지로 바뀌었다. 호머와 내가 위층으로 이사했다. 내 침대 머리맡의 벽 위에 녀석의 집을 만들어 붙였다. 이제 우리는 커플로서의 생활을 시작한 것이다.

어느 날 아침 내가 침대를 정리하고 있는데 이 조그만 쥐는 자신의 집 아래쪽에 달린 사다리에 누워서 나를 보고 있다가는 갑자기 선언했다. "나는 태티 웨틀스다!" '그래 좋은 이름이야!' 하고 나는 생각했다. 그때부터 호머는 태티 웨틀스가 되었다. 나는 항상 동물 스스로가 자기 이름을 지을 때까지 기다렸다. 태티의 이름은 우리가 새로운 집으로 이사하고 나서 자연스럽게 떠올랐다. 태티는 자신의 새 이름을 좋아했다. 어떤 이유에서든 녀석을 집에 두고 나갔다가 돌아올 때에는 아래층 현관 문을 열고 계단을 올라가면서 소리친다. "태티 나 왔어!" 그러면 녀석은 자신의 집에서 침대로 점프하여 뛰어내리고는 맨 가장자리까지 걸어나와서 그 짧은 목을 길게 빼고는 기쁨에 겨워 찍찍 소리를 내면서 나를 맞이한다. 그러고는 뒷발로 서서 내가 가까이 다가와 들어올릴 수 있도록 기다린다.

나는 나와 태티 사이에 무언가 깊이 끌리는 것이 있음을 알아챘다.

태티에게는 하나의 문제가 있었다. 녀석의 이빨이 너무 빨리 자라는 것이다. 그대로 놓아두면 이빨이 너무 자라서 녀석은 아무것도 먹을 수가 없어서 굶어 죽기 십상이다. 심지어는 녀석의 이빨은 입천장을 뚫고 뇌에까지 자랐다. 야생에 사는 설치류는 이러한 비정상적인 상황을 막기 위해 본능적으로 딱딱한 바닥에 이빨을 갈아서 없앤다. 그러나 태티는 문명화된 삶을 살아가고 있으므로 이러한 본능을 잃어버리고 만 것이다. 녀석은 오로지 부드러운 먹을 것만 좋아했다. 따라서 녀석은 매 2~3주마다 동물병원에 가서 앞니를 잘라내야 했다. 녀석은 이것을 아주 싫어했다. 나도 물론 싫었다. 내가 녀석을 잡고 있는 동안 아주 요동을 치곤했다. 강하게 저항하면서 절단기로부터 멀어지려고, 나에게 기어오르려고 발버둥을 쳤다. 하지만 싹둑! 녀석의 작은 이빨은 결국 잘려나갈 수밖에 없었다. 그러나 녀석은 단한 번도 이 혐오하는 수술 중에 의사나 나를 물려고 시도한 적은 없었다.

나는 실험용 쥐들은 아주 온순하게 키워졌다는 것을 알기 전까지 이 사실을 놀라워했다. 사실, 실험용 쥐들은 자신들을 방사선에 노출시켜도, 암세포를 주사해도, 머리 속이나 꼬리에 전극을 심어도, 위가 터질 때까지 독약을 들이부어도 그 손을 물지 않을 것이다. 실험용 쥐들은 이 세상에서 가장 사랑스러운 작은 생명체인데도 유전자 조작의 마술에 의하여 인간의 목적을 위해 그렇게 사전에 만들어졌다.

우리가 집으로 돌아오는 동안 이 불쌍한 태티는 내 귀에 대고 징징거렸다. 한참을 쓰다듬어 주고 안정을 시켜준 후에야 고통이 사라진다. 그러고는 나는 내가 녀석과 똑같은 심리적인 증상으로 아파하고 있다는 사실을 깨달았다. 아주 어려서부터 나는 화를 내거나 부정적인 감정을 드러내는 것을 억누르도록 교육을 받아왔다. 내가 어렸을 때에는 이런 폭력적인 감정을 인지한다는 것 자체가 너무도 무서웠다. 이러한 감정이 일어나면 스스로에게 화가 나고, 스스로 죄의식에 빠져버렸다. 결국 나는 신경쇠약과 안면 경련 증상을 가지게 되었다.

나의 여성성은 나를 전체적으로 통제했다. 나는 곧 소극적이고 실쭉거리는 사람이 되었으며 항상 뒤에서 분노하는 끔찍스러운 음모자가 되었다. 하지만 결코 복수를 성취하지는 못했다. 말로 받아치지지도 못했고, 울거나 소리치지도 못했다. 아무 말도 못하고, 내가 상처를 입고 두려워하고 화가 나서 가슴이 미어지고 있다는 것을 드러내지도 못했다. 일곱 살이 될 때까지 나는 진짜 금욕주의자였다. 지금까지도 상대방에게 공격을 받았을 때 나를 방어하는 데 어려움을 가지고 있다. 누군가 나를 날카롭게 비난하고 직접적으로 모욕하면 나는 그만 얼어붙어 버린다. 어떤 사람이 나에게 불친절하게 행동하면 나는 그저 어색하게 웃어준다. 나는 매일매일 이 어렸을 적 영향을 떨쳐버리기 위해 싸워야 했다. 그러나 한 가지 분명한 것은 자라오면서, 또는 다양한 교육을 통해 태티와 나는 둘다 남에게 해코지를 해본 적이 없다는 것이다.

이러한 사실을 깨달음으로써 나의 다음 공연에 하나의 큰 자극이 되었고 태티를 나의 파트너로 결정할 수 있었다. 그 연극은 〈안녕하세요 숀 박사님〉이었다. 이 연극은 태티가 등장하는 아주 잔인한 장면이 들어 있었다. 녀석은 나의 머리에 올라타고 있다가 내가 모자 폭탄을 터뜨리면 머리카락을 잡고 대롱대롱 매달려 목숨을 구하고는 살려달라고 비명을 지르는 것이다. 나는 이때 소리친다. "나는 뱀파이어다!"

그 순간에 태티는 내 뺨을 타고 어깨로 내려온다. 그곳은 훨씬 더 안전한 곳이다. 내가 방향을 바꾸는 순간 녀석은 작은 발로 매달리고 피가 내 얼굴에 떨어지기 시작한다. 태티는 아주 훌륭한 시간감각을 가지고 있었다. 나는 녀석에게 박쥐 날개가 달린 작은 뱀파이어 복장을 입혔다. 그 순간 나는 말했다. "너도 또한 뱀파이어잖아!" 그리고 녀석의 반짝이는 검은 날개를 펼치고 공연장을 한 바퀴 돌면서 녀석을 날도록 했다. 이 장면이 끝나면 녀석을 이동용 케이스에 집어넣음으로써 녀석의 역할은 끝난다.

이 작품은 태티와 함께한 세 개의 공연 중 맨 처음 것이었다. 녀석은 참으로 노련한 배우였다. 그리고 나는 녀석이 그 장면에 아주 큰 공헌을 했다고 느꼈다. 하지만 이상하게도 어느 비평가도 녀석에 대해 언급한 적이 없었다. 그것은 마치 녀석이 아예 출연하지 않은 것 같았다. 사람들이 녀석에 대한 언급을 말렸을까? 녀석에 대해 심각하게 비평하는 것은 너무 천박하다고 생각했을까? 아니면 단순히 녀석을 보지 못해서일까? 나는 태티가 언론으로부터 좋은 평가를 받을 것이라고 기대했었는데 호평도 비평도 없는 무관심만이 돌아왔다. 하지만 그 후 2년 동안 태티는 언론 매체의 각별한 관심을 받았다. 마침내 녀석의 재능이 눈에 띈 것이다.

1980년과 1981년도의 겨울은 개인적인 재정문제로 힘든 겨울이었다. 나는 불면증에 시달렸다. 한밤중에 자주 식은땀을 흘리며 잠을 깨곤 했다. 태티는 가장 기분이 좋았다. 새벽 세 시, 네 시에 일어나서 움직이곤 했다. 나는 걱정으로 거의 죽어가고 있는 데 녀석은 같이 놀아달라고 보채는 것이었다. 이 힘든 시기 동안 태티는 나의 유일한 삶의 목적이었던 것 같다. 나의 손바닥에 녀석을 안고 있거나 녀석을 손가락으로 토닥이는 행동을 통해 내가 가냘프지만 하나의 생명과 튼튼한 실로 연결되어 있음을 느꼈다. 내가 이름을 부르면 녀석은 찍찍거리고 대답했다. 이 빈약한 대화는 세상이 내 발밑에서 뒤집어지는 듯이 느껴지는 위험한 순간에 나를 단단하게 붙잡아 주었다.

태티는 새로운 연극인 〈그녀를 낙소스에 남겨 두고〉 에는 참가하지 않았다. 하지만 평소대로 내가 공연을 마칠 때까지 이동용 케이스 안에 있었다. 녀석은 내가 공연을 마치고 무대 뒤로 나왔을 때 큰 충격을 받은 것 같아 보였다. 공연 중에 늙은이들을 죽게 하는 그리하여 젊은이들이 자라게 하는 제사의식으로서 내 머리를 삭발해야 했기 때문이다. 그 공연은 육체와 영혼을 깊이 치료하는 공연이었다. 나는 머리를 다시 기를 요량이었지만 삭발한 머리가 좋았다. 그래서 그 이후로 머리를 기르지 않았다.

덕분에 태티는 보금자리를 잃었다. 더 이상 내 어깨에 올라오는 것을 좋아하지 않았다. 내 목 주위를 여러 바퀴 돌면서 머리카락을 찾아본 후에는 팔과 손바닥으로 내려왔다. 나는 스카프를 매기 시작했다. 녀석이 들어가 숨을 수 있도록 해준 것이다. 하지만 확실히 그 공연 이후에 내 어깨는 녀석에게 더 이상 매력을 느끼는 곳이 아니었다.

그 공연 이후로 나의 외모의 이미지는 바뀌었다. 나는 자유와 가벼움, 그리고 그것이 나에게 주는 접촉의 느낌을 위해 삭발한 머리를 계속하고 다녔다. 그리고 경제적 이유로 가격이 저렴한 군복을 입기 시작했다. 나는 군복을 핑크색이나 라벤더 색깔의 스카프, 우스꽝스러운 보석, 예술적인 단추, 짙은 화장, 보라색 양말 등과 함께 입음으로써 전쟁에 대한 혐오스러운 이미지를 없앨 수 있다고 생각했다. 당시에는 군복을 착용하고 삭발한 머리에 쥐를 어깨에 얹고 다니는 나의 이미지가 다른 사람들에게 어필하고 있다는 것을 깨닫지 못했다. 하지만 상관없었다. 알고 싶지 않은 것들은 아예 멀리하고 있었다. 그리고 아주 가까운 사람들만이 내가 보낸 메시지를 받았다. 나와 나의 쥐 친구는 세상을 향해 말하고 있었다. "책 표지를 보고 내용을 판단하지 마세요. 옷이 사람을 만드는 게 아니랍니다. 전혀 반대의 것도 같이 사는 세상입니다. 성性은 허구에 불과합니다. 모든 생명을 존중하세요. 우리는 민병대입니다. 군대는 아닙니다" 등등. 나는 걸어다니는 역설이었다. 물론 태티도 마찬가지였다. 우리는 그것을 매우 좋아했다. 물론 우리의 패션은 언론의 관심을 끌었고, 태티는 점점 유명인사가 되었다.

우리는 어디든지 함께 다녔다. 그 당시에 나는 오티스 파슨스Otis Parsons의 워크숍과 다른 학교에서 강의를 하고 있었다. 우리가 수동기어 변속기를 가진 자동차를 타고 일하러 가면 태티는 내 무릎과 손목 위를 돌아다니는 것을 좋아했다. 녀석의 개인용 롤러코스터인 셈이다. 내가 변속기를 바꾸는 동안 내 손에 매달려 흔들거리는 걸 즐기는 것이었다. 오티스에서 가르치는 동안 녀석은 이동용 우리 안에서 기다렸다. 나와 학생들과 카페테리아에도 같이 가고, 우리가 식사하는 동안 이 사람 저 사람과 친하게 지냈다.

공연 오프닝이나 파티 때문에 우리가 시내에서 돌아다니면 사람들이 우리를 알아보기 시작했다. 얼마 지나면서부터 사람들의 반응에 어떤 패턴이 있다는 것을 알게 되었다. 오래 지나지 않아서 우리에 대한 그들의 반응, 특히 태티에 대한 반응에 따라서 사람들을 평가하기 시작했다. 그것은 마치 로르샤흐 검사Rorchach Test, 1921년 스위스의 정신병리학자 H. 로르샤흐가 정신병 진단과 성격 연구를 목적으로 고안한 검사법-옮긴이 주 같은 것이었다. 태티를 보고는 어쩔 줄 모르고 달려와서는 한 번 만져보고 싶다고 청하는 사람도 있었다. 많은 여성들은 태티를 앞에서 보는 것은 괜찮지만 뒤에서 보는 것은 질겁을 했다. 어떤 여성은 뒤돌아서 허겁지겁 도망치면서 소리쳤다. "코가 징그러워! 돼지 코 같잖아요!" 나는 고개를 갸우뚱했다. 우선, 쥐의 코는 전혀 돼지 코 같이 생기지 않았다. 그리고 만일 그렇더라도 돼지 코가 뭐 잘못된 거라도 있나? 어떤 것은 아름답고 다른 것은 못생겼다고 선언하는 것은 도대체 무슨 심미안일까?

태티는 교육을 위한 도구이기도 했다. 녀석은 어떤 것으로든 변신할 수 있었다. 사람들은 나로부터 일반적인 쥐에 관해서, 그들의 특성과 변화에 대해서 들을 수 있었다. 그리고 생의학적인 연구에 얼마나 비참하게 이용되고 있는가를 들을 수 있었다. 대부분은 흥미를 가졌다. 내가 가지고 있는 명단의 맨 밑에 있는 사람들은 태티를 처음 보는 순간 물어보지도 않고 덥석 잡은 사람들이었다. 내 언니나 내 친구 같은 사람들이었다. 그중 의사였던 한 여성이 있었다. 처음 태티를 보자마자 한 손으로 얼른 나에게서 떼어내더니 자기 눈 앞에 바짝 붙이고서 마치 검사라도 하는 듯이 들여다보는 것이었다. 나는 그것이 과학자들이 실험용 쥐를 가지고 병리학적인 징후가 없나 하고 들여다보는 것이라는 것을 알고 있었다. 내 몸에 갑자기 소름이 끼쳤다. 그 행동이야말로 감정을 북바치게 하는 것이었다. 태티의 인격과 나의 감정을 존중할 줄 모르는 행동이었다. 더욱이 그녀의 말이 내 손을 떨게 만들었다. "오, 나는 이런 쥐들을 잘 알아요." 나는 그녀를 밀어내고 싶었지만 나의 친한 친구라는 것 때문에 그럴 수도 없었다.

어느 날 밤, 한 전시회의 개회식에 갔었는데 어느 여성 화가가 나에게 접근해왔다. 그녀는 얼마 동안 태티가 있는 것을 모르고 얘기를 했다. 그러다가 태티를 본 순간 갑자기 나의 가슴을 강하게 밀치는 것이었다. 얼마나 강하게 밀쳤던지 태티가 공중으로 튀어오를 정도였다. 다행히도 전시회장에 사람들이 가득 찬 덕택에 태티는 다른 사람의 어깨 위로 내려앉을 수가 있었다. 사람들이 나의 경고를 무시하고 어떤 이유든지 태티에게 아무 생각 없이 가까이 가면 나는 녀석이 그들을 물거나 최소한 오줌을 싸주기를 바란다.

우리의 예술적 협조는 〈행운의 병사〉라는 연극에서 다시 이어졌다. 돈에 대한 나의 불행에 대한 이야기를 극화한 연극이었다. 공연 기간이 끝나기도 전에 같은 제목의 책이 특별 편집된 예술가 전용으로 출간되었다. 완전한 쾌락주의의 이미지로서 인간의 잔인성과 죄상에 관하여 신랄한 내용으로 비판하게 된 것이다. 한번은 로스앤젤레스의 가장 유명하고 사치스러운 식당 일곱 군데에서 일곱 개의 코스 요리를 먹는 장면을 촬영해야 했다. 그중에 네 군데는 태티를 데리고 갔다. 요리사들은 태티를 보고 이렇게 말했다. "세상에 이 유명한 음식점에 쥐를 데리고 오다니……." 태티가 나와 공연한 마지막 그리고 가장 좋았던 연극은 〈덫〉이었다. 폭탄에 관한 이야기였다. 우리 인간의 정신착란에 대해 한 시간 이상 열변을 토하고 난 뒤 마지막 부분에서 나는 태티를 테이블 밑에서 데리고 나온다. "세상에 아직도 애정을 베풀 수 있는 그 무엇인가가 남아 있는 한 우리는 그날을 포기해서는 안 됩니다"라고 말하면서. 그리고 태티와 함께 무대를 한 바퀴 돈다. 소품으로 놓여 있는 산딸기를 따서 녀석에게 먹이면서, 아름다운 쇼팽의 〈에튀드〉가 은은하게 울려오는 가운데 무대 뒤의 슬라이드에는 녀석을 쓰다듬는 나의 손을 크게 클로즈업시켜 비춰준다.

태티는 멋진 배우였다. 녀석은 사진이나 비디오를 찍기 위해 포즈를 취하는 것을 좋아했다. 녀석은 조명을 받는 것을 좋아했고 결코 숨거나 뒤로 빼거나 하지 않았다. 녀석의 모든 사진은 아주 멋지게 나왔고 카메라를 정면으로 바라보고 있었다. 공연 중에도 녀석은 항상 어디에 자기의 조명이 비치는지를 알고 있었다.

태티와 나는 캐나다 전역을 돌며 순회공연을 했다. 그중에 여섯 번은 비행기에도 몰래 태웠다.

녀석이 죽던 날에도 나는 〈덫〉을 공연하도록 되어 있었다. 나는 낙담한 가운데에도 녀석을 기념하고 싶었다. 나는 녀석이 등장하는 부분까지 공연한 다음, 공연을 중지하고 태티가 죽었다는 사실과 연극의 나머지 부분을 녀석과 같이 연기해야 한다는 것을 설명했다. 그러고는 마치 녀석이 같이 있는 것처럼 쇼팽의 음악이 흐르는 가운데 무대를 한 바퀴 돌았다. 가면의 안쪽에서는 쉴 새 없이 눈물이 흐르고 있었다.

그 뒤에 나는 《LA 위클리 LA Weekly》에 태티의 사망기사를 내보냈다. 이것은 그대로 보도가 되었고 연말에 다음과 같은 붉은 글씨의 제목하에 다시 보도되었다. "우리는 편지를 뜯어보고 도저히 믿을 수가 없었습니다 …… 가장 아름다운 사망기사였습니다."

다음의 기사는 올해의 최고 많이 읽힌 사망기사 그 이상의 것임을 확신한다.

망자 : 태티 웨틀스(쥐)

사망 일자 : 1982년 8월 7일 토요일

사망 원인 : 심장마비

태티 웨틀스가 향년 2살 반의 나이로 집에서 심장마비로 사망하였음을 알려드립니다. 예술계 전체에 널리 알려진 태티는 3개의 레이철 로젠탈의 연극에 출연하였습니다. 그는 캐나다 순회공연을 가졌고, 시내의 공공 장소에서도 자주 나타났고, 행사를 개최하기도 하였으며 레이철의 강의나 워크숍에서 마스코트였습니다. 태티는 실험용 쥐라는 자신의 운명을 탈출하여 하나의 인격체가 되었습니다.

나는 사람들에게 태티에 대한 추모하는 글을 보내달라고 말했다. 그리고 녀석을 위해 장례예배를 하고 매장해주었다. 내 친구들 몇몇이 참석한 가운데 성대하게 치렀다. 매우 아름다운 영혼의 원을 만들어 찬송가를 부르고 드럼을 연주했다. 태티는 아름다운 정원에 핑크빛 묘석과 함께 커다란 나무 밑에 묻혔다.

녀석이 죽은 후 얼마 되지 않아서, 주술을 통해 죽은 자를 만날 수 있도록 해주는 모임에 참석했다. 태티의 죽음을 극복하지 못해 외롭고 슬펐기 때문인 것 같았다. 그곳에서 나는 우리가 '파워애니멀전지전능한 힘을 가진 동물'을 발견해야 하는 목적에 대하여 강의를 들었다. 나는 주술을 통해 이승과 저승을 통하는 문을 지날 수 있었으며 그곳에서 나만큼 커다랗게 된 태티를 만날 수 있었다. 그것은 따뜻하고 눈물겨운 만남이었다. 하지만 모임을 주최한 그 무속인은 태티가 특별한 영혼인 것은 사실이지만 '파워애니멀'이기에는 부족하다고 말했다. 왜냐하면 파워애니멀은 유전적인 것이어야 한다는 것이다. 코요테나 독수리, 곰과 같은 동물이어야 한다는 것이 주술사의 생각이었다. 그래서 나는 다시 빙의 상태로 돌아가서 태티를 찾기 시작했다. 다시 태티를 만난 것은 언덕 너머에서였다. 나는 녀석에게 진정한 파워애니멀을 찾기 원한다고 말하려고 했다. 그때 갑자기 태티가 움직이더니 언덕 너머의 수많은 쥐떼 사이로 사라져버렸다. 녀석은 그들과 마찬가지로 유전적인 동물이 된 것이다. 그러므로 '쥐'는 나의 '파워애니멀'이었다. 그들은 나를 도와주었고, 나를 치료해주었고, 위로해주었고, 보호해주었고, 기쁘게 해주었다. 나의 익살스러운 파워애니멀은 나의 연극 속에서 모순과 유머를 개발하는 데 많은 도움을 주었다.

무속신앙에 대한 연구를 계속하면서 쥐들은 나를 놀라운 모험의 세계로 안내해주었다. 이것은 대단한 치료 효과를 나타냈고, 이 방법을 통해 나는 스스로에 대해서 많은 것을 알게 되었다. 그리고 나는 다시 그림을 그리기 시작했고, 나의 경험에 대해 기록하기 시작했다. 몇 년 후에는 나의 이 놀라운 연구를 통해서 평생을 괴롭혔던 걱정과 자기 의심이 말끔하게 걷혀진 것을 알게 되었다. 언제였는지 정확한 순간을 짚어낼 수는 없지만 영혼의 세계에 대한 나의 활동의 시간에 감사하고 있다.

너무나 많은 추억들이 있었다. 태티가 겁도 없이 검은 고양이 맥켄지를 쿠션 안으로 밀어버리고 나서는 우리 안에서 꼬리를 말아올리고 있는 고양이를 보면서 태연스럽게 샐러드를 오물거리고 있거나 비행기 여행을 할 때 내 주머니에 숨는 것을 거부하고 나와 같이 화장실을 너무 많이 들락거려서 공항 경비원이 잡으려고 뛰어다니기도 했다. 태티는 리프라고 불리는 암컷과 데이트를 했다. "호머, 양성애자 쥐"라고 쓰여 있던 것은 거짓이었다는 것을 증명한 셈이다. 리프는 완전한 교미를 할 준비가 되지 않은 것 같았지만 둘은 여러 번 연습을 하고 멋진 댄스를 즐기기도 했다. 태티는 내가 말한 바와 같이 사람이었다. 모든 인간과 동물은 나에게는 '사람'이었다. 심지어는 나무나 돌도 '사람'이었다. 자기 몸 안에 자신만의 영혼을 가지고 있는 '사람.'

　정신, 영혼, 의식, 그리고 기적은 모든 만물에 깃들어 있다. 동물들은 우리에게 삶과 죽음에 대해 가르쳐준다. 우리가 그렇게 하도록 허락만 하면. 그리고 그 사이에 있는 것들, 즉 사랑, 미움, 온화함, 분노, 아픔, 잔인함, 충성스러움, 우정, 교활함 같은 모든 느낌에 대해 절대적인 모양과 억양으로 설명해준다. 동물을 진심으로 사랑하는 것은 사랑을 진정으로 하는 것이다. 사랑 그 자체가 가지고 있는 기쁨 이상의 그 아무것도 바라지 않고. 그것을 보고 믿는 것은 간단한 것이다. 하지만 가장 급진적인 세상의 견해다. 아름다운 운명을 지녔던 작고 검은 노르웨이 쥐, 태티 웨틀스. 그는 그것을 증명하러 이 세상에 왔던 것이다.

레이철 로젠탈 Rachel Rosenthal

레이철 로젠탈은 연극 배우이자 동물권익보호 운동가로서 파리에서 태어나 뉴욕에서 자랐다. 1989년 이후 그녀의 비영리 단체인 레이철 로젠탈 극단의 예술담당 이사를 지냈다. 레이철 로젠탈 극단에서 NEA National Endowment for the Arts, 미 국립예술진흥원 특별회원을 세 번이나 역임했다. 존스홉킨스대학에서는 그녀의 경력과 예술계에 미친 그녀의 영향에 대한 책을 출간하기도 했다. 로젠탈은 수십 년 동안 동물보호 운동가로서 활동하였으며 동물 구조 및 피난 동물의 수용을 위한 일에 적극적으로 참여했다. 수년간에 걸쳐서 그녀는 그녀의 인생에서 사랑의 동반자였던 애완용 쥐에 대한 연극을 공연했다. 그녀의 애완용 쥐는 미국 연극계에서 가장 유명해졌다.

코끼리 오케스트라

데이브 솔저

1999년 봄 나는 리처드 레이어Richard Lair를 만났다. 그는 미국 국적을 버리고 태국에 귀화하여 태국 코끼리 보호센터를 공동 창립한 사람이다. 보호센터는 태국의 북부 람팡 근교에 있으며 정부에서 소유하고 있는 연구소로서 아시아 코끼리의 복지와 생존을 돕기 위해 설립된 최초의 연구소다.

동남아 지역에서 '코끼리 교수'로 유명한 리처드는 무려 19년 동안 한 번도 미국을 방문한 적이 없었지만 그 당시에는 미국에서 강의하고 있었다. 최근에는 뉴욕에서 활동하고 있는 러시아 화가인 비탈리 코마르Vitaly Komar와 알렉스 멜라미드Alex Melamid의 도움을 받아 코끼리를 위한 그림 그리기 프로젝트를 시행하고 있다. 이 프로젝트는 코끼리 보호센터를 널리 알리고 아울러 기금 조성에 일조를 했다. 코마르와 멜라미드의 태국어 통역인 린지 에머리Linzy Emery가 리처드를 우리 아파트에 머물 수 있도록 해주었다. 리처드와 나는 둘 다 음악 감상을 좋아했다. 어느 날 저녁 별로 들어본 적이 없는 스코틀랜드 축제 음악을 조금 들었다. 우리는 자연스럽게 과연 코끼리가 음악을 연주하는 것을 배울 수 있는지 궁금해지기 시작해졌다.

리처드는 마후트집에서 기르는 아시아 코끼리 조련사-옮긴이 주들은 코끼리가 음악을 듣는 것을 좋아한다는 사실을 알고 있다고 말했다. 조련사들이 코끼리와 함께 밀림 속을 걸어가면서 노래를 부르거나 악기를 연주해주면 코끼리들이 아주 조용하고 편안해했다. 더구나 코끼리들은 사회성이 풍부한 동물이기 때문에 음악을 연주하는 활동을 좋아할 것이다. 우리는 보호센터를 방문하는 관광객들을 위해서 매일 공연하는 코끼리 쇼에 오케스트라를 추가한다면 아마도 보호센터와 마후트를 위한 기금 모금에 큰 도움이 될 것이라고 생각했다.

물론 이 아이디어가 효과가 있을 것이라고 상상할 수 있는 근거도 없었고, 고려해야 할 문제도 엄청나게 많을 것이었다. 우선 과연 코끼리가 음악을 이해할 수 있을 것인가? 하는 것도 의문이었다. 조사 끝에 캔자스대학의 한 연구원이 코끼리로 하여금 간단한 멜로디를 구별하는 능력을 보여주면 먹을 것을 상으로 주는 실험을 한 적이 있다는 것을 알아냈다. 실험결과에 따르면 코끼리들은 피아노의 반음보다도 더 세밀한 피치의 리듬도 구별할 수 있는 능력을 가지고 있다.

코끼리 오케스트라 창단

아시아 코끼리는 야생이든 집에서 기르는 것이든 모두가 큰 문제에 당면해 있다. 서식지가 줄어들고 극심한 노동으로 그 숫자가 점점 줄어들고 있기 때문이다. 20세기 초에 태국 전 지역에 10만 마리가 살고 있던 코끼리는 이제는 5,000마리에 불과하다.

수천 년 동안 집에서 길러온 아시아 코끼리도 유전적으로는 금방 야생에서 포획한 코끼리와 똑같다. 이들은 인간에 의해 다양하고 폭넓은 기술과 다른 동물을 능가하는 다양한 능력을 갖도록 길들여져왔다. 과거에는 전쟁 터에서 이동수단으로, 그리고 아주 유용한 무기로서 사용되었고 그 후에는 통나무 벌채와 수송수단으로 이용되었다. 최근에는 미술, 음악, 축구와 같은 예술 분야에 대한 훈련이 집중적으로 이루어지고 있다. 지난 10여 년 동안에 이런 새로운 역할이 주어지고 있으며 오랜 코끼리 훈련사↓에 보다 더 안전하고 즐거운 새로운 장을 열고 있는 것이다.

리처드와 나는 비록 집에서 가축용으로 자란 코끼리일지라도 야생으로 돌아가 살아가는 것이 더 좋은 방법이라고 생각했다. 하지만 동남아시아에서 진행되고 있는 인구 팽창과 밀림 개발로 인해서 야생으로 돌아간 코끼리들이 그곳에 정착해서 살 수 있는 확률은 많지 않았다.

내가 보호센터에 도착한 것은 2000년 1월이었다. 동물원이나 서커스가 아닌 곳에서 코끼리를 본 것은 이때가 처음이었다. 대부분 더 이상 통나무 벌채와 운반 작업을 하지 못하는 늙은 코끼리들과 새끼 코끼리들, 그리고 더 이상 키울 수 없는 주인들이 보내온 코끼리들이었다. 거기에는 보통 60여 마리가 상주하고 있고, 훈련이나 치료를 돕기 위해 다른 코끼리와 마후트들이 끊임없이 찾아왔다.

코끼리들은 말이나 개보다 더 똑똑하고 정이 많으며, 때때로 성질도 부리고 고집이 센 동물이라고 말할 수 있다. 그리고 평상시에는 여유 있게 산책하듯이 걷지만 우리의 생각보다 훨씬 빠르게 달릴 수 있다. 얼마나 똑똑한가는 금방 알 수 있었다. 언젠가 빽빽한 숲 속을 코끼리를 타고 가고 있었다. 동행하고 있던 마후트가 녀석에게 길을 청소하면서 가라고 태국어로 말했다. 그러자 녀석은 뒷걸음질치더니 오솔길 위에 뻗어 있던 나뭇가지를 꺾어서 숲 속으로 멀리 던져버리고는, 길 위에 덮여 있는 덤불들을 뽑아버리는 것이었다. 그러고는 나뭇가지를 꺾어서 코로 말더니 길을 비질하듯 깨끗이 쓸어내어 마무리하고는 길을 계속 가는 것이었다. 고양이에게 부엌을 청소하라고 훈련시키면 이렇게 할 수 있을까?

코끼리는 강에서 목욕하는 것을 좋아한다. 특히 마후트들이 등을 솔로 문질러주면서 씻겨주는 것을 가장 좋아한다. 그들이 밤새 잠자고 먹고 일하던 숲을 떠나 마후트와 같이 목욕하러 걸어가는 그 시간이야말로 녀석들이 제일 행복해하는 시간이다.

녀석들은 또 장난치는 것을 좋아한다. 틀림없이 풍부한 유머 감각을 지니고 있을 것이다. 조조는 내가 다른 곳을 볼 때마다 내 물 컵에서 물을 훔쳐먹고는 내가 돌아보면 모른 척 시치미를 뗀다. 때때로 녀석들은 사람에게 물을 뿜어대며 장난을 걸기도 한다.

코끼리들은 한 번 사귀면 평생 동안 우정이 변하지 않는다. 가끔씩 그 우정에 금이 가기도 하지만 곧바로 원상복귀한다. 프래티다와 루캉은 같이 자랐다. 그리고 서로 한참을 멀리 떨어져 살다가 다시 만났다. 녀석들은 서로에게 달려가더니 마치 십대 소녀들이 그러는 것처럼 코를 부비고 서로 토닥거리는 것이었다. 실제로 녀석들은 지금 십대의 나이이다. 우리는 이러한 장면들을 음악으로 기록해 〈코끼리 광시곡〉 중에서 '두 개의 바트 오페라' 라는 악장에서 다른 코끼리들과 함께 연주했다. 프래티다와 루캉은 지금도 리처드와 어렸을 적 키워준 마후트 프라숩과 함께 지내고 있다. 이들 두 사람은 이 녀석들 귀에 대고 속삭이면서 노래를 부르도록 시킬 수 있다.

이러한 것들은 코끼리에 대한 여러 재미있는 기억 중에서 몇 가지에 불과하다. 그리고 코끼리들과 평생을 함께한 사람들이 들려주는 여러 가지 놀라운 이야기에 비교하면 극히 일부에 불과하다. 어떤 코끼리들은 인간의 아기를 돌보아줄 정도의 인간적인 성격을 가지고 있기도 하다. 인간을 죽이는 살인 코끼리들도 있는 것이 사실이다. 마후트와 언쟁을 하다가 갑자기 마후트를 죽여버린 미얀마 코끼리 이야기는 람팡에서는 유명한 이야기다. 녀석은 마후트의 몸뚱이를 강 가운데 있는 섬으로 끌고 가서는 갈기갈기 찢어놓았다는 것이다. 그 후 3일 동안 아무도 자신에게 가까이 오지 못하게 했단다. 모든 사람들은 녀석이 마후트를 애도하고 있다고 생각했다. 마치 바에서 술에 취해 다른 사람을 때려 실신하게 만든 취객처럼 말이다.

동남아시아에서 안타까운 모순 중의 하나는 미얀마 정부 때문에 일어나고 있다. 미얀마는 가장 많은 코끼리들이 번성하고 있지만 아직도 벌목현장에서 코끼리를 주요 운송 수단으로 사용하고 있다.

코끼리를 위한 악기를 만들다

악기 발명가 켄 버틀러Ken Butler나 녹음 기술자인 로리 영Rory Young등 여러 친구들의 권유로 코끼리가 연주할 악기 만드는 일에 동참하게 되었다. 로리는 정글 한 가운데에 스튜디오를 세웠고 또한 돈 리터Don Ritter는 코끼리 신디사이저를 만들고 싶어 했다. 린지 에머리가 모든 것을 종합적으로 꾸려나가고 있었다. 린지는 이미 코마르, 멜라미드와 함께 보호센터에서 코끼리 그림을 그리는 작업에 참여한 적이 있었다. 제니 맥너트는 우리의 작업을 사진으로 찍고 다큐멘터리로 촬영하는 일을 맡았다. 모든 사람들이 악기 제작에 최선을 다하여 피치를 올리고 있었다. 그 후로 태국에 가기만 하면 나는 대부분을 보호센터에서 약 30킬로미터 정도 떨어진 람팡에서 살고 있는 사코른과 함께 악기 제작에 매달렸다.

나는 우리가 코끼리를 위해 어떤 악기를 만들어야 할지 걱정이 많았다.

그래서 다음과 같은 악기 디자인을 위한 목표를 만들었다.

1. 해부학적으로 코끼리의 신체구조에 적합한 악기를 만들어야 한다. 즉, 코끼리 코로 연주할 수 있는 크기의 악기를 만들어야 한다는 것을 뜻한다.
2. 정글 속에서 견딜 수 있는 악기를 만들어야 한다. 열기와 우기도 견딜 수 있어야 한다.
3. 자주 청소하고 정비해주지 않아도 되는 악기여야 한다.
4. 태국의 소리를 낼 수 있어야 한다. 관중들의 대부분이 태국인이고 마후트들이 즐거워하는 음악이어야 하기 때문이다. 게다가 코끼들이 어려서부터 태국 음악을 들으면서 자랐기 때문이다.

리처드와 나는 보호센터의 목공실 실장인 니파공과 함께 대형 슬릿드럼과 마림바 비슷한 악기를 만들었다. 또한 일렉트릭 베이스 기타와 똑같은 소리를 내는 외줄 기타도 만들고, 피리 종류도 여러 가지를 만들었다. 불법 벌목자들로부터 압수한 톱날로 징도 만들었고 잘라진 쇳조각으로 종도 만들었다. 그리고 태국 북동부에 위치한 이산이라는 지방에서 하모니카와 카엔이라고 부르는 입으로 부는 오르간, 그 지방 특유의 작은 종 등을 구매했다. 군부대에서 베이스 드럼도 빌려왔다. 모두 합쳐서 스무개의 악기를 확보했다. 그 이후로 20개 이상의 악기가 더 들어왔고 그중에서 가장 흥미로운 것은 앙갈렁angalungs이라는 악기로 태국의 초등학교에서 연주법을 가르치고 있는 악기였다. 앙갈렁은 일종의 종소리를 내는 악기다.

비록 코끼리들이 우리가 상상하는 이상으로 온순하고 똑똑했으며, 몇몇 태국 사람들의 친절한 도움이 있었지만, 초기에는 보호센터 내에서조차도 우리들의 계획을 우습게 보거나 부정적으로 보는 분위기가 많았다. 대부분의 마후트와 일꾼들도 그러했던 것이 사실이다. 하지만 몇몇 마후트들이 이 계획에 찬성하여 뛰어들었다. 리처드를 진심으로 존경하고 따르는 마후트들이었다. 악단에 참가한 대부분의 마후트들이 스스로 즐기기 시작했다. 그중에서도 조조의 마후트인 솜눅이 제일 좋아했다. 솜눅은 원래 전통 음악가 출신이다. 그는 코끼리들과 같이 오케스트라를 연주한 최초의 인간일 것이다. 나는 또한 현지 지방 현악합주단의 연주를 녹음했다. 이 악단은 전통적인 태국 북부 지방의 '란나'라는 전통음악을 연주하는 마후트와 운전기사들로 구성되어 있으며 전통적인 태국 바이올린과 기타를 연주한다. 나는 코끼리들의 연주를 녹음하고 CD를 만들어주었다. 그들은 이제 보호센터 안에서 정기적으로 연주를 하고 있으며 나의 기대를 저버리지 않고 있다. 다행히 지속적으로 배워온 나의 바이올린 연주도 도움이 되었다. 현지인들에게는 처음 보는 서양 악기였기 때문에 흥미를 끌었다.

현지에서 가장 큰 성과라면 학교 학생들의 연주를 녹음한 것이다. 인근 학교의 학생들과 함께 코끼리를 보호해야 한다는 내용의 노래를 불렀다. 그리고 이 노래를 우리가 만든 두 번째 CD에 대형 오케스트라 곡 사이에 삽입했다.

마후트들이 오케스트라에 대해 점점 더 흥미를 갖게 되고, 코끼리를 가르치고, 새로운 악기를 발명하는 모습을 지켜보는 것이 참으로 즐거웠다. 그리고 네 번의 연주 여행을 마친 지금 그 규모가 최초 여섯 마리에서 현재 총 열여덟 마리의 코끼리 연주자로 확대되었다.

지금까지 코끼리 오케스트라는 보호센터를 위한 대중적 인지도를 높여 주었다. 뿐만 아니라 태국 전역에도 그 이름을 모르는 사람이 없게 되었다. 때때로 이 코끼리 오케스트라는 인간들의 오케스트라와 〈코끼리 광시곡〉을 협연하기도 했다. 한번은 코끼리들이 통제가 되지 않아 연주회장이 엉망이 되는 부끄러운 결과를 낳기도 했다. 또한 코끼리와 6명의 브라스 밴드를 위해 베토벤의 〈전원교향곡〉의 첫 번째 악장을 선정했다. 이들 학생 밴드는 람팡 지역에 있는 갈리아니 중학교에서 왔는데 이 공연은 BBC에서 라디오와 텔레비전으로 동시에 중계방송되었다. 이 연주가 미국 TV 프로그램인 존 스튜어트의 〈데일리 쇼〉에서 '명상의 순간'의 시그널 음악으로 선정되었다는 사실은 우리에게 자부심을 느끼게 해주었다.

최근에 태국의 유명 일간지는 이렇게 보도했다. "리처드 레이어가 지휘하는 태국 코끼리 오케스트라가 존경하는 왕비 전하를 위해 연주를 했다. 이 연주는 갈리아니 중학교 학생 60명으로 구성된 밴드와 함께 협연했다. 이 환상적인 연주는 처음에는 코끼리들만으로 연주하였으며 이어서 학생들의 오케스트라 연주가 있었고, 간간히 코끼리들과 학생들의 협연이 이어지다가 코끼리 단독 연주가 이어졌다. 대부분의 곡들은 태국 음악이었지만 서양 음악이 두 곡 연주되었다."

태국에서의 생활이 끝나던 날, 현지 주민들이 바비큐 파티를 열어주었다. 우리는 흙바닥에 앉아서 돼지 한 마리를 통째로 굽고 메이콩이라는 현지의 독한 술을 마셨다. 바비큐 파티는 참으로 멋졌다. 태국 북부 사람들이 특히 좋아하는 매운 소스에 찍어 먹는 고기 맛은 정말로 일품이었다.

코끼리 오케스트라의 악기들

가장 성공적인 악기는 산업용 철제 파이프를 가지고 현지 대장간에서 만든 철제 레나트실로폰의 일종-옮긴이 주였다. 이 레나트는 코끼리가 쉽게 배울 수 있고 연주할 수 있도록 만들어졌으며 소리는 물론 겉모양이 태국의 전통에 걸맞는 것이었다. 마후트들이 말하기를 코끼리들이 레나트 연주를 특히 좋아한다는 것이다. 징과 종소리에 처음에는 놀라는 녀석들도 있었다. 하지만 금방 익숙해졌다. 카엔은 소리를 내는 것은 아주 좋았지만 코끼리들이 제대로 잡고 있을 수가 없어서 연주할 때마다 마후트를 악기 스탠드로 사용해야 했다. 하지만 종이나 테레민 2개의 진공관에 의해서 소리를 내는 전자 악기의 일종-옮긴이 주, 신디사이저 키보드 같은 것은 코끼리에게 인기가 없었다. 하지만 연주하라고 시키면 거부하지는 않았다. 그들은 입으로, 또는 코로 부는 대형 관악기는 싫어했다. 마후트들이 말하기를 코끼리들이 그 바람 구멍으로 뱀이 뛰어들어와 코나 입으로 들어갈까봐 무서워한다는 것이다.

하모니카 역시 코로 붙잡고 불기에 좋은 악기였다. 가끔씩은 귓속에 넣어서 불어대곤 했다.

맨 처음의 연주 여행에서 3.5톤이나 되는 열일곱 살짜리 암코끼리 메이콧이 징 소리에 놀라서 달아났다. 하지만 서너 차례 연습한 뒤에는 적응이 되더니 그 다음부터는 그만하라고 해도 신이 나서 계속 쳐대는 것이었다. 마후트가 북채를 빼앗아도 계속 집어서 쳐대는 것이었다. 이 곡은 몇몇 녹음된 연주의 마지막 부분에서 들을 수 있다.

파티다는 처음에는 레나트를 잘 연주했다. 아름다운 박자와 멜로디를 들려주었는데 문제는 가끔씩 연주를 멈추지 않는 것이었다. 파티다 스스로가 원하지 않을 때 연주를 멈추게 하는 것은 정말 어렵기 짝이 없다. 한 일 년쯤 지나자 레나트의 수석 연주자는 여섯 살짜리 어린 수컷인 푸웅이 되었다. 녀석은 흥이 나면 앞으로 걸어나와 스스로 연주하곤 한다. 연주를 마친 다음에는 연주봉을 바닥에 툭 던져 버리고는 아무 일도 없었던 것처럼 가버린다. 우리에게는 마치 이제 연주를 끝내라는 암시처럼 들린다. 나중에는 연주에 심드렁해지기도 했지만 내가 대규모 녹음을 위해 마지막으로 방문했을 때 녀석은 다시 흥미를 찾은 것 같았다. 녀석의 연주 중에서 아름다운 부분들이 우리의 두 번째 CD에 잘 담겨져 있다.

결국 코끼리들은 사회적 동물이다. 그리고 그들과 같이 연주하면 정말 재미있다. 우리는 코끼리들이 악기를 연주하는 방법을 배울 때에는 보상을 해 주지는 않았다. 그들이 긴 곡을 연주하고 났을 때 사과나 오렌지 같은 것을 주었다. 녀석들이 서로 협조하여 연주를 하는 것이 좋은 결과를 가져온다는 것을 알게 하기 위해서였다. 인간이 미리 작곡하여 놓은 곡들을 코끼리에게 연주시키는 것은 별 재미가 없다. 진짜로 재미있는 것은 녀석들이 "스스로 작곡한 곡'을 연주하는 것을 듣는 것이다. 코끼리들에게 어떻게 악기를 연주하는가, 곡을 연주할 때에 그 악기가 어느 파트를 연주해야 하는가를 가르쳐준 다음에는 리처드나 나는 코끼리와 마후트에게 연주를 시작하고 마치는 순서만 알려준다. 그러면 마후트는 마치 무언극 배우처럼 코끼리를 보고 지휘를 하면서 연주를 시작한다.

마후트가 스스로 코끼리들로 하여금 앙가렁을 연주하도록 가르친 32음계나 되는 〈창창창Chang Chang Chang〉을 제외하고는, 모든 곡들의 박자나 리듬은 코끼리들 전부 스스로 작곡한 것이다. 놀라운 것은 그들이 2분음표와 3분음표 또는 4분음표까지도 다양하게 연주한다는 것이다. 때때로 녀석들은 어떤 부분에서는 모티프를 스스로 만들어 이를 반복하는 경우도 있다. 왜 그들이 그러한 모티프를 만들었는지를 알 수는 없다. 깨끗한 티크나무 숲에서의 야외 녹음을 들어보면 마후트들이 코끼리와 우연히 끼어든 태국 관광객들을 격려하고 있음을 알 수 있다. 태국 관광객들은 코끼리들이 마치 태국의 불교 사원에서 들을 수 있는 스타일의 음악을 연주하는 것 같다고 말했다.

코끼리의 연주가 과연 음악이라고 할 수 있을까?

미국으로 돌아오는 길에 많은 사람들이 나에게 물었다. "그것이 음악 맞나요?" 나는 터닝 테스트 결과에 기초를 두고 대답했다. 터닝 테스트는 컴퓨터가 지각능력을 가지고 있는지 여부를 알아보는 테스트다. 사람들에게 코끼리가 연주한 것이라는 사실을 밝히지 않고 녹음한 것을 들려준 뒤 물었다. "이것이 음악이라고 생각하세요?" 듣고난 뒤의 평가는 다양했지만 대부분의 사람들은 "음악 맞네요"라고 대답했다. 나는 이것을 《뉴욕타임스The New York Times》의 음악 평론가를 대상으로 테스트를 해보았다. 한참을 고민하다가 결국 "아시아계 그룹의 음악 같은데요" 하고 추측했다. 그 평론가는 내가 그 연주자들이 누구인가를 밝히자 처음에는 화를 냈다. 하지만 그 다음 날 나에게 그 오케스트라에 대해 글을 써달라고 부탁했다.

나는 확신하는 것이 하나 더 있다. 코끼리들의 행동과 그들이 만들어내는 소리에 무언가 연관성이 있을 것이라는 확신 말이다. 그들은 악기를 아무렇게나 연주하는 게 아니다. 음이 가장 좋은 곳과 아름다운 순간을 연결하여 연주한다. 우리는 이것을 코끼리들이 레나트를 연주하는 순간에 일어나고 있음을 볼 수 있다.

코끼리는 여러 가지 악기의 비교적 평이한 비트를 쉽게 따라간다. 루크 코프의 경우에는 여러 개의 드럼의 박자를 바꿀 수 있었다. 루크 코프는 아주 재미있는 스토리를 가지고 있다. 아주 어렸을 때 리처드는 녀석을 〈덤보 낙하 작전Operation dumbo drop〉(1995)이라는 디즈니 영화에서 코끼리 역을 하도록 훈련시켰다. 녀석은 캔디를 좋아하고 혀를 만져주면 좋아하는 아주 온순한 코끼리였다. 그러다가 몇 년이 지나자 거대한 어른 코끼리가 되어서는 가끔 위험한 짓을 저지르곤 했다. 하지만 단지 사람들에 대해 공격적이었을 뿐, 다른 코끼리나 자신의 마후트에게는 그러지 않았다. 녀석은 숲 속에 들어가면 다른 사람을 쫓아다녔다. 할 수 없이 루크 코프는 오케스트라를 그만 둘 수밖에 없었다. 그리고 녀석이 관광객을 만날 가능성이 있는 모든 활동에서 제외되었다. 하지만 녀석은 가장 훌륭하고 재능 있는 드러머였다.

나는 최소한 몇몇 코끼리들은 튜닝이 잘 되고 울림이 좋은 악기를 연주하는 것을 선호한다고 생각한다. 코끼리들은 레나트의 가장자리가 아닌 가장 울림이 좋은 부분을 연주봉으로 두드리게끔 배운다. 나는 레나트에 불협화음을 내는 음계를 심고 코끼리 파티다가 어떻게 연주하는지 비디오로 녹화해가며 지켜보았다. 처음 몇 분 동안 파티다는 음계를 피하려고 노력했다. 하지만 그 뒤에는 끊이지 않고 연주를 계속했다. 아마도 펑크족 록 가수나 20세기의 작곡가처럼 파티다도 기분을 좋게하는 불협화음을 발견한 것 같았다. 내가 계획한 시험보다 파티다가 더 현명한 것 같다.

얼마 전 여행에서 나는 캘리포니아에 사는 신경과학자인 애니루다 파텔 Aniruddah Patel과 동행했다. 애니는 동물의 음악성에 대해 관심이 많았다. 나는 그저 '좋은 음악'을 만들고 코끼리와 마후트가 즐거운 시간을 보낼 수 있는 것에만 초점을 맞추었지만 애니는 보다 더 통계적인 이론을 가지고 코끼리의 재능을 연구하려고 시도했다. 그의 생각은 대단히 중요한 가치를 가지게 될 것이다. 이번 그의 연구를 통해서 코끼리들이 실제로 대부분의 사람들보다 더 지속적으로 드럼의 박자를 일정하게 유지할 수 있다는 것을 보여주었다. 다만 동시적으로 연주하지 못할 뿐이었다. 나는 이 발견에 대해 동의하지 않았다. 코끼리들이 가끔 서로 오프비트나 트리플렛 리듬을 연주하는 것처럼 보이기 때문이다. 그리고 이러한 연주는 '화음이 맞지 않는' 것으로 치부되기 때문이다. 파티다의 불협화음에서 보는 것처럼 우리는 이토록 똑똑한 동물들을 대상으로 섣부른 실험이나 분석을 하겠다고 덤벼들어서는 안 된다.

이러한 쉽게 풀리지 않는 문제들이 우리를 헷갈리게 하고 여러 가지 다른 주장을 하는 파벌로 나뉘게 한다. 어떤 사람들은 집에서 기르는 가축들의 행동을 연구하는 것은 전부 잘못된 것이라고 생각한다. 야생의 동물만을 연구해야 한다는 것이다. 비록 우리가 연구할 그 야생동물이 건강하게 야생의 세계에 존재할 날이 그리 많지 않다는 것을 알고는 있지만 나는 그 말에 동의하지 않는다.

비슷한 논리로 인간이 아닌 동물을 인간처럼 행동하도록 훈련시키는 것 자체가 잘못된 것이라고 말하는 사람들도 있다. 나는 최소한도 우리가 동물들은 선택적으로 배양해오지는 않았다고 믿는다. 나는 집에서 기른 말은 일단 훈련만 되면 사람을 태우는 것을 좋아한다고 생각한다. 건강한 야생의 순수한 대안이 될 것이라고는 생각하지 않는다. 아시아 코끼리는 수천 년 동안 인간과 비슷한 행동을 하도록 키워지고 훈련되었다. 그리고 오케스트라를 연주하는 것처럼 관광객들을 위한 가벼운 공연을 보여주는 것은 모두가 즐거운 일이다. 전쟁터에서 무기로, 숲 속에서 트럭이나 벌목꾼으로서 사용되는 것보다는 훨씬 좋은 것이다. 만약 사육되는 코끼리에게 순수한 야성을 부여할 수 있는 기회가 주어진다면, 당연히 기회를 주어야 한다. 하지만 그렇지 않다면 동물을 위한 건강한 환경을 유지할 수 있는 보호센터와 같은 시설이 필요하다. 그리고 사육당한 코끼리와 야생의 코끼리 모두를 멸종의 위기로 몰고 갈 가능성이 있는 질병을 피하기 위해서는 장기적으로 보호센터나 코끼리 캠프와 같은 시설이 필요하다.

동물 훈련에서 보다 더 힘든 문제점은 인간을 흉내내도록 훈련시키고 싶어하는 끊임없는 유혹이다. 예를 들면 마후트들은 코끼리들로 하여금 형상을 갖춘 그림을 그리도록 가르쳤다. 이때 코끼리들은 자신들이 무엇을 그리고 있는지를 알고 있는 것 같아 보인다. 하지만 사실은 마후트들이 코끼리들이 붓을 움직일 수 있도록 아주 치밀하게 조종하는 것이다. 코끼리들은 자신들이 직접 의미를 나타내는 그림을 그리진 않는다. 이러한 사실들을 인식한 관중들은 코끼리들이 악기를 연주하고 음악을 창작하는 것과 같은 능력 또한 그림을 그리는 것과 마찬가지로 일종의 속임수라고 생각하게 될 것이다. 비록 몇몇 경우에서 마후트들은 코끼리들에게 언제 어디에서 연주를 해야 하는지를 말해주지만 큰 틀에서는 자발적으로 연주할 수 있도록 한다.

우리는 이러한 새로운 행동과 코끼리의 인식과 인지에 대해 많은 의문을 가지고 있다. 특히 코끼리가 자기들이 연주하는 악기에서 아름다움을 찾을 수 있을까? 이러한 의문을 밝혀내는 것은 쉽지 않다. 나는 리처드 레이어를 비롯해 이 프로젝트에 관심을 갖고 이해하고자 하는 사람들이 좀더 깊이 조사하여 주기를 바란다. 그것은 인간들이 상상하는 아시아 코끼리의 어떤 환상적인 능력보다는 우리가 세심한 관찰을 통해 알아낼 수 있는 순수한 능력이 훨씬 더 놀라운 것이라는 것을 의미한다.

모든 동물들을 위한 예술을 위하여……

데이브 솔저 Dave Soldier

작곡가인 데이브 솔저는 환경보호 운동가인 리처드 레이어와 함께 타이 코끼리 오케스트라를 창립했다. 그는 클래식 및 재즈 음악가를 위한 음악과 오페라 및 교향악을 작곡하는 외에도 텔레비전과 영화를 위한 음악(세사미 스트리트), 〈나는 앤디 워홀을 쏘았다〉 등과 팝과 재즈 그룹을 위한 음악을 작곡했다. 그리고 바이올리니스트로서, 기타리스트로서, 작곡가 및 편곡자로서 50개 이상의 CD를 발표했다. 그는 콜롬비아대학에서 신경과학 박사학위를 받았으며 동 대학에서 신경학, 심리학, 신경과학 교수로 근무했다. 그의 작품 중에는 〈타이 코끼리 오케스트라〉와 〈코끼리 광시곡〉 두개의 코끼리 음악 CD가 포함되어 있다.

정열의 코코와 매혹적인 고양이

조디 웨이너

　인간과 함께 살아가고 있는 동물들은 인간 문명의 참여자가 되었으며 때로는 스포트라이트를 받는 유명인사가 되기도 한다. 나는 두 마리의 훌륭한 동물을 만나는 행운을 갖게 되었는데 하나는 죽었고 하나는 떠나버렸다.

　나는 '말하는' 고릴라인 코코의 대리인으로서 코코의 공영 텔레비전 다큐멘터리의 수상과 아동용 교육도서 발간, 인기 있는 캐릭터 인형으로서의 라이선스 계약을 협상해오면서 겪었던 녀석과의 세세한 이야기를 나누어보고 싶다. 하지만 고객인 코코의 권리와 코코의 '부모' 역할을 해온 고릴라 재단의 권리를 침해하지 않는 범위 안에서 내 개인적 경험에 관련된 부분만을 이야기할 수밖에 없어서 유감일 뿐이다.

　1972년 코코가 샌프란시스코 동물원에서 살고 있던 10킬로그램 정도의 새끼였을 당시, 대학원생이었던 프랜신 패터슨Francine Patterson 박사는 이 초원 고릴라에게 관심을 갖기 시작했다. 하나비코코코라는 이름의 이 고릴라에게 말을 가르쳐보겠다는 생각을 하게 된 것이다. 당시 네바다 주의 한 침팬지가 기호 언어를 배우고 있다는 말을 들었던 것도 한 이유가 되기도 했다. 박사는 세 가지 간단한 단어로 시작했다. 후에 공동으로 연구하기 위해 스탠퍼드 대학교로 녀석을 데리고 갈 때까지 '음료drink', '음식food', '좀더 more'와 같은 단어를 가르치면서 신뢰를 구축했다. 30년간의 교육의 결과로 코코는 원시적 인간의 상태로 진화했다. 미국의 국가표준기호언어ASL의 약어 형태로 1천여 개의 단어를 구사하며, 큼지막한 손으로 붓을 잡고 캔버스에 다양한 컬러의 그림을 그리고, 이것을 해석이 가능한 고릴라 고유 언어로 설명할 정도의 상태가 되었다.

패터슨 박사와 로날드 콘Ronald Cohn 박사는 매일매일 코코에게 말을 가르치기 위해 자신들의 전 생애를 바쳤다. 콘 박사는 '코코 프로젝트'의 추진에서부터 사진 및 비디오 작가의 역할을 겸하기도 했다. 고릴라 기금의 설립 후에 캘리포니아 북부의 개인 고릴라 동물원으로 코코를 옮겼다. 코코는 지금까지도 그곳에서 안락한 생활을 하고 있다. 코코와 인간과의 의사소통은 자신의 데이트 상대를 전 세계 동물원에 있는 수컷 고릴라의 비디오를 보고 고르거나 온라인으로 질문하고 대화에 답변을 할 정도까지 되었다. 물론 패터슨 박사의 도움을 받아서 가능했다. 코코의 인터넷 홈페이지에는 2만 명 이상의 사람들이 동시에 접속하곤 했다. 당시에는 기록적인 숫자였다.

코코의 인간화는 언론의 집중적인 사랑을 받았다. 녀석은 《내셔널 지오그래픽》의 커버스토리와 에피소드에 소개되면서 TV 스타가 되기도 했다. 하지만 그녀의 많은 친구와 후원자에도 불구하고 새끼를 갖고 싶어하던 코코의 노력은 이루어지지 않았다. 거기다가 자신의 원하는 것을 인간의 언어로 표현할 수 있는 그녀의 특이한 능력은 고릴라 재단을 심각한 법적 문제에 휘말리게 했다. 2005년 2월 코코가 그녀를 돌봐주는 여성 조련사들의 가슴을 보여달라고 유혹했다는 혐의를 받았던 것이다. 캘리포니아 고등법원에 제소된 두 가지 별도의 소송은 2주 간격으로 이루어졌으며 재단의 전 직원이었던 세 명이 코코가 계속적으로 그녀들의 가슴을 보고 싶다고 사인을 보냈고 패터슨 박사가 그중의 한 명에게 보여주도록 권유하는 듯했다고 주장했다. 대부분의 사람들이 코코의 동기가 호색적이라고 즉석에서 가정했지만 고릴라로서 코코의 진정한 이유가 무엇이었는지는 누구도 알 수 없었다.

이러한 의문에 대한 한줄기 빛이 보인 것은 내가 기르던 고양이 릭쇼와 바부에게서였다. 수년 전에 나와 아내 낸시가 코코와 마이클코코의 동생을 찾아갔을 때부터 나는 우리의 우연한 만남이 그 문제에 대한 해답을 줄 수도 있을 것이라고 생각했다. 당시 나는 코코와 코코의 조련사를 만나기 전 몇 년 동안을 서로 다른 동물 간의 의사소통에 대해 공부하고 있었다. 낸시와 나는 보호소로부터 메인 쿤 고양이를 입양했다. 우리는 그 고양이 이름을 릭쇼라고 지었다.

릭쇼는 내가 지금까지 만나본 고양이 중에서 가장 놀라운 재능과 능력을 가지고 있었다. 누구나 한 번 보기만 하면 금세 빨려들 수밖에 없는 능력이었다. 그리고 만약 이 사실이 알려졌다면 〈데이비드 레터맨 쇼David Letterman show〉 중의 한 부분인 '바보 같은 동물의 속임수'라는 코너에 출연하는 행운을 잡을 수도 있었을 것이다. 하지만 우리 집에 같이 산 지 3년이나 지난 뒤, 이 잘생긴 고양이는 자신을 기르는 인간들의 게임에 싫증을 느낀 나머지 집을 나가버렸다. 사실 우리가 릭쇼를 데리고 온 지 5주만에 이런 가능성에 대해 경고를 이미 받은 바 있었다. 비록 고양이 통로용 구멍을 통해 정원이나 지붕에 올라갈 수 있었음에도 불구하고 녀석은 보통 우리 침대 가까이의 바닥에서 잠을 잤다. 확실한 가족의 구성원이 된 셈이다. 녀석은 아침마다 스포츠 물병 뚜껑을 입에 물고 침대에 올라와서 내 무릎에 떨어뜨렸다. 녀석이 쫓아가서 물어오게끔 복도에 던져달라는 것이다. 우리는 이 장난을 싫증이 날 때까지 계속했다.

함께했던 짧은 시간 동안 릭쇼와 나는 또 다른 마술과 같은 일상을 완벽하게 보냈다. 나는 이것을 트릭이라고 하는 데 동의하지 않는다. 왜냐하면 그것은 지금부터 내가 설명하고자 하는 일을 값싼 것으로 전락하게 하고 사람과 동물 사이에 아주 친밀한 관계가 이루어질 수 있다고 믿고 있는 신념을 잘못 설명할 수 있기 때이다.

우리는 여러 시간 동안 병뚜껑으로 테니스를 즐겼다. 나는 사무실에 무릎을 꿇고 앉아서 한 걸음 반 정도 떨어진 곳에 있는 릭쇼를 향해 던지면 녀석은 내 가죽 의자에 앉아서 내가 얼마나 세게 녀석을 향하여 던지든지 관계없이 오른발과 왼발을 번갈아 가며 플라스틱 병뚜껑을 때려냈다. 녀석은 대체로 스트라이크 존 안에만 들어오면 발바닥으로 아주 프로다운 기술과 힘으로 볼을 맞추어냈다. 그리고 나는 이 볼을 받아 다시 공격했다. 내가 지난 40년 동안 어떤 사람들과 시합한 테니스 경기보다 더 오랫동안 랠리를 계속했다.

우리 집을 찾는 손님들에게 내가 릭쇼의 재주를 이야기하면 처음에는 비웃었다. 하지만 실제 시합을 하면 그들이 릭쇼에게 지는 경우도 많았다.

공이나 부메랑 같은 물건을 던졌을 때 그것을 다시 물어오는 고양이는 많지 않을 것이다. 하지만 릭쇼는 내가 휘파람을 불면 내 옆으로 다가와 앉고, 슈퍼마켓에서 브로콜리를 묶는 두꺼운 핑크색 고무줄을 멀리 쏘아 보내면 그 고무줄을 뒤따라가서 조금도 망설이지 않고 물고와 내 발 앞에 놓는다. 이 광경을 목격한 사람들은 입이 벌어져 박수를 쳤고, 우리 집으로 몰려와 나와 릭쇼가 테니스를 하는 것을 보며 "우와~"라는 탄성을 지르며 흠뻑 빠져들었다.

인간의 활동에 대한 릭쇼의 날카로운 집중력은 아주 자연적인 것처럼 보였다. 그러던 어느 날 아침, 아내와 내가 깨어났을 때 갑자기 늘상 있던 자리에 릭쇼가 보이지 않았었다. 열심히 찾아보았음에도 불구하고, 그리고 결코 희망을 포기하지 않았음에도 불구하고 찾을 수 없었다. 아무런 사전 예고도 없이 릭쇼가 떠났다. 우리의 발레곡을 녹음하기도 전에 야생으로 돌아간 것이 틀림없었다. 릭쇼가 사라진 것은 우리 부부에게 큰 충격이었으며, 녀석의 빈 자리는 너무나도 크게 다가왔다. 그래서 우리는 새로운 고양이 한 마리를 입양했다. 녀석을 대신하여 들어온 짧은 털 얼룩고양이 바부는 쥐는 잘 쫓아다녔지만 플라스틱 병뚜껑을 물어오지는 못했다. 그리고 고무밴드를 녀석을 향해서 쏘면 녀석은 그것을 씹어 먹어버렸다. 바부는 다른 사람들이 자신을 집안으로 데려다놓을 때까지 목청이 터지도록 소리를 질러댐으로써 자기 자신을 가두어버렸다. 야생으로 돌아갈 수 있는 아주 드문 기회로부터 스스로 멀어진 것이었다.

우리와 이 세상을 공유하고 있는 동물들은 우리들 각자와 의사를 소통하는 방법을 찾고 있다. 그리고 우리는 그들 각자의 능력에 맞도록 조정하고 있다. 왜 그들 중의 일부는 인간과 상호작용을 할 수 있는 능력이 개발되어 있는지 그 이유를 알 수가 없다. 만약에 모든 종들의 생물체가 개별적인 능력을 상대적으로 측정할 수 있다면, 각각의 능력 범위가 인간들이 가지고 있는 능력의 범위만큼 넓지 않을까? 그리고 우리가 동물 친구들을 사랑하고, 먹여주고, 보호해주는만큼, 그들이 던진 원반을 공중에서 잡을 수 있든, 없든 화장실을 사용하든 못하든, 그들 중의 몇몇은 유명인사가 되고 인간처럼 대우받을 운명을 가지고 있고, 인간과 같이 행동하기를 기대하고 있다. 물론 나머지들은 달아나버릴 테지만 말이다.

코코와 달아난 고양이를 릭쇼를 비교함으로써 내가 고릴라 재단을 존경하지 않는다는 것은 아니라는 점을 분명히 하고자 한다. 코코와 다른 영장류 연구를 위한 장기간에 걸친 노력은 사라져가는 종들을 야생으로 돌려보내기 위한 노력이다. 코코는 실제로 천부적인 재능을 타고 났다. 그러나 그녀의 매혹적인 존재는 우리의 길들임의 개념을 재확인하도록 만들었다. 그리고 아주 현실적으로, 우리는 코코로 하여금 인간이 되도록 강요했던 것이다. 아이러니하게도 코코는 세 마리 이상의 자신의 애완용 고양이를 가지고 있었다. 그중에 하나가 '올볼'이라는 녀석이다. 녀석은 꼬리 없는 얼룩고양이였다. 올볼의 갑작스런 죽음을 전해 듣는 순간 코코는 감정에 북받쳤고 슬픔의 신호를 보여주었다.

코코는 자신의 명성의 희생양이 되었다고 말할 수도 있다. 인간의 사회적 판단과 규정에 맞춘 인간적인 문화에 스스로를 속박해버린 것이다. 그렇게 볼 때 코코보다는 릭쇼가 더 지혜로웠던 것 같다. 왜냐하면 내가 비디오 카메라로 녀석을 또 다른 코코로 만들려고 한다는 것을 녀석은 직관적으로 알았기 때문에 도망친 것이기 때문이다.

비록 두 녀석이 서로 만난 적은 없지만 릭쇼는 아주 쉽게 코코가 존재했다는 사실을 본능적으로 알아챘을 것이다. 동물들은 보통 수킬로미터 떨어진 곳부터 주인의 차가 다가오는 것을 알기 마련이니까 말이다. 릭쇼는 적당한 시기에 빠져나갈 줄 알 정도로 똑똑한 녀석이었던 것이다. 녀석이 에드 설리번 극장에 출연해서 한밤중에 미국인들 앞에 나타난다면, 절대로 피할 수 없는 미디어의 각광을 받게 되고, 분명히 나타날 수밖에 없는 연기의 실수로 인한 비난으로부터 피할 수 없었을 것이다. 하지만 녀석은 쇼 비즈니스나 그걸로 먹고사는 생활의 일부가 되는 것을 원하지 않았다.

한번은 아내와 내가 함께 코코를 만나러 갔다. 성추행 사건이 벌어지기 전까지는 코코는 나와 합법적이고 행복한 일들로 만남을 가져왔다. 그리고 화가였던 아내 낸시는 코코의 그림 그리는 능력에 관심을 집중하고 있었다. 아내는 마우이의 경치를 그린 그림을 코코의 선물로 가져왔다. 정글을 배경으로 자유로운 생활을 즐기고 있는 고릴라들을 그린 그림이었다. 하지만 우리가 코코 앞에 서자 녀석은 아내의 코트 호주머니에 더 많은 관심을 가졌다. "그게 무슨 캔디죠?"

마름모꼴의 리콜라 캔디가 들어 있음을 알아 챈 코코는 그것을 꺼내고는 익숙하게 포장을 벗긴 후 입에 넣으면서 반대쪽 주머니에는 무엇이 들어 있는지 물어보고 있었다. 아내가 주머니에서 빗을 꺼내어 철창 사이로 넣어주자 녀석은 냉큼 받아서는 가슴과 팔에 난 털을 빗은 뒤 다시 돌려주었다. 그 다음에는 내게 관심을 보이기 시작했다. 녀석이 내게 방으로 들어오라는 사인을 보낸 것이다. 바로 그 자리에서 나는 코코가 서서히 타블로이드 판 신문의 섹스 스캔들의 희생양이 되어가고 있다는 징후를 알아챘어야만 했다. 만약에 내가 릭쇼의 본능이나 산으로 달아나는 현명함이라도 가지고 있었다면 그 징후를 알아챌 수 있었을 것이다. 그 이후 코코는 로빈 윌리엄스 Robin Williams, 1952~와 같은 사람들을 유혹했다. 로빈은 나중에 고백하기를 코코의 방에서 일대일로 만나고 있는 동안에 야릇한 생각이 들었다고 말했다. 그리고 나는 코코에 관한 텔레비전 추적 프로그램에서 코코가 실제로 로저 씨의 셔츠와 양말을 벗긴 후에 두 다리를 벌리게 하는 것을 보았다. 그리고 코코가 영상 짝짓기 상대를 처음 보았을 때 텔레비전 화면에 키스하는 것을 보았다. 코코가 나에게 겉옷을 벗고 자기 방으로 들어오라고 요구했을 때 다행히도 옆 트레일러에서 들려오는 거칠게 으르렁대는 소리와 흔들어대는 소리 나를 멈춰서게 했다. 마치 그녀의 요구를 들어주지 말라고 알려주는 것 같았다. 그 소리의 주인공은 코코가 질투하는 동생 마이클이었다. 마이클은 코코보다 더 그림을 잘그렸다고 한다. 그리고 마이클은 몸무게가

200킬로그램이 넘고 500단어 정도를 말할 수 있는 실버백 고릴라였다. 마이클은 아주 선명하게 알아볼 수 있을 정도의 꽃다발 그림을 그릴 수 있었고 '냄새나는 고릴라'라고 사인을 함으로써 자신의 작품을 구별할 수 있었다. 특히 패터슨 박사가 낸시의 그림을 마이클에게 보여주며 말과 손짓으로 그림 속에서 고릴라를 찾아내 보라고 말하자 녀석은 철창 사이로 그의 킹콩 같은 손을 내밀어 그림을 받아 가지고는 의자를 들고 구석으로 가더니 찬찬히 훑어보고는 낸시가 그려넣은 고릴라 두 마리를 정확히 찍어내는 것이었다. 낸시가 얼마나 흥분했는지 아마 상상도 못할 것이다.

마이클은 아주 번식력도 좋고 훌륭한 수컷이었다. 사실 마이클과 코코는 오누이가 아니라 아주 친한 친구이자 이웃이었다. 그리고 마이클은 원래 그림 공부를 위해 그곳에 데려온 것이 아니었다. 코코의 짝으로 데려온 것이었다. 그러나 누군가 물어보면 고릴라 재단에서는 정책적으로 그들을 오누이라고 속였다. 그렇다면 사람들은 왜 마이클을 코코와 한 방에 같이 넣지 않았는지 궁금해할 것이다. 그것은 코코가 인기를 끌면서 상품화되었기 때문이다. 그들은 아마도 코코가 전 세계 네크워크를 통해 선택한 뉴드메라는 고릴라와 잘 이어지기를 바랐을 것이다. 영화 〈마이티 조 영Mighty Joe Young〉 (1998)에서처럼.

다행이도 코코의 성희롱 사건은 최근에 비공개로 처리되어 해결되었다. 코코의 호색적인 모험을 본 이후 여러 해가 지났지만 내가 아는 한 뉴드메는 아직까지도 그의 짝짓기 상대로 성공하지는 못했다. 코코가 짝짓기에 실패한 것은 아마도 열대적이지 못한 기후와 최소한 두 마리 이상의 성숙한 젊은 수컷과 세 마리의 성숙한 암컷이 있는 적절한 고릴라 집단이 부족하기 때문이 아닐까 추측한다. 아니면 코코의 성적인 기능이 잘못된 것일 수도 있다. 오랜 기간 지속된 인간적인 감정으로의 전환과 비원시적인 행동이 코코로 하여금 다른 거칠고 불안정한 원숭이 종류들에게 너무 민감하게 비추어진 것은 아닐까? 그것도 아니라면 혹시 그 강하고 말없는 뉴드메가 코코가 보내는 외로움의 표시 듣기를 원하지 않았던 것은 아닐까? 대신에 넓은 초원에서 짝짓기 상대를 나무둥치에 밀어붙이는 박력과 야성을 더 좋아하면서 말이다.

나는 고릴라 재단이 코코가 야생의 동물로서 적절한 원시적인 환경으로 돌아갈 수 있도록 야생의 본능들을 제한하는 일을 그만두기를 바란다. 릭쇼는 인간화가 완전히 이루어지기 전에 정신을 차리고 달아난 것이다. 실제로 고릴라 재단은 고릴라 보호를 위한 장기계획의 일환으로 마우이 섬에 열대성 토지를 확보하고 있다. 만약에 코코와 뉴드메가 보호소가 아닌 원시림에서 만났다면 뉴드메가 코코의 그림을 자신들의 허니문 둥지에 걸어놓게 될지 누가 알겠는가?

조디 웨이너 Jody Weiner

조디 웨이너는 30년 이상을 법률가로 일해왔다. 10년 동안 많은 주 법원 및 연방 법원에서 범죄 사건을 변호한 뒤 캘리포니아에 정착하여 민사전문 변호사로 변신했다. 그리고 소설을 쓰기 시작했다. 그의 고객들은 NBA의 올스타 선수들로부터 MRI 기계를 발명한 사람에 이르기까지 다양하다. 웨이너는 예술가를 지원하는 비영리 기금의 위원장으로 근무 중에 있으며 가난한 사람들을 위한 법률 서비스를 무료로 제공하는 활동을 계속하고 있다. 저서로서는 소설 『진실의 죄수 Prisoners of truth』가 있다.

동물과의 친밀한 관계

마이클 토비아스

　수년 동안 아내와 나는 앵무새들과 같이 살아왔다. 우리는 이들 친구들과 모든 것을 같이 나누었다. 산책도 같이 하고, 서로의 엉덩이를 찌르기도 하고, 집 주위를 신경질적으로 돌아다니거나 같이 연결된 환희를 즐기고, 물을 털어내고, 소리를 지르고, 웃고, 신음하고, 같이 잠을 잤다. 이 새들은 2,000제곱미터 정도 되는 실내 및 실외의 열대지방에서 우리와 같이 대화를 나눌 수 있었다. 그리고 그곳은 내가 대부분의 시간을 그들과 같이 지내면서 우리가 느끼고 있는 전 세계의 심각한 걱정거리를 가능한 한 같이 걱정하고자 노력할 수 있는 곳이다.

　이들 놀라운 새들과 함께할 수 있는 것은 내게 이루 말할 수 없는 행운이다. 이 새들만큼 나에게 놀라움을 주는 것은 없기 때문이다. 그들은 태양 아래에서 서로 경쟁하는 모든 야생의 향기와 비전을 고스란히 가지고 있다.

　그 당시에 나는 그들을 '알기 위해' 노력하고 있었다. 하지만 나는 그들의 우정의 신비함에 행복을 느꼈고, 우리가 밝혀낸 알려지지 않은 것들에 대한 신선함을 충만하게 느낄 수 있어서 만족스러워했다.

"모든 의사소통의 행위는 해석의 행위다." 문학 비평가인 조지 스타이너 George Steiner, 1929~가 말했다. 이것은 동일 종간의 의사소통 뿐만 아니라 다른 종간의 의사소통에도 적용된다. 모든 관계는 체계적인 노력을 필요로 한다. 목표는 인간들끼리의 의사소통에서 발견했듯이 신비의 동반자 관계다. 인위적인 균형이 아니다. 새들과 보낸 나의 시간들, 그리고 많은 다른 생명체들과 보낸 시간들은 나에게 중요한 교훈을 가르쳐주었다. 내가 열망하고 발전시키고자 하는 관계는 내가 최소한으로 기대하는 것으로부터 나온다는 것이다.

욕망을 포기하는 것, 다시 말하면 불교도들이 말하는 내면으로부터의 깊은 만남깨달음은 위대한 성장이라고 할 수 있다. 통상적으로 이런 깨달음이 제안하는 것처럼, 다른 생명체와의 '우정'은 대부분 기대하지 않은 곳에서부터 이루어지고, 자신뿐 아니라 전 세계의 행복을 위해 대단히 중요한 이미지와 느낌과 깨달음을 새겨준다. 그 깨달음은 하나의 메시지이며 우리 자신의 인간성을 정의해준다. 이러한 기대하지 않았던 선물이 없이는 야생의 하루살이나 텅 빈 목욕탕의 욕조처럼 나의 생활이 차갑고, 건조하고 무의미할 것이라고 확신한다.

지금부터 몇 가지 야생에서 겪었던 우연에 대한 것들을 소개하고자 한다.

몇 년 전 어느 봄날 아침 콜로라도 로키 산맥의 경사가 급한 능선을 오르고 있을 때, 어디선가 회색의 야생 캐나다 어치 한 마리가 날아와 내 어깨에 앉는 것이었다. 나는 등반을 멈추고 움직이지 않고 가만히 기다렸다. 그리고는 녀석에게 말을 건네기 시작했다. 그러자 그 새는 무언가 알아들을 수 없는 소리로 지저귀기 시작했다. 내가 그 자리에 자리 잡고 앉자 녀석은 내 무릎에서 폴짝거리며 내가 가져온 간식을 함께 먹기 시작했다. 일부러 녀석이 삼키기 좋도록 간식을 잘게 부수어놓았다. 한편으로는 박테리아를 옮기지나 않을까 걱정도 했다. 이것은 그날 하루 종일 일어날 여행의 서곡에 불과했다. 그날 나는 두 마리의 새와 하루 종일 여행을 같이 했다. 처음에는 한 마리였는데 잠시 후 그 짝꿍이 나타났다. 그날 나는 4,200미터의 봉우리를 등반했다. 그리고 등반 내내 녀석들은 내 어깨 위에 올라 앉아 있었다. 녀석들은 끊임없이 내가 선택한 루트에 대해 코멘트를 해댔고 결국 가장 높은 정상에 올라서자 푸드득 날아가버렸다. 정상에 대해서는 별 관심이 없다는 것을 보여준 것이다.

황혼 무렵의 하산 길에 녀석들은 나를 기다리고 있었다. 거기에는 예닐곱 마리의 새들이 모여 있었다. 그들 중에서 아침에 만나 하루 종일 같이 보낸 커플을 찾아내는 것은 어렵지 않았다. 녀석들은 전부 내가 배낭을 내려놓고 휴식을 취했던 바위에 앉아 있었다. 서로서로 교대해가면서 내 무릎과 어깨, 심지어는 머리 꼭대기까지 폴짝거리며 무릎과 땅바닥을 오가고 있었다. 녀석들은 전혀 망설임도 없고 두려워하지도 않았다. 내가 작은 길을 따라 산 아래의 베이스캠프 주차장에 도착했을 때는 이미 날이 어두워졌고 새들도 자기 둥지로 날아가버렸다.

어느 여름, 스위스의 또 다른 산을 등반할 때의 일이었다. 산 중턱의 초목이 짙은 숲에 베이스캠프를 치고 잠을 잤다. 그리고 다음날 아침 일찍 눈을 뜬 순간 나는 두 마리의 스위스 산양이 바로 앞에서 풀을 뜯고 있는 것을 발견했다. 나는 침낭 안에 앉아서 휘파람으로 음악을 연주했다. 그러자 그 두 마리의 산양들이 그 자리에 앉아서 듣고 있는 것이 아닌가? 20분 동안 나는 헨델Georg Friendrich Händel 1685~1759과 모차르트Wolfgang Amadeus Mozart 1756~1791의 작품을 연주했고 녀석들은 콘서트에 푹 빠져서 감상하고 있었다.

또 한번은 이집트 누웨이바 근처의 홍해에서 스노클링을 하고 있는데 커다란 카우피시cow fish 한 마리가 쫓아와서는 나를 보려고 빙빙 주위를 돌고 있는 것이었다. 100킬로그램이 넘을 만큼 커다란 녀석은 상어와 마찬가지로 다른 동물을 잡아먹는 육식어류로 산호지대에서 살아가는 동물 가운데에서도 덩치가 큰 편에 속하는 동물이다. 녀석은 나와 몸이 서로 닿을 정도로 아주 가까이서 빙빙 돌고 있었다. 우리는 서로 눈을 맞추었다. 나는 녀석의 지느러미를 잡았다. 녀석은 나를 끌고 자신의 세상 속으로 수백 미터를 헤엄쳐나갔다. 내가 녀석을 놓아주고 수면 위로 떠오르자 녀석도 따라서 올라오더니 깊은 바닷속으로 사라져갔다.

언젠가는 알래스카 그리즐리 베어 어미와 갓 태어난 새끼를 불과 3미터 앞에서 마주친 적도 있다. 별빛은 쏟아질 듯이 비치고 있었고 젖은 풀과 숲, 그리고 산딸기 향기가 가득 찬 타르 해안의 후미에서는 인근 빙하의 독특한 냄새까지 풍기고 있었다.

급한 경사의 능선을 가로질러 되돌아가기 위해 물러서던 중 발에 걸린 돌이 회색 곰의 어깨 위에 떨어졌다. 어미 곰은 두 발로 벌떡 일어섰다. 2미터가 훨씬 넘는 몸을 일으켜서는 나에게 으르렁거리는 것이었다. 나는 능선을 가로질러 달아났지만 300미터도 못가서 그만 급경사로 굴러 떨어지고 말았다. 다행히도 능선의 푹신한 풀뿌리들이 쿠션 역할을 해준 덕분에 크게 다치지는 않았다. 엉덩이에 충격을 받긴 했지만 크게 걱정할 정도는 아니었다. 나는 계속해서 해안의 피요르드를 따라서 달렸다. 어미 곰과 새끼는 1.5킬로미터 가량 줄기차게 나를 쫓아왔다. 내가 예닐곱 사람들이 모여 저녁식사를 준비하고 있는 야영지 도착하였을 때에서야 녀석은 걸음을 멈추고 걱정스럽게 이들 낯선 인간의 무리들을 바라보았다. 어미 곰이 나를 정면으로 뚫어져라 쳐다보고 있었다. 마치 내가 금지된 지역을 침범했다고 말하고 있는 듯했다. 비록 우연히 일어난 사고였지만 녀석이 옳았다. 그러고는 어미와 새끼 곰은 조용히 야영지 너머의 깊은 숲속으로 사라져갔다.

그 해안의 뒤쪽 지역에서 회색 곰과 함께 살았던 6주 동안, 우리는 서로의 존재에 점차 익숙해져갔고 한 번도 비우호적인 행동을 보여준 적이 없었다. 밤에는 모든 음식을 텐트 밖에 내놓았다. 그 후미 지역에는 10킬로미터이내에 십여 마리의 회색 곰들이 살고 있었지만 한 번도 음식물을 훔치러 오지 않았다. 그들만의 것으로 만족하고 있었던 것이다. 나는 그 어미 곰을 계곡 옆과 능선에서 트래킹을 하면서 여러 번 만났다. 우리는 아주 놀라울정도로 가까운 거리에서 한참 동안이나 서로를 쳐다보기도 했다. 녀석은 항상 새끼를 데리고 다녔다. 그러나 처음 우연히 만난 뒤로는 내가 위험하지않은 인물이라는 것을 녀석은 알고 있었다.

6주간의 캠핑이 끝날 즈음에 나는 우연히 캠프 뒤쪽에서 지금까지 본 것중 가장 큰 곰 발자국을 발견했다. 그곳은 회색 곰들이 찾아와서 수영을 즐기던 곳이었다. 이들 발자국의 크기는 어미 곰의 것보다 한 배 반이나 컸다. 큰 피자 한 판 크기나 되었다. 나는 내가 한 번도 본 적이 없는 수컷 곰이 틀림없다고 생각했다.

나 자신이 6주 동안 회색 곰들의 사회에서 환영을 받았다는 것을 알 수가 있었다. 지금에 와서 그 당시의 낮과 밤을 돌이켜보면 밤에는 그들이 나를 보호해주었고 낮에는 조용히 지켜보고 있었다는 것을 알았다. 다시 말하면 그들은 어버이 같은 통제력을 발휘했던 것이다.

어느 여름날 북극에서의 일이다. 결혼할 예정이었던 제인과의 첫 번째 데이트는 보류되었다. 베이스 에스페란자에서 우리는 3일 동안 아델리에 펭귄의 구아노guano, 바닷새의 배설물이 바위에 쌓여 굳어진 덩어리 사이에서, 팔짱을 끼고 포옹하면서 수만 개가 넘는 서식지에 대해 이야기를 나누었다. 그 72시간 동안 날씨가 급격히 바뀌어 한꺼번에 사계절이 몰려오는 것 같았다. 사납기는 했지만 심술궂지는 않았다. 더운 날에는 두꺼운 잠바와 스웨터를 벗어야 했다. 그러나 이런 것들은 사소한 것에 불과했다. 가장 염려스러웠던 것은 문명으로부터 멀리 떨어진 펭귄들이 우리의 존재에 대해 신경을 쓰지는 않을까 하는 것이었다.

우리들이 이곳에서 오락가락하는 것은 이들 펭귄들에게는 브론토 사우르스 중생대 쥐라기에 번영한 거대한 공룡의 한 가지. 몸길이 20~25m, 몸무게 약 32.5톤으로 짐작되는 초식공룡이다. 옮긴이 주 한 쌍이 현대 도시의 쇼핑몰 근처에 멈추어서 기웃거리는 것과 같은 것이었으리라. 그러나 우리는 환영을 받았고, 앉아달라고 하고 얼마 동안은 머물러달라고 요청을 받았다. 질문이 쏟아졌다. 펭귄들은 우리를 멀리서 찾아온 친구로 받아준 것이다.

그 밖에도 동물들과의 만남을 통해서 나는 여러가지 진실들을 배웠다. 진정한 우정에 대한 생각은 어느 날 밤 자정의 애리조나의 영이란 마을에서 떠올랐다. 야생의 백마 두 마리가 풀을 뜯으면서 나에게 다가왔다. 수줍어하면서, 한밤중에 초원에 나돌아다니는 인간을 볼 수 있다는 것을 신기해하고 놀라면서.

취약함의 진실도 보았다. 몰디브의 멀리 떨어진 섬에서 어느 날 오후에 작은 게 한 마리가 조그마한 소라 껍데기 속에 들어가 숨어 있는 것을 아내가 집어올린 적이 있다. 소라 껍데기의 크기는 염주 알만 했다. 안에 숨어 있는 게는 거의 보이지 않을 정도로 작았다. 녀석은 처음에는 머리를 살짝 내밀더니 이어서 두 개의 반짝이는 눈동자로 우리를 빤히 바라보는 것이었다. 그리고 조용히 하라는 듯이 뒤를 한 번 돌아보더니 다시 은둔 장소로 돌아가버렸다. 영원히 안전하고 편안한 곳인 것처럼.

공포에 대한 잘못된 인식도 보았다. 어느 날 오후 태국의 카오야이 국립공원에서 해먹을 설치하고 그 위에 누워 호랑이가 나타나기를 기다렸다. 나는 길에서 12킬로미터쯤 떨어진 곳에 자리를 잡았다. 해먹의 높이는 지상에서 1미터 정도에 설치했다. 그리고 그곳에서 『돈키호테』를 읽으면서 하염없이 녀석이 나타나기를 기다리고 있었다. 내 주위에는 온통 배설한 지 얼마 안 되는 신선한 호랑이들의 오줌 냄새로 진동하고 있었다. 그리고 어느 순간에는 호랑이들이 아주 가까이 있음을 소리로 알 수가 있었다. 그러나 그 소리는 실체를 드러내지 않은 채 사라져버렸다. 대신에 큰 코뿔새 두 마리가 머리 위로 날아가면서 날개를 퍼덕이는 소리만 크게 들려왔다.

조금 지나자, 코뿔새 한 마리가 내 어깨 위에 내려앉는 것이었다. 녀석은 일어서면 90센티미터나 될 정도로 큰 놈이었다. 우리는 서로의 털을 골라 주었다. 그리고 나자 내가 야생 구아 늑대의 등을 두드리고 있는데, 긴팔 원숭이가 내 품안으로 뛰어 들어왔다. 호랑이는 숲 속에서 일어나고 있는 모든 것들의 일부에 불과한 것이었다.

우리는 인도의 코르베테 국립공원에서 호랑에게 공격을 받아 머리가죽이 찢겨진 마후트 한 사람을 촬영했다. 호랑이가 그를 12미터나 끌고 가서는 위에 올라타고 앉아서 고픈배를 채우려고 준비하고 있었다. 마후트는 호랑이에게 놓아 달라고 사정했다. 그러자 호랑이는 그의 애원을 들어주었다.

호랑이가 사람을 공격하는 경우는 아주 드문 일이다. 보통 호랑이가 아주 배가 고프거나 자신들의 서식지가 사라졌을 때 발생한다. 하지만 이와 같은 공격현상은 이제 얼마 남지 않은 전 세계의 큰 고양이과 동물들에게서 종종 발생하고 있다. 공포는 이것과 아무런 관련이 없다. 나는 그곳에서 호랑이에 대해, 그리고 나 자신에 대해 많은 것을 배웠다.

이밖에도 나는 다양한 동물들과의 수많은 만남을 가져왔다. 나는 이러한 수많은 만남을 '관계 맺음'이라고 부르고 싶다. 이렇게 표현함으로써 그렇게 만들고 싶은 나의 꿈을 실현하고자 하는 희망을 나타내는 것이다. 인간의 언어가 담긴 선물은 파트너십을 만들고자 하는 열망을 실현하는 데 거의 이점이 없다. 침묵 속에서 진실은 위대한 것이 되며 소음 속에서 작은 소리들은 사라져버린다. 어떤 것이든 상호적어야 한다고 말하는 것은 반드시 상호 간에 서로가 그렇게 하기 위한 노력을 필요로 한다. 그리고 소위 말하는 '관계 맺음'이란 환상적인 기회이거나 엄청난 인내와 선의善意다. 환상적인 기회란 전반적으로 스쳐 지나가는 우주에서는 바로 동등성 또는 동등성에 방해되지 않는 무언가 천문학적 행운에 의한 완벽한 타이밍을 말한다. 앞에서 글을 기고해준 로드니 잭슨, 제인 구달 이외에도 수없이 많은 학자들이 주장하는 보호 생물학은 동등성과 인내심, 때로는 이들 모두 바람직하지 못한 두꺼운 지형과 험악한 날씨, 또는 다른 그 어떤 것을 통해 다른 종의 삶을 관찰하고 경쟁하는 것으로 들어간다.

우리가 일반적으로 말하는 관계란 상호 간에 믿음과 즐거움을 가져와야 한다. 식물이나 동물들과의 관계는 무한한 가능성을 가지고 있다. 모든 인식할 수 있는 특징들은 다른 종들이 서로 상호작용이 가능한 잠재성을 이해하려고 노력하는 것을 의미한다. 동물들을 의인화하는 것은 단지 우리 주위에서 어떤 일이 일어나고 있는가를 이해하고자 하는 여러 가지 도구 중의 하나다. 어떻게 보면 가장 과학적인 방법이라고 볼 수도 있다. 하지만 이 방법은 야생에 대한 인간의 기여를 피하게 하고 또한 자연이 인간을 피하게 한다. 나와 제인이 결혼한 것은 전혀 다른 두 존재가 상대방과 함께 기쁨과 희망을 같이 한다는 것에 동의함을 의미하며 그 근간으로 씌어진 아주 포괄적인 시나리오에 내가 포함되어 있다는 것을 근본적으로 내재하고 있다.

결혼이란 우리가 이해할 수 있는 하나의 친밀한 관계다. 또한 친밀함과 함께 갈라서고 떠나갈 가능성도 내재하고 있다. 어떤 사람은 이것이 다른 동물들에게서도 끊임없이 발생하고 있다는 사실을 관찰했다. 비록 인간들처럼 이혼이라고 부르지는 않지만 말이다.

우리 집 주위에 들락거리며 살아가고 있는 쥐와 야생 토끼, 다람쥐와 수백 마리의 야생 조류와 집에서 기르는 가금류 등 제인과 나는 무수한 동물들과 함께 살아왔다. 또한 우리는 가끔 창문을 통해서 고래를 볼 수도 있다. 물론 끊임없이 움직이고 있는 작은 생명체들, 개미, 생쥐, 모기, 파리, 거미의 움직임도 매일 매시간마다 볼 수가 있다. 이들은 우리와 같이 살아가고 죽는 우리의 친구들인 것이다.

그들은 우리가 대부분의 시간을 이야기하거나 서로 비슷한 방법으로 관계를 맺어가고 있는 대상이다. 동물들은 우리 부부의 대화 속에서 주요 화제를 이루고 있다. 밤에는 그들에 대한 꿈을 꾼다. 제인과 나는 이러한 꿈이야기를 서로 나눈다. 그리고 서로 비슷한 꿈을 꾸고 있다는 사실에 대해 놀라움을 금치 못하고 있다.

우리의 은유와 우리가 가지고 있는 지혜는 동물로부터 온 것이다. 제인은 말하기를 나와 만나게 된 것도 동물 때문이었다고 한다. 첫 번째 만남에서 나는 그녀와 나를 분리시킨 보도블록에 떨어진 독일 셰퍼드의 배설물을 삽으로 떠서 숲속으로 던져 넣었다. 그녀에게는 그러한 나의 모습이 아주 이타적인 행동으로 존경스럽게 비쳤고 집에 돌아오자마자 곧바로 나에 대한 사랑에 빠졌다고 털어놓았다. 목장 주인이 암소의 배설물을 치우고, 마사이족의 목동들이 자칼의 배설물을 치우고 여자 친구와 같이 있는 사람이 토끼 배설물을 치우는 것은 지극히 당연한 일인데 그것이 어떤 매력이 있어 아내가 내게 열정을 품은 것인지는 확신할 수는 없다. 하지만 확실한 것은 이러한 행위들이 인간의 손을 지구 가까이 내미는 것이고, 자연의 진실을 간직하고 있는 동물들의 삶과의 만남을 위한 노력이라는 것이다. 그리고 그것들은 우리를 서로에게 가까이 다가가게 한다.

내가 앞에서 말한 바와 같이 우리의 진정한 첫 데이트는 펭귄 무리 사이를 기어다니면서 이루어졌고 아주 가까워지게 되었다. 거기서 우리는 아주 정열적인 키스를 나누었다. 새들의 무리에 둘러싸인 채로, 그리고 마치 천국에 올라가는 듯한 황홀함을 맛보았다. 펭귄과의 아주 가까운 관계가 우리에게 똑같은 정열과 사랑을 느끼고 서로를 원하게 만들도록 전염이 되었던 것이다.

나는 이러한 일에 대해 더 많은 이야기를 나눌 수 있기를 바란다. 야생의 세계와 자연에 대한 진솔한 내적 감동이나, 사랑스럽고 부드러운 낭만을 추구하는 방법에 대해 이야기를 많이 나눈다면 다른 생명체에 대한 우리의 사랑의 결핍이 감소할 것이다. 그러면 우리는 창조의 기쁨과 창조가 맨 처음 이루어지는 곳에 대한 진정한 관계를 활짝 열어나가게 될 것이다.

시간이 많이 남아 있지 않다. 다른 진정한 사랑과 마찬가지로 사람들은 이러한 경험을 기꺼이 하려고 해야만 한다. 이런 일을 하는 것은 자연의 현상을 그저 스쳐 지나가듯이 보는 것이 아니라 우리의 심장을 헤집는 진정한 사랑이어야 한다.

마이클 토비아스 Michael Tobias

마이클 토비아스는 지구상의 생물의 다양성 보존과 동물보호, 그리고 환경 교육을 위해 설립된 '댄싱스타' 재단의 이사장으로 60여 개국으로부터 초청을 받아 정책적 연구와 전략, 인구 통계학적인 분석, 비폭력 행동주의를 위한 생태학적 환경의 역사와 과학적, 윤리적, 심미적, 철학적 골격에 대한 종합적인 접근 방법을 가르쳐주고 있다. 토비아스는 30편 이상의 저서를 저술했으며, 또한 전 세계에 방영된 100여 개 이상의 영화를 직접 쓰고, 감독하고 제작했다. 1996년 토비아스는 동물 연구에 대한 공로로 '커리지 오브 콘사이언스' 상을 수상하기도 했다.

03

영혼의 교감

하나의 지구, 하나의 영혼

게리 코왈스키

　모든 시대와 문명을 막론하고 사람들은 살아 있는 지구를 존경과 숭배의 대상으로 삼아왔다. 고대 그리스인들은 지구를 가이아_{대지} 여신으로 모시고 숭배하였으며, 가이아 여신은 화학적 반응을 통해 생명체를 탄생시키고 이를 진화시키는 놀라운 기적을 베풀어 지구상의 다양하고 풍부한 삶을 창조했다고 믿었다. 그뿐만 아니라 모든 생명체에게 골고루 다양한 능력을 부여함으로써 생태 환경의 균형을 이루는 것이 가장 중요한 것이라는 지혜를 가르쳐주었다고 한다. 이러한 여신의 균형 잡힌 환경을 유지해야 한다는 생각은 오늘날 우리의 육체와 정신에 고스란히 계승되어 왔다.

　오늘날 자연의 야생동물들이 우리가 생각해왔던 것보다 훨씬 더 놀라운 능력을 가지고 있다는 것은 전 세계 여러 곳에서 입증되고 있다. 심지어는 아마도 인간의 능력과 사고를 넘어서는 능력을 가지고 있는 동물도 있는 듯하다. 1963년 12월 동물학자인 아드리안 코르틀란트Adriaan Kortlandt, 1918~는 놀라운 사실을 증명했다.

　그는 아프리카 열대우림에서 해가 넘어가는 모습을 바라보고 있었다. 웅장한 수풀과 초원 위로 온 천지를 붉게 물들이며 서서히 해가 떨어지는 모습은 저절로 감탄사가 우러나오는 장엄한 광경이었다. 이때 숲 속에서 갑자기 침팬지 한 마리가 나타났다. 파파야를 지니고 있었는데 걸음을 옮길 때마다 허리춤에 매달려 덜렁거리고 있었다. 휴대용 스낵인 셈이었다. 석양이 넘어가는 것이 보이는 곳으로 나온 녀석은 파파야를 바닥에 내려놓았다. 그러고는 꼼짝도 않고 그 자리에 서서 노을의 색깔이 시시각각으로 변하는 황홀한 광경을 넋을 놓고 지켜보고 있었다. 15분 동안이나 그렇게 바라보더니 해가 넘어가자 천천히 숲 속으로 돌아갔다. 바닥에 내려놓은 파파야는 그 자리에 놓아 둔 채로…… 경치에 취해버렸었나 보다.

서서히 어둠 속에 잠겨가는 하루의 햇살을 바라보고 서 있던 그 침팬지의 마음속에서 어떤 일이 일어나고 있었는지에 대해 우리들은 단지 짐작만 할 수 있을 뿐이다. 그 부드러운 보랏빛과 주홍빛이 그의 상상력을 휘저어놓았을까? 그 황혼이 지난날의 기억을 깨우쳐주거나 떠나간 옛 동료의 얼굴을 떠오르게 했을까? 황홀감에 빠져 망연자실했거나 백일몽의 환상을 보았을까? 누구도 단정지어 말할 수 없을 것이다. 하지만 녀석은 먹을 것과 같이 생명을 유지하는 데 필요한 것 그 이상의 무엇인가를 충족했을 것이다. 그것은 틀림없이 정신적인 욕구요, 감정의 움직임일 것이다.

우리가 떨어지고 있는 노을을 바라보며 서 있을 때, 한밤중 별들로 가득 찬 하늘을 올려다보고 입을 다물지 못할 때, 대양의 파도가 밀려오는 바닷가에 서 있을 때, 오래된 삼나무 아래에서 명상에 잠길 때, 우리는 지구상의 어떤 것보다도 더 현실적이고 강력한 종교에 깊이 빠져들고 있는 것이다. 이런 시간에 우리가 경험하고 있는 이 자연과 우주와의 친밀감이나 경외의 느낌은 우주가 스스로 감추고 있는 진리를 깨우치는 것과 다를 바가 없다.

이러한 감정들이 자연 숭배에 대해 미신이 아닌가 하고 의심할 필요는 없다. 새와 짐승과 숲이 가지고 있는 성스러운 생명력이야말로 가장 원초적이고 인간의 정신적 본질의 모습 그대로다. 독일과 스위스 등 고산지대의 여기저기에서 발견되는 동굴에는 구석기시대의 돌로 만든 도구들이 곰의 뼈와 함께 나란히 놓여 있다. 7만 년 전에 이곳에 거주했던 네안데르탈인의 곰 숭배 사상에 대한 하나의 증거다.

5만 년 전 프랑스의 라삭스 지방에 살던 원주민들은 세계 최초의 종교화를 창작해냈다. 그들은 동굴의 천장을 들소, 검은 숫사슴, 북극 조랑말 등의 거대한 그림으로 장식해놓았다. 최근에 캐나다 정부에서 이들 동굴을 조사하도록 에스키모 사냥꾼들의 대표를 파견했다. 안내하던 가이드가 이 지역에 탄소-14에 의한 연대 추정을 설명했지만 에스키모인들은 그림들이 태고적 것이라는 사실이 중요한 것이 아니라 단지 그림 속에 생생하게 드러나 있는 에스키모인들의 영혼을 보고 있었다.

태초의 우주와 원시 시절의 사람들을 다시 만들어낸다는 것은 불가능한 일이다. 하지만, 아직도 수렵과 채취의 생활방식을 고수하고 있는 아메리카 원주민과 같은 종족들의 사고 세계 중에서 어느 한 부분을 공유하는 것은 가능할 것이다.

포니족북미 인디언의 일족-옮긴이 주의 추장인 레타코츠 레사Letakots Lesa가 21세기로 넘어가는 즈음에 말했다. "이러한 모든 일이 시작되던 바로 그때, 지혜와 지식이 동물들과 함께 있었다. 하늘에 있는 위대한 티라와 신포니족들이 세상을 창조했다고 믿고 숭배하는 신-옮긴이 주은 결코 인간과 직접적으로 말하지는 않는다. 인간에게 전할 말이 있으면, 티라와 신은 동물을 보내서 그 동물을 통해 자신을 보여준다. 그러므로 인간은 동물과 별과 태양과 달로부터 배움을 얻어야 한다."

지난 가을 중부 버몬트의 데드크릭 보호지역을 여행하면서 무언가 아주 중요하고 원초적인 감동을 느꼈다. 흰기러기들의 이동을 관찰하기 위한 여행이었다. 이들은 허드슨 만의 해변에서 자신들의 겨울 서식지인 체사이크까지 매년 이동하는 중에 잠시 이곳에 머물렀다 간다. 1만 마리가 넘는 거대한 새 떼가 습지와 옥수수밭에 내려앉아 먹이를 찾는 모습과 하늘에서 빙빙 도는 모습은 참으로 장관이 아닐 수 없었다. 사방 어디를 둘러봐도 쌍안경에는 온통 새 그림자로 가득 찼다. 이들의 자유와 에너지가 흘러넘치는 광경을 보고 있으면 온몸에 삶에 대한 순수한 열정이 불 붙는 것처럼 달아올라 입도 다물지 못하고 그저 바라볼 뿐이다. 이 장엄한 철새 이동의 한 부분에 동참할 수 있었다는 것은 참으로 큰 축복이었다. 이틀 후 소문을 듣고 친구 몇몇이 찾아갔을 때는 이미 기러기 무리들이 모두 떠나 버린 뒤였다.

수천 마리의 흰기러기들이 남쪽으로 날아가는 광경을 보면서 느낀 감동과 부엌 창문 밖에 매달아놓은 모이주머니에 찾아온 박새를 바라보면서 느끼는 즐거움은 진화론적인 유산의 한 부분이다. 하버드 대학의 생물학자인 에드워드 윌슨Edward Wilson 1929~은 인간은 천성적으로 다른 동물에 대해 애정을 가지고 있다고 말했다.

수천 년 동안 우리는 야생의 환경과의 영향을 서로 주고받으며 진화하여 왔으므로 자연적으로 동물들에 대해 끌리게 마련이다. 그들은 오랫동안 우리 자신의 가계도의 일원으로서 우리가 어디서부터 왔는지, 뿌리가 무엇인지에 대한 잊혀진 기억을 일깨울 수 있도록 도와준다. 윌슨은 이러한 도움을 '생명애 착biophilia'이라고 불렀다. 문자 그대로 생명을 가진 모든 것에 대한 사랑을 말한다. 이것은 우리와 지구상에서 같이 살아가고 있는 나비, 흰긴수염고래 그리고 다른 모든 사랑스런 동물들을 좋아하고 자기도 모르게 끌리는 마음이다.

아이들은 누가 가르쳐주지 않아도 본능적으로 동물을 좋아한다. 윌슨은

"우리는 아주 어릴 적부터 우리 자신과 다른 동물들에게서 행복을 느낀다"고 했다. 우리는 생명이 없는 것과 생명이 있는 것을 구별하는 방법을 배운다. 그리고 마치 불나방들이 등불에 몰려들 듯 생명 있는 것에 끌려든다. 이것은 새끼 오리들이 그 어미를 각인하는 것이나 또는 동물행태학자들이나 어린이들이 꿈틀거리고 움직이는 것들에 매달리는 것과 아주 흡사하다.

최근에 1만 명 이상의 학생들을 대상으로 젊은이들이 좋아하는 책과 좋아하지 않는 책이 무엇인가를 조사한 적이 있다. 조사 결과 젊은이들은 두 가지 주제의 책을 선호하는 것으로 나타났다. 바로 '동물'과 '지금 여기에'에 관한 책들이었다. 동물은 어린 아이들이 자라나면서 삶에 대한 생각을 발전시키는 데 꼭 필요한 존재다. 동물을 가까이 하지 않고 성장하면 정서적으로 경직되고 감정적으로 풍부하지 못할 것이다고 한다고 한다.

감수성이 무뎌지기 전에 다른 동물들의 고통에 대해 깊은 동정심을 느껴야 한다. 에이브러햄 링컨Abraham Lincoln 1809~1865이 어렸을 때, 아버지의 엽총으로 야생 칠면조를 쏴서 잡은 적이 있었다. 이것이 링컨이 처음이자 마지막으로 한 사냥이었다. 피를 흘리며 쓰러진 칠면조를 보고 링컨은 다시는 방아쇠를 당기지 않았다고 한다.

아주 어린 소녀였던 클라라 바턴Clara Barton 1821~1912은 자기네 목장에서 암소를 도살하는 현장을 본 적이 있었다. 도살꾼이 암소의 머리를 도끼로 내리치는 바로 그 순간 클라라는 자신의 머리에 큰 충격이 가해지는 것을 느끼고는 그 자리에서 의식을 잃고 쓰러지고 말았다. 정신을 차리고 난 이후로는 그녀는 철저한 채식주의를 고집했고 한 번도 육류를 먹은 적이 없었다. 이러한 경험들은 동정심이나 애정이란 배워서 생기는 감정이 아니라는 사실을 증명해주는 것이다. 반면에 잔인성이야말로 살아가면서 생성되고 점점 더 심해지는 것이다.

시간이 흐르면 대부분의 사람들은 선천적인 동정심을 잃어가기 마련이다. 부모와 어른들로부터, 교회와 학교로부터 우리는 지구상에서 오직 하나의 종만이 중요한 존재라고 배운다. 동물을 걱정하는 사람들이란 외롭고, 비이성적인 사람이거나 아니면 잘못 배운 사람이라고 가르친다. 동물이란 아무런 감정을 느끼지 못하고, 영혼이라는 것을 가지고 있지 않다고 배운다. 다소 복잡한 기계에 불과하다는 것이다. 단지 인간에게 봉사하고 인간의 욕구를 만족시키기 위해 존재한다는 것이다.

우리는 성장하면서 우리가 어렸을 때 가지고 있던 선천적인 지혜라는 것을 부정하고 자연을 존중하고 두려워하며 동물들과 친하게 지내고 싶은 타고난 느낌을 억제한다. 그리하여 동물들을 연구수단으로, 상품으로, 재료로 사용하고 활용한다. 많은 사람들이 다른 동물들에게 불필요한 고통을 요구하는 것이 '정상적'인 것으로 받아들이게 만드는 것이다.

이제 이러한 거부의 벽을 허물 때가 되었다. 어려서부터 가지고 있는 감수성과 다른 살아 있는 존재에 대한 존경심을 회복해야 한다. 이 일은 특별히 지구가 위험에 처한 지금 이 시기에 대단히 중요한 일이다. 우리가 다른 동물을 어떻게 대우하고 있느냐에 따라서 자연 세계를 향한 우리의 자세가 결정되기 때문이다. 우리 스스로의 마음을 열지 않는다면 어떻게 열대 우림의 파괴나 오존층의 파괴와 같은 문제들을 해결할 수 있다는 희망을 가질 수 있겠는가?

멸종에 대한 개념은 우리가 쉽게 이해할 수 있는 성질의 것이 아니다. 우선, 죽어가는 각각의 동물들에게 있어서 죽음이 무엇을 의미하는지를 알아야 한다. 실제로, 인간만이 사랑하는 존재가 세상을 떠나는 것을 슬퍼하고 아파하는 존재는 아니다. 코끼리도 그들의 동족의 죽음에 대해 조의를 표하고 때로는 묻어주기까지 한다. 어미 물개는 자신의 새끼가 사냥꾼에게 죽어가는 것을 보고 눈물을 흘린다. 생물학적 본능이 죽음과 마주쳤을 때 어떻게 느끼고 어떻게 행동하라고 이끌어준다. 그러나 어떤 종의 멸종이란 전혀 다른 것이다. 왜냐하면 이것은 모두가 살아 있는 어떤 종족의 일부의 죽음이 아니라 아직까지 태어나지 않은 다음 세대도 같이 죽어버리는 것이기 때문이다.

죽음이란 생명의 한 부분이다. 태어나면 반드시 죽는다. 반면에 멸종이란 생명의 절멸뿐만 아니라 아예 탄생 그 자체의 종말이기도 하다. 지금 살고 있는 생명의 수백만 배, 수천 만 배가 죽어가는 것이다. 이러한 상상조차 안 되는 거대한 위협을 어떻게 감당할 수 있을까? 어떤 슈퍼컴퓨터로도, 어떤 위대한 위인도 이를 제거할 수 없다.

그러나 한 마리 한 마리 위험에 처한 동물들에게는 어렵지 않게 구조의 손길을 베풀 수 있다. 케이코는 실제 존재했던 범고래다. 바로 〈프리 윌리 Free Willy〉(1993)라는 영화에 출연했던 고래다. 영화에 출연한 이후로 케이코는 대부분의 삶을 살았던 작은 탱크에서 오레곤 해변에 특별히 설계된 해양 포유동물 보호센터로 옮겨졌다. 그리고는 마침내 고향인 아이슬란드 바다로 다시 돌아갔다. 녀석의 귀향 여행은 전 세계의 주목을 받았다. 마음만 먹으면 우리에게 아직도 능력이 있다는 것을 보여준 사례다.

우리는 고래, 게, 사슴 등 무슨 동물이든지 고통을 겪고 있는 동물들을 이해할 수 있다. 우리의 본능적인 레퍼토리의 일부인 것이다. 우리는 인간뿐 아니라 다른 종들의 병들고 다친 개체들을 보살필 수 있는 능력을 가지고 있다.

어느 도시의 동물원에서 한 꼬마가 정신을 잃고 고릴라 우리 안에 떨어진 적이 있었다. 고릴라들은 즉각적으로 소년에게 다가가서 구조대원이 올 때까지 소년을 부드럽게 토닥여주었다.

우리 영장류들은 근본적으로 공격적인 동물이다. 물론 적절한 환경에서는 온화한 동물이기도 하다. 한 연구소에서 원숭이들을 대상으로 한 가지 실험을 했다. 실험 대상 원숭이들에게 다른 원숭이에 전기 충격을 가해야만 음식을 주는 실험이었다. 그들이 전기 충격 버튼을 누르지 않으면 먹을 것을 주지 않았다. 놀랍게도 실험에 참가한 원숭이들 중 87퍼센트가 양심적인 관찰자가 되었다. 자기들의 동료에게 전기 충격을 보내고 음식을 얻는 것을 거부한 것이다. 어떤 원숭이는 2주 동안이나 굶으면서도 이러한 잔인한 행위를 하지 않았다.

비록 인간들이 항상 친절한 동물은 아니지만 다른 사람들의 고통에 대해 동정심을 가지고 있다. 엑손사의 원유 유출 사고로 기름투성이가 된 새들을 닦아주던 자원봉사자들이 보여준 감동처럼 자신 말고 다른 사람이나 동물들에게 관심을 쏟을 수 있는 마음이야말로 우리가 영원히 간직해야 할 에너지다. '동물 권리를 위한 십자군'이라는 단체는 우리가 돌볼 수 있는 지금 지구를 구해야 한다는 캠페인을 벌이고 있다.

환경의 위기는 정신적인 위기다. 잃어버린 정신을 다시 찾아낼 때까지는 이 문제를 해결할 수 없다. 잃어버린 정신이란 우리가 얽히고설킨 생명체의 그물망에서 분리될 수 없는 존재라는 사실을 스스로 깨우치는 것이다. 동물들이야말로 우리에게 이러한 연결고리를 깨닫게 해주는 스승이다. 우리가 그들로 하여금 우리의 스승이 되도록 허락하기만 한다면, 그들은 우리의 심장을 어루만져줄 것이다. 우리가 그들의 눈을 들여다본다면 우리의 인간성에 옮겨 심어야 할 슬픔과 기쁨을 볼 수가 있을 것이다. 우리가 우리의 의식의 범위를 넓히기만 한다면 우리만이 이 지구상에서 춤추고, 꿈꾸고, 노래하고, 장엄한 석양을 보면서 감동하는 동물이 아니라는 것을 알 수가 있다. "동물 한 마리도 사랑해보지 않은 사람은 영혼의 어느 부분인가가 아직도 깨어나지 않았다"라고 아나톨 프랑스Anatole France, 1844~1924는 말했다. 다시 한번 말하지만 동물은 우리에게 삶의 모든 부분이 소중하고 값진 것이라는 것을 깨우쳐주는 스승이다.

수없이 많은 시간과 장소에서 가르쳤던 하나가 되는 삶이라는 것은 기억조차 희미한 먼 옛날의 기록이 되어버렸다.

성경은 말하고 있다. "동물들에게 너를 가르쳐달라고 말하거라. 그리고 하늘을 나는 새들에게 너를 가르쳐달라고 말하거라. 아니면 흙에게 말하라. 너를 가르쳐줄 것이다. 땅 위에 있는 물고기들이 네가 누구인가를 알려줄 것이다."

이슬람 경전인 코란에는 이렇게 쓰여 있다. "지구상에는 짐승이라고 생긴 것은 아무 것도 없다. 두 날개로 날아다니는 동물도 없다. 그들은 바로 너와 똑같은 인간 존재다."

11세기의 유명한 중국의 철학자인 장자莊子, BC 369~289?는 다음과 같이 말했다. "하늘은 나의 아버지요, 땅은 나의 어머니다. 그리고 나처럼 아주 작은 존재도 그 안에서 편안한 장소를 찾을 수 있다. 만물은 다 나의 형제요 누이이며, 다 나의 동반자다."

그리고 수Sioux족의 성인聖人인 블랙 엘크는 다음과 같이 말했다. "우리는 삼라만상이 위대한 영혼이 만들어낸 것이라는 것을 잘 이해해야 한다. 우리는 위대한 영혼은 모든 물건, 즉 나무, 풀, 강, 산, 네 발 달린 사람, 날개 달린 사람들 모두의 안에 있다는 것을 알아야 한다. …… 우리가 이 사실을 우리 마음속 깊이 이해할 때 우리는 비로소 위대한 영혼을 두려워하고, 사랑하고, 알게 되는 것이다. 그리고 나서야 우리는 위대한 영혼이 원하는 대로 존재하고 행동하고 살아가는 것이다."

마하트마 간디Mohandas Gandhi 1869~1948는 이렇게 말했다. "어느 한 국가의 위대성과 도덕적 발전은 그 나라에서 동물들이 어떻게 대우받고 있는가에 의하여 측정할 수 있다."

모든 생명이 다 신성한 것이라는 아주 원초적인 지식을 회복하는 것을 통해서 우리는 우리의 세상을 구원할 수 있을 뿐만 아니라 우리 자신의 영혼을 구할 수 있다. 또한 다른 생물체들과 비폭력적으로 살아가는 방법을 배우는 것을 통해서 우리는 그 안에서 평화를 구할 수 있다.

게리 코왈스키|Gary Kowalsky

게리 코왈스키 목사는 영혼과 자연의 관계의 연결고리가 무엇인가를 주로 연구했다. 하버드대학교를 졸업한 뒤 현재는 버몬트에 위치한 벌링턴 유니테리언 유니버셜리스트 연합교회에서 목사로 재직 중이다. 『동물의 영혼The Soul of Animal』을 비롯한 다수의 책을 저술했다.

거북 아저씨

조지프 브루책

내가 아주 어렸을 때, 매년 봄이면 숲 속에 핀 노루귀 미나리아재비과의 쌍떡잎식물-옮긴이 주 꽃이 사그라져갈 때쯤 할머니와 할아버지는 나를 데리고 저녁 드라이브를 나가곤 했다. 우리는 보통 사라토가 호수나 쉴러빌로 차를 몰았다. 그리고 다른 차들보다 훨씬 더 천천히 운전을 했다. 거북을 찾고 있었기 때문이다.

매년 변함없이 같은 장소에서 길을 건너는 녀석들을 발견했다. 나는 얼른 차에서 내려서 녀석들을 들어내어 구출해주었다. 녀석들이 자기들의 굴로 돌아가기 위해 도로를 횡단하기 전에 녀석들을 들어내거나 아니면, 도로 중간에서 위험이 다가오는 것을 기다리고 있는 녀석들을 구해내야 했다. 숲거북과 붉은귀거북은 여우나 곰을 만나면 머리와 꼬리, 다리를 등껍질 안으로 끌어들여서 위험을 피한다. 하지만 아무리 두꺼운 껍질이라 할지라도 2톤이 넘는 차량으로부터 생명을 보호하기엔 너무 연약했다.

"거북들은 터프한 녀석들이지만 약간의 도움을 필요로 하는 존재들이란다." 할아버지께서 말씀하셨다.

할아버지는 아베나키 인디언Abenaki Indian의 후예다. 할아버지는 무슨 말을 할 때면 어깨를 추켜 세우는데 이것을 아베나키 인디언들의 습관이다. 그리고 왜 얼굴이 검으냐고 물으면 프랑스계 캐나다인이라서 그렇다고 말했다. 어떤 측면으로 보면 그 말은 사실이다. 증조할아버지가 퀘벡의 성 프랜시스 마을로부터 애디론댁 산맥의 아랫마을인 뉴욕의 그린필드 센터로 내려왔기 때문이다.

성 프랜시스 마을의 아베나키식 이름은 '촌 동네'라는 뜻을 가진 오드나크이다. 이곳에 로저스의 수색대가 주둔하고 있다가 아베나키 인디언들을 소탕한 것이다. 그날 그들이 소탕한 주민의 대부분은 성 프랜시스 마을에 있는 가톨릭 성당에 숨어 있던 어린이들과 부녀자들이었다. 이 비인도적인 습격에 대한 이야기는 영화 〈북서항로Northwest Passage〉를 비롯해 여러 책에 잘 나타나 있으며 결코 잊혀지지 않을 사건이다. 성 프랜시스 마을의 주민들은 거북처럼 아주 강한 생존력을 가진 사람들이었다.

할아버지는 머리를 껍질 속에 감추고 있는 거북 한 마리를 들어올리고는 뭐라고 부드럽게 말을 건넸다. 그러자 그 거북은 머리를 내밀고는 눈을 크게 뜨고 할아버지를 쳐다보는 것이 아닌가. 그러면 할아버지는 항상 얼굴에 웃음을 띠는 것이었다.

"자 이놈을 한번 보거라" 하고 할아버지가 말했다.

자세히 들여다보니 거북의 가죽 같은 목살이 얼마나 거칠어 보이는지를 알 수가 있었다. 할아버지의 주름투성이 손등과 많이 닮아 있었다. 어느 날 밤에는 할아버지가 자신만큼 크고 서로 닮은 거북을 안고 있는 꿈을 꾸었다. 어디까지가 거북이고 어디부터 할아버지인지 헷갈리는 꿈이었다.

나는 따뜻하고 공기 냄새가 달콤한 어느 봄날 저녁을 기억하고 있다. 자연의 삼라만상이 깨어나고 생동하는 축제의 분위기가 가득 찬 저녁이었다.

새들의 지저귀는 소리가 들려왔다. 기나긴 추운 겨울 동안 숲 속을 떠났던 새들이 돌아온 것이다. 멀리서 달콤한 소리로 지저귀는 볼티모어 오리올_{꼬꼬리의 일종으로 미국산 찌르레깃과의 작은 새 - 옮긴이 주}과 높은 소리로 짖어대는 와블러_{벌레잡이(딱새)과의 새 - 옮긴이 주}들의 소리가 숲을 가득 채웠다. 녀석들의 노랫소리와 현란한 색깔이 마치 아무도 모르는 지난 밤에 활짝 망울을 터뜨린 꽃마냥 나무꼭대기에 가득 열려 있다.

평일 저녁에는 두세 마리의 거북을 찾았고 주말에는 여섯 마리까지 찾아낸 적도 있다. 우리 집 뒤뜰에 있는 푸른 가문비나무 주위에 나무 판자로 울타리를 만들었다. 그리고 그곳에 한두 마리의 거북을 넣어두었다. 녀석들을 놓아주기 전까지 보호해주는 것이다. 그러고는 도로로부터 멀리 떨어진 안전한 숲 속에 풀어준다. 거북들과 나는 어린 시절부터 이어져 내려오는 특별한 관계를 맺고 있다.

돈 바우먼_{Don bowman}은 80세 후반의 노인으로 우리 집에서 그리 멀지 않은 곳에 살았다. 그는 내가 쓴 책을 읽어 보고는 7년 전부터 지금 살고 있는 델라웨어에서 여러 번 편지를 보내왔다. 내가 어려서 스프린터빌 언덕에 살았던 것을 알고는 혹시 그곳에서 조그만 가게를 운영하던 제시 바우먼을 알고 있는지 물어왔다. 제시 바우먼은 바로 우리 할아버지였다.

돈 바우먼은 할아버지가 20~30대 때에 알고 지냈던 친구라고 했다. 내가 태어나기 훨씬 전의 일이다. 그는 타고난 이야기꾼에다가 평생 동안 각 지방의 역사와 허풍 섞인 이야기 등 종류를 막론하고 이야기를 수집해왔다. 그는 편지로 내가 태어나기 이전에 이곳이 어떤 곳이었는가를 아주 자세하게 설명해주었다.

한번은 이렇게 물어왔다. "아직도 사람들은 당신의 할아버지를 '거북 아저씨'라고 부르나요?" 그러고는 어떻게 해서 할아버지가 그런 별명을 가지게 되었는지에 대해 설명했다. 내가 전에는 한번도 들어본 적이 없는 이야기였다.

어느 봄날, 돈이 우리 할아버지 가게에 들렀다. 그곳에는 꽤 오랫동안 두 개의 오래된 욕조가 놓여져 있었는데 돈은 한번도 관심을 가지고 자세히 들여다본 적이 없었다. 그러던 어느 날 우연히 그 안을 들여다보니 한 욕조 안에는 흙이 깔린 바닥에 두꺼비 두세 마리가 팔짝거리고 있었고 다른 욕조에는 중간쯤 차 있는 물속에서 열서너 마리가 넘는 거북들이 헤엄을 치고 있었다.

그가 왜 욕조 안에 거북과 두꺼비들이 가득 들어 있는지를 물으려는 순간 한 꼬마 여자 아이가 자전거를 타고 들어왔다. 소녀는 한 손에 거북을 들고 있었다.

"거북 아저씨" 하고 소녀가 불렀다. "도로에서 또 한 마리 거북을 찾아냈어요. 1페니 주실 거죠?"

할아버지가 소녀에게 1페니를 주고는 거북을 받아서 욕조에 넣었다. 소녀는 그 돈으로 캔디를 사가지고 갔다.

"제시! 이게 무슨 일이에요?" 하고 돈 바우먼이 물었다.

"아이들이 거북과 두꺼비를 가지고 오면 1페니를 준다네. 그리고 두꺼비는 우리 정원으로 보내지. 그러면 벌레를 아주 잘 잡아먹거든" 하고 할아버지가 대답했다.

"그렇다면 거북들은?" 하고 돈 바우먼이 물었다.

"오, 그 녀석들은 호수에 가져다 놓아주지. 강한 녀석이긴 하지만 이렇게 가끔씩 도와줘야 하거든."

돈 바우먼이 할아버지를 빤히 쳐다보았다. 설명이 부족하다는 뜻이었지만 할아버지는 그저 어깨만 한 번 으쓱해 보였다. 그리고 말했다.

"우리 아버지께서 항상 거북들을 잘 보살펴주어야 한다고 말씀하셨거든."

미국의 원주민들은 오랜 세월 동안 동물의 정체성을 이해하고 동물과 함께 살아가는 전통을 부족의 규율로 정해놓았기 때문에 세계관에 대한 출발점이 다르다. 그리고 자연의 세계에 대한 관계 속에서의 그들의 생활을 영위하는 방법이 다르다.

내 친구인 톰 포터Tom Potter는 최근에 『클래놀로지Clanology』라는 책을 출간했다. 그는 모호크 인디언족모호크 강 연안의 북미 인디언 -옮긴이 주인데 이 책은 이러쿼이족뉴욕 주 중부에 살았던 아메리카 인디언의 5부족 연합부족 -옮긴이 주의 부족 시스템에 대해 연구한 책이다. 비록 이러쿼이족의 문화와 언어가 아베나키족과 다르기는 하지만 우리는 많은 것들을 공유하고 있다. 이 책은 비록 얇지만 내용은 깊이가 있다. 그는 중요한 모호크 부족의 상징, 즉 거북에 대해 썼다.

"거북 부족은 모호크족의 하나다. 거북은 지구 전체를 상징한다. 다시 말해서 우리는 거북의 등 위를 걸어다니고 있고 거북 부족 사람들은 우리 민족의 기초를 이루고 있다. 때문에 그들은 매우 견실하고, 결단력이 강하며 겸손하면서도 고집이 센 종족이다"라고 기술했다.

20년 전 어느 늦은 여름날, 올드 포지의 애디론댁 마을에서 나의 친구이자 학교 교사인 모리스 데니스Maurice Dennis의 뒷마당에서 이야기를 나누고 있었다. 그는 항상 조그마한 불을 켜놓고 주위에 모기를 쫓아내는 연기를 피웠다. 모리스는 아베나키 언어로 므다웰라시스라고 불렸다. '작은 물딱새' 라는 뜻이다. 모리스는 삼나무로 동물 모양의 장승을 만들고 있었다. 잠시 쉬는 동안 그는 장승의 바닥 기초 부분을 가리키면서 말했다.

"항상 저 밑바닥에 거북을 새겨 놓는다네. 자기의 등으로 무게를 지탱하는 모양이지." 그는 거북 등껍질 위에 손을 얹고 몇 조각으로 되어 있는지 세어 보게 했다.

"열셋이네." 내가 말했다.

"그렇지. 모든 거북은 열세 개의 등껍질 조각을 가지고 있다네." 그가 말했다. "이 13이라는 숫자는 매년 열세 개의 달이 떠오르는 것을 나타내지. 그리고 아베나키 부족이 열세 개의 나라를 세웠음을 의미하기도 한다네. 이 열세 개의 나라가 나중에는 열세 개의 식민지가 되긴 했지만 말이야."

잠시 침묵의 순간이 흘렀다. 그리고 그때 머리 위로부터 아주 부드러운 휘파람 소리가 들려왔다. 고개를 들어 올려다 보니 물딱새 한 마리가 우리 머리 위의 공기를 가르며 날아가고 있었다. 모리스는 손을 들어올렸다. 마치 자기와 같은 이름을 가진 새에게 인사라도 하듯이. 나는 순간 불가사의하다는 생각이 들었다. 어떻게 그 새가 자신의 이름을 우리의 나이 많은 주술사에게 주었는지. 우리는 주술사들을 므다웰리노라고 불렀다. 그들은 의식의 깊은 곳으로 잠입하여 다른 사람은 알아볼 수 없는 것들을 찾아냈다. 마치 물딱새처럼 또 다른 세계로 깊이 잠수하는 사람들이다.

"저 녀석은 무즈 강으로 가고 있군." 모리스가 말했다. 그러고는 고대 거북의 조각상 위에 손을 다시 얹었다. "거북은 우리의 열세 개 나라를 기억하고 있다네." 그는 말을 끊었다. "녀석은 우리를 절대로 잊지 않을 걸세."

인디언의 전설에 따르면 아주 오래 전에 지구는 전체가 물로 덮여 있었다. 사람들이 살아가려면 발을 딛고 설 수 있는 단단한 장소가 필요한데, 그런 곳은 한 군데도 없었다. 새들과 물속에 살고 있는 동물들이 모여서 이 문제를 이야기했다. 그들은 곧 인간이라는 동물이 창조될 것이라는 것을 알고 있었다. 그중에서 오리 하나가 물속의 가장 밑바닥에 가면 무언가 단단한 것지구이 있다고 말했다. 그래서 그들은 다이빙하기 시작했다.

'물에 잠긴 지구를 찾는 다이버들의 전설'은 각 부족마다 조금씩 다르게 전해내려왔다. 이러쿼이족에 전해오는 이야기에서는 모두가 실패하고 마지막에 머스크랫북미산 사향쥐 -옮긴이 주 한 마리가 찾아냈다 하고, 샤우니족에 내려오는 이야기로는 물속 동물들이 모두 같이 지구를 찾아서 들어올렸다고 전해진다. 이 전설 속에서 기본적으로 흐르는 생각은 바로 우리가 아무렇지도 않게 살아가고 있는 이 땅이 이러한 자연의 조화로운 노력에 의해서 만들어졌으며, 우리가 살아갈 수 있는 기반을 모든 동물들이 만들어주었다는 것이다. 그들은 우리의 스승이며 조상들이다. 그들은 이 세상을 만들었고, 우리들보다 더 현명하고 강했다. 그러므로 우리는 그들을 항상 존경하고 잊지 말아야 한다.

아베나키족에 내려오는 전설 중에는 보다 더 극적이고 꿈 같은 이야기가 있다. 즉, 커다란 물새가 물 밑으로 다이빙해서 밑바닥에 있는 작은 지구를 부리로 물고 올라왔다는 이야기다.

아베니키족 전설에 따르면 수면을 뚫고 올라온 새는 지구를 놓아둘 만한 장소를 찾아다녔다. 그냥 두면 다시 바닥으로 떨어질 것이 뻔하기 때문이다. 아무리 둘러봐도 마땅한 장소가 없을 때, 마침 커다란 거북이 물 위로 떠오르더니 말했다.

"내 등에 내려놓으세요. 내가 지구를 등에 지고 다니겠습니다."

물새는 조그마한 지구를 거북 등에 내려놓았다. 그러자 작은 지구는 점차 커지더니 지금의 크기가 되었단다. 이 세계는 참을성 많은 거북의 등 위에 균형을 잡고 올려져 있고, 거북은 우리를 영원히 떠받치고 있다는 이야기다.

"우리는 거북들을 잘 보살펴야 한다"고 증조부께서 할아버지에게 말했다. 그 거북은 13개의 아베나키 부족의 국가에 대한 기억을 등껍질에 새겨두고 있기 때문이다. 지금은 사라지고 없는 이들 13개의 부족을 거북은 기억하고 있다. 그래서 매년 봄만 되면 나도 도로에 나온 거북을 구조하러 다닌다.

　이번 봄에는 나의 아내인 캐롤이 같이 나왔다. 우리가 얼마 전에 사들인 케이데로스 레인지에 있는 캠프장에서 거북을 찾아나섰다. 캠프 바로 아래에 버켓 호수라는 작은 호수가 하나 있다. 할아버지께서 어렸을 적에 낚시를 하시던 곳이다. 우리가 거기에 서 있는데 마침 집에서 기르는 애완견인 폭스테리어가 아내에게 다가왔다. 자세히 보니 입에 무언가를 물고 있는 것이었다. 놀랍게도 거북이었다. 꼬리가 짧고 발바닥이 뭉툭한 것을 보니 암컷 붉은귀거북이었다. 수컷은 발과 꼬리가 훨씬 더 길다.

　"거북을 찾아온 것을 보니 이제 녀석도 우리 집안 식구가 된 것일까?" 우리는 서로 바라보며 물었다. 그러고는 폭스테리어에게서 거북을 건네받아 호수에 놓아주고 녀석이 물속으로 헤엄쳐가는 것을 지켜보았다. 그곳에는 많은 친구들이 녀석을 기다리고 있을 것이었다.

　지난 3주 동안에 여러 종류의 거북들이 머리를 내밀고 있는 것을 보았다. 짝짓기 계절이었기 때문이다. "녀석들이 서로에게 뭐라고 말하는 걸까?" 아내에게 묻자 아내가 대답했다. "아마 이렇게 말할 걸. '헤이 너 암컷이니? 수컷이니?' 하고 말이야." 나는 호수 위를 자세히 살펴보았다. 몇 주 동안 눈에 띄던 거북들이 갑자기 보이지 않았다. 거북이들이 알을 낳으러 다른 곳으로 간 것은 아닐까 싶어 걱정이 되었다.

　하지만 다음 날 곧바로 그 염려가 기우였다는 것을 알 수 있었다. 한두 마리도 아니고 네 마리나 되는 거북들이 알을 낳기 위해 우리 캠프 주위의 얕은 모래사장에서 땅을 파헤치고 있는 것을 발견한 것이다. 네 마리 모두 암컷이었다. 나는 그중 한 녀석에게 가까이 가서 무릎을 꿇고 녀석이 작은 다리로 흙을 파내는 모습을 자세히 지켜보았다. 녀석은 모래 속에 적당한 크기의 구멍을 만들더니 그 안에 작고 동그란 알을 네 개나 낳았다.

꾀꼬리 한 마리가 밤나무 꼭대기에서 노래를 불러주고 있었다. 비가 억세게 내리는데도 전혀 아랑곳하지 않고 말이다.

우리는 대를 이어서 거북을 구조해왔다. 그리고 이제는 거북들이 새로운 세대를 세상으로 내보내는 장소를 보살피고 있다. 우리가 사들인 잔디밭과 모래사장이 거북들이 알을 낳는 보금자리가 된 것이다. 나는 할아버지가 나와 함께하고 있다는 것을 느꼈다. 아마 그 땅을 사도록 시킨 것도 할아버지였으리라. 다음에는 할아버지를 꿈속에서 볼 것이다. 그의 거칠고 짐승 가죽 같은 손에 새끼 거북을 가득 안고, 얼굴에는 함박웃음을 가득 띄고 나타나실 것이다.

조지프 브루책 Joseph Bruchac

조지프 브루책은 아베나키 인디언의 역사를 연구한 여러 권의 저서를 출간했으며, 환경주의자로, 민담 수집가로 그리고 작가로서 널리 알려진 학자다. 그는 컬럼비아대학과 해밀턴대학, 트리니티대학의 초빙교수로 있다. 그의 시와 논문과 소설은 《내셔널지오그래픽》과 《스미스소니언Smithsonian》 등 세계적인 학술지에 500여 회 이상 게재되었으며, 성인뿐만 아니라 아동을 위해서도 100여 권 이상의 책을 저술했다. 그는 록펠러 인도주의상과 체로키 네이션 프로즈상, 미국 젊은 독자 선정 우수도서상, 청소년 문학을 위한 니커보커상을 수상했다. 1999년에는 미국 작가 협회로부터 종신 원로작가 상을 수상하기도 했다.

자연의 세계로 돌아가기 위한 비행 연습

트레베 존슨

버몬트의 우드스톡에 있는 맹금류 보호센터에 근무하는 웬디 톰린슨Wendy Thomlinson이 새장 속에 들어섰다. 인조잔디로 씌운 나뭇가지로 만든 횃대 위에서 두 마리의 아메리카 올빼미들이 아래를 내려다보았다. 올빼미의 깃털이 부풀어올랐다. 계피색, 검정색, 흰색, 회색의 겨울 숲의 색깔을 닮은 깃털이다. 녀석들은 눈동자를 빼고는 아무 근육도 움직이지 않는다. 그들의 눈동자에는 걱정과 장난기가 가득 들어 있었다. 깜빡일 때마다 보이는 얇은 막과 속눈썹 때문에 장난스럽게 보인다. 이 얇은 막은 올빼미가 먹이를 향해 낮게 비행하면서 눈동자를 깜박일 때 바닥에서 일어나는 먼지와 긴 풀로부터 눈을 보호하는 역할을 한다. 그리고 그들이 걱정스러워 보이는 것은 아마도 나와 웬디가 자신들의 여유로운 휴식시간을 방해할 것이라는 느낌을 받았기 때문일 것이다.

웬디가 올빼미들이 있는 방향으로 그물을 흔들었다. 올빼미들의 염려가 현실로 나타나는 순간이었다. 녀석들은 게으른 몸짓으로 천천히 본능적으로 새장의 반대편 끝을 향해 날아올랐다. 그곳에는 내가 기다리고 있었다.

도저히 빠져나갈 수 없다는 것을 눈치 챈 녀석들은 휘익 돌아서더니 반대 방향으로 날아올랐다. 천정 바로 밑에는 두 번째 새장으로 갈 수 있는 통로가 있었다. 잠시 후 올빼미 두 마리가 더 눈에 들어왔다. 발톱을 쫙 편 채로 세 번째 새장에서 날아올랐다. 그곳에는 다른 인턴이 그물을 들고 서 있었다. 녀석들은 내 머리 위의 비닐 코팅된 철망을 두 발로 툭 차서 밀어내고 다시 돌아섰다. 마치 수영선수가 수영장 끝에 도달했을 때 자신의 속도를 떨어뜨리지 않기 위해 몸을 접었다 펴는 턴 동작과 비슷한 행동이었다. 녀석들이 제일 싫어하는 비행연습이 시작된 것이다.

맹금류 보호센터에 있는 다른 새들과 마찬가지로, 이들 올빼미들도 병에 걸렸거나 다쳐서 이곳에 왔다. 그리고 이제 야생으로 돌아가기에 충분하게 회복이 되었다. 그러나 우선은 각각 두 가지의 중요한 테스트를 통과해야 한다. 먼저 '날 수 있어야 하고 또 먹이를 잡을 수 있어야 한다.

비행 연습용 새장은 9미터 길이의 새장 세 개를 서로 연결하여 만들었다. 그동안 갇혀 있어서 약해진 날개 근육을 강하게 만들도록 충분히 긴 비행 통로를 만들었고 직선 비행과 곡선 비행을 연습할 수 있도록 각도를 주어서 세팅한 공간이다. 날개의 힘이 강해지고 비행이 쉬워지면 그 다음 테스트로 넘어간다. 회복을 위한 다이어트가 시작된다. 그동안 냉동 생쥐와 들쥐를 녹여서 따뜻하게 만들어 먹여왔던 식사가 살아 있는 동물로 바뀐다. 센터의 직원들은 이들을 건초 밑에 풀어놓아 찾아서 잡아먹게 한다. 시간이 흐를수록 점점 더 깊이 감추어서 먹이를 찾기 어렵게 만든다. 100퍼센트 야생에서 먹을 것을 구할 수 있을 정도로 적응이 되었다고 모든 스태프들이 인정하면, 야생으로 풀어주게 된다.

비행 연습용 새장은 새들이 건강을 되찾기 위해 반드시 통과해야 할 필수 시험이다. 새들이 자연 상태에서의 기동성과 생존력을 얻기 위해 하는 일종의 공중 러닝머신 같은 것이다. 반복적으로 비행 통로를 날아서 왔다갔다 하면서 올빼미들은 비행 중 감각훈련을 병행하게 된다.

올빼미들은 아주 예민한 청력을 가지고 있다. 올빼미의 귀가 소리를 듣게 되면, 예를 들어 검은 쥐가 나뭇잎 아래에 있는 씨앗을 갉아먹는 소리를 들었다면, 뇌 속에 있는 특별한 신경 세포가 먹이가 있는 곳까지 다다를 수 있는 공간을 정교한 삼차원의 지도로 해석한다. 올빼미가 우리 속에 갇혀 있을 경우 이러한 특별한 감각기관은 어떻게 될까? 마치 날개근육처럼 이 기능은 퇴화될까? 그리고 비행 통로를 계속 날아다니면 서서히 재생될까? 그리하여 야생으로 돌아갈 수 있는 정신적·신체적 기능을 회복할 수 있을까? 아니면, 새장에 갇힌 올빼미가 숲 속으로부터, 맹금류 보호센터로부터, 언덕 아래 있는 교육센터로부터 들려오는 모든 종류의 소리에 맞추어서 감각을 유지하고 있을까? 그리고 그 감각이 녀석들의 날카로운 발톱으로 먹이를 낚아채는 마지막 행동까지 성공적으로 전달될 수 있을까?

의사이자 작가인 리처드 셀저Richard Selzer, 1928~는 수술을 '위험한 나라로의 여행'이라고 불렀다. 사실, 아무리 숙련된 의사라 할지라도 다른 사람의 삶과 죽음이 걸린 과정을 걸고 모험한다는 것은 너무나도 위험하다. 알아채기 힘들 정도로 희미한 질병의 등고선과 지나온 병력을 정확히 추적하여 회복할 수 있도록 이끌어간다는 것은 결코 쉬운 일이 아니다. 하물며 같은 인간을 치료할 때도 이러할진대 다른 동물에 대한 치료는 얼마나 어려운 것이겠는가?

"우리는 단지 올빼미의 신체적인 것만 아니라 심리적인 욕구도 이해해야 한다." 맹금류 보호센터장인 줄리 트레이시Julie Tracy가 말했다. "우리는 새처럼 생각하려고 노력한다. 아메리카 올빼미는 일반적으로 온순하고 다루기 쉬운 새다. 참매나 송골매는 아주 까다로운 녀석들이다. 그들은 한시도 쉬지 않고 몸을 움직인다. 마치 숲 속의 아주 빠른 비행체 같다. 만약 참매나 송골매가 몸이 아파서 들어왔는데 소동을 일으키지 않고 얌전히 치료받는다면 그 녀석은 심각하게 아픈 상태라고 할 수 있다.

우리는 흰올빼미의 먹이 잡기 테스트를 위해서 햄스터를 사육해왔다. 햄스터는 이들이 숲에서 잡아먹는 들쥐와 아주 유사하기 때문이다. 햄스터와 들쥐들은 살육자가 자신을 잡으려고 하면 돌아서서 물려고 대든다. 이처럼 새가 정말로 원하는 것이 무엇인지, 어떤 행동을 하는지, 무엇이 필요한지를 끊임없이 관찰해야 한다. 새가 통상 하루 종일 다리 하나로만 서 있는지, 먹이를 잘 먹는지, 배변을 잘 하는지 등 이런 종류의 일상적인 진찰을 통해 녀석들의 상태를 정확히 파악해야 한다.

줄리와 맹금류 재활조정 담당인 채리티 우만Charity Uman과 네 명의 인턴은 새들이 원하는 것에 대해 으레 그러려니 하고 대수롭지 않게 생각하는 경향이 있다. 녀석들과 오래 같이 지내다 보면 자연스럽게 그렇게 된다. 그래서 정기적으로 그들의 진찰 기술을 다른 사람에 의하여 보완시켜준다. 특히 가르치기 힘든 기술 위주로 보완하는 것이다. 채리티는 처음에는 '기본 상식'이라고 생각하고 사소한 것들은 무시하고 그녀가 보아서 특별하다고 생각되는 것만 관찰했다. 하지만 지금은 모든 일상적인 행동을 주의깊게 관찰해야 한다는 것을 알고 있다. 만약 그녀가 스트레스를 받아서 감각이 비정상이라고 느끼면 스스로 잠시 쉬면서 깊은 숨을 쉬는 연습을 하고 접근한다. 그녀는 "우리가 힘든 하루를 보내고 나서 고양이나 개를 안고 쓰다듬어주면 편안해지지만 맹금류들은 우리가 피곤하거나 긴장하고 있다는 것을 자기들이 먼저 느끼고 알아채요"라고 말한다.

야생동물과 같이 일하는 사람들에게는 상식이 되지만 이런 감지능력을 개발하는 데는 시간이 많이 걸린다.

어느 날, 채리티가 아주 특별히 신경질적인 송골매를 다루느라고 애를 먹고 있을 때였다. 줄리가 지나가다 잠시 동안 지켜보더니 슬그머니 들어와서는 아주 조용하게 송골매의 깃털을 손으로 골라주었다. 마치 다른 새가 부리로 깃털을 골라주듯이. 그러자 송골매는 금세 조용히 흥분을 가라앉히고 다소곳해졌다. "정말 놀라운 광경이었어요." 채리티는 말했다. "녀석이 얼마나 낯을 가리는지 다른 사람은 가까이 다가가지도 못했어요. 그런데 줄리가 만지도록 가만히 있다니! 줄리는 새가 무엇을 원하는지 알아내는 그 무언가가 있나 봐요."

줄리가 한 일은 전례가 없는 일이었고, 송골매의 신경질을 가라앉히는 방법을 가르치는 교과서도 없다. 줄리는 그저 경험으로부터 나오는 대로, 본능이 시키는 대로 했고 인간과 동물을 갈라놓은 경계선을 넘어간 것뿐이다. 그리고 그녀가 너무도 조용하고 자신 있게 다가왔고 해치려는 마음이 없다는 것을 보여주었기 때문에 송골매도 기꺼이 자신의 영역을 침범하는 그녀를 받아들인 것이다. 그 둘은 형이상학적인 영역의 중심에서 만난 것이다. 그리고 그곳에서 서로의 기를 주고받은 것이다.

"너가 원하는 건 도대체 뭐니?" 다음 날 아침 내가 송골매에게 물었다.

녀석은 넓은 새장 속에 있는 홰 위에 앉아 있었다. 인조잔디를 감아놓은 나뭇가지로 만든 홰다. 그러고는 커다란 눈을 들어 높은 언덕 꼭대기와 넓고 구름이 가득 덮인 하늘을 바라보고 있었다. 새장 안쪽에는 마르고 비를 맞지 않을 수 있는 홰들도 있었지만 녀석은 안개비가 추적거리며 내리는 바깥쪽에 앉아 비를 맞고 있었다. 헬멧같이 생긴 검은 머리 깃털과 튀어나온 눈썹으로 인해 마치 전쟁터에 나온 병사 같은 모습이었다.

녀석은 고압선에 부딪혀 날갯죽지가 부러졌다. 녀석을 발견한 농부가 애완용으로 키워보겠다는 욕심에 낡은 개장 속에 몇 주 동안이나 가둬두면서 상태가 더욱 악화되었다. 부러진 날개는 끝내 정상적으로 돌아오지 않아서 3~4미터 정도 밖에 날지를 못했다. 결국 녀석은 '훈련 조교'가 되도록 훈련을 받았다. 강사가 야생에서의 송골매의 습관을 설명하고 있는 동안 눈을 동그랗게 뜨고 바라보는 아이들 앞에서 조용히 앉아 있는 역할을 수행하는 것이다.

한때 이 새는 지구상에서 가장 빠르게 나는 새 중의 하나였다. 지상의 먹이를 향해서 내리꽂을 때는 무려 시속 400킬로미터까지 속도를 내기도 했고, 인간의 시력보다 여덟 배나 좋은 눈을 가졌던 녀석이었다. 3킬로미터 이상 떨어진 곳에서도 먹이의 움직임을 정확히 찾아냈다. 그리고 한밤중에도 작은 새들을 찾아내서 낚아챘다.

지금은 이름을 알 수 없지만 야생동물의 행동에 대해서 이름을 붙이는 데 천부적인 재능을 가진 생물학자가 있었다. 그는 송골매의 비행을 보고 '스카이 댄스', '낙하산 곡예', '나선형 비행'이라고 이름을 붙였다. 시인인 로빈슨 제퍼스Robinson Jeffers 1887~1962는 송골매를 '공포의 자아의식'의 상징으로 불렀다.

"네가 원하는 것이 뭐니?" 나는 다시 송골매에게 물었다. 왜냐하면 그렇게 잘 숙련된 장거리 비행사이자 공중 곡예사인 녀석이 현재의 환경을 완전히 받아들이리라고는 생각하지 않았기 때문이다. 비록 녀석이 나를 알아보고 있다는 것을 느끼기는 했지만 아무런 반응도 없었다. 야생의 기운이 아직도 녀석에게서 풍겨져 나온다. 녀석은 감금상태에 있는지도 모른다. 하지만 아직은 굴복하지 않은 듯하다. 긴장하고, 쏘아보고, 경계하고, 다음에 일어날 것을 기다리고 있었다. 나는 이러한 인상을 녀석이 말을 하지 않아도 비를 흠뻑 맞으면서 새장 밖에 서 있는 녀석의 모습에서 읽을 수 있었다.

아직까지도 나는 무엇인가 더한 것을 바라고 있다. 그 형이상학적 영역의 가장자리에서 녀석의 자아의식의 깃털을 빗겨줄 수 있는 날이 오기를 기대하고 있다. 그곳은 녀석에게도, 나에게도 속하지 않는 영역이지만 녀석이나 나나 원하기만 하면 다가갈 수 있는 곳이다.

맹금류 보호센터에 오는 대부분의 새들은 희생자들이다. 의도적이든 의도적이지 않든 인간에 의해 피해를 입은 새들이다. 총에 맞은 녀석도 있고 차에 치인 녀석들도 있다. 그림이 그려진 창문에 달려들다가 부딪히기도 하고 애완용 고양이에게 공격당한 녀석도 있다. 기계톱에 둥지가 잘려나가고 불도저에 서식지를 잃어버렸다.

아주 오래전 옛날에는 인간과 동물의 사이가 이렇게 분리되어 있지 않고 수시로 경계선을 넘어다녔다고 한다. 그러면서 서로를 치료해주곤 했다. 인간은 동물을 치료해주고 동물은 인간을 치료해줄 수 있었다는 것이다. 미국 내에는 동물이 사람뿐만 아니라 마을 전체를 위험에서 구해주었다고 전해지는 전설들이 많이 있다. 때로는 동물들이 인간에게 자신과 자신의 종족을 보호해달라고 요청하기도 했다.

시베리아에서 페루에 이르기까지 전 세계의 모든 무당이나 주술사들은 병을 앓는 사람과 병을 일으키게 하는 존재 사이의 중재자로서의 직업을 수행하는 데 도움을 받기 위해 동물들에게 의존해왔다. 주술사에게는 세상의 모든 삼라만상이 살아 있는 것이다. 모든 동물, 식물, 물, 바위, 질병, 마음의 상태까지도 의식을 가지고 있을 뿐만 아니라 모든 다른 생명체들과 서로 의사소통을 하는 것이다.

주술사가 영력이 강하면 강할수록, 이들 사이에서 보다 더 기술적으로 중재할 수 있다. 하지만 그는 절대로 혼자서 나아가지는 않는다. 현대의 외과 의사들처럼 그는 질병의 세계가 위험한 곳이라는 것을 알고 있기 때문이다.

그는 자신의 가이드인 영매와 같이 간다. 주술사가 최면상태에 들어가면 동물들이 그를 마중하러 나온다. 그리고 질병을 어떻게 치료하는지, 어떤 약초를 구해야 하는지, 어떻게 병의 뿌리를 찾아내고 이를 도려내는지를 알려준다.

때때로 영매가 주술사 자신이 동물인 것처럼 행동하게 만들기도 한다. 그래서 인간의 행동으로는 얻을 수 없는 후각이 민감해지고, 재빨리 숨을 쉬게 할 수도 있고, 인간의 의식으로는 깨달을 수 없는 인생무상의 경험을 하게 하거나 삶의 목표를 확실히 알 수 있게 해준다. 모든 살아 있는 생물들이 서로 친구가 되는 영역으로 깊숙이 뛰어들고, 자신의 동물 스승의 발로 헤엄쳐 나아가면서 주술사는 모든 생물이 하나하나 미묘한 생명의 신비와 살아가는 지혜를 가지고 있음을 경험하고 이 지식을 그의 환자를 치료하는 데 이용한다.

나바호족 인디언 친구가 말하기를 "동물이 당신의 삶으로 들어왔다면, 그것은 당신에게 무언가를 가르쳐주러 왔다는 것을 뜻한다"고 했다. 그녀는 자신의 증조할머니에 관한 이야기를 해주었다.

어느 날 친구의 할머니는 애리조나에 있는 자신의 집 근처의 붉은 바위계곡으로부터 마치 어린아이가 우는 듯한 울음소리가 들려오는 것을 들었다고 했다. 그녀가 무슨 소리인가 하고 달려가보니 호저<small>등과 꼬리에 뾰족한 바늘가시가 있는 고슴도치와 비슷한 동물-옮긴이 주</small> 한 마리가 돌에 깔려 있었다고 했다. 친구 할머니가 녀석을 구해서 풀어주었더니 녀석이 할머니에게 숨겨져 있는 옹달샘의 위치를 가르쳐주었다고 한다. 바짝 마른 사막에서 이보다 더한 선물은 없다.

'주술'이란 많은 아메리카 원주민들이 동물로부터 선물받은 영감과 치유력을 위해 사용하는 행위다. 이 선물은 아주 특별한 힘을 지니고 있다. 동물의 인지능력을 인간에게 주입시켜 사람의 인지능력을 고무시켜준다. 즉 동물의 능력을 가지고 인간의 능력을 보강시켜주는 것이다. 한 번 합쳐지면 평생 지속되는 것이다. 이 힘은 다른 사람을 굴복시키기 위해 휘두르지 않는다. 아주 신성한 것이기 때문이다. 이 힘을 받은 사람은 자신의 공동체에 이로운 일에만 사용한다. 이 힘은 동물의 은총으로 받은 것이라는 것을 항상 알고 있기 때문이다.

처음 맹금류 보호센터에 대한 이야기를 들었을 때 나는 이 동물의 신비한 힘과 의술을 생각했다. 나의 오빠는 우드스톡 북쪽 100킬로미터쯤 되는 곳에 살고 있었는데, 어느 날 집으로 가는 도중에 아메리카 올빼미 한 마리가 도로에 서 있었다고 한다. 올빼미 가까이에 차를 멈추었는데도 녀석은 달아나지를 않았다. 그래서 자켓으로 녀석을 감싸고 맹금류 보호센터로 데리고 왔다. 수의사들이 살펴보니 날개가 부러져 있다는 것이었다. 그들은 오빠에게 올빼미는 충분히 회복할 수 있을 것이고 야생에 풀어줄 때 같이 있을 수 있도록 초청하겠다고 말했다.

오빠가 이 이야기를 들려 주었을 때, 나는 보이지 않는 자연의 힘이 그 올빼미를 의도적으로 오빠가 지나가는 길에 서 있게 만들었다는 것을 직감적으로 알게 되었다. 오랫동안 오빠는 우울증으로 고생하고 있었다. 여러 유명하다는 병원을 찾아다니며 치료를 받았고 새로운 약물 치료는 물론 여러 심리학자들의 상담도 받았지만 특별한 효과를 보지 못했다. 그러는 중에 올빼미가 나타난 것이다. 올빼미를 만난 후로 오빠의 증세는 현저하게 호전되었다. 아마도 올빼미의 생명을 구해준 물리적인 행동이 정신적인 에너지와 결합되어서 스스로 치료할 수 있는 물질을 만들어주었다고 생각한다. 동물이 인간의 삶 속으로 들어온다는 것은 무언가 가르쳐주려 한다는 것을 의미한다. 나는 당시에는 비행연습용 새장에 대해 모르고 있었다. 하지만 올빼미가 날 수 있는 능력을 다시 회복한 것처럼 오빠도 자신의 감정적 날개를 사용하는 것을 다시 회복했다고 생각했다.

하지만 모든 일이 희망하는 대로 되어지지는 않는다. 오빠는 올빼미를 날려보내는 영광스러운 현장에 참석하지 못했다. 병원에 다시 입원했기 때문이다. 올빼미를 만나고 나서 몇 주간 호전되었던 증세가 점점 악화되었고, 오빠는 점점 더 깊은 병세로 빠져들고 말았다. 정신이 멀쩡했던 몇 주 동안 무척 노력했지만 며칠 사이에 존재하는 방법조차 잊어버리고 말았다. 제멋대로 움직이는 좌절된 의식의 악보 조각들을 끌어모아 완전한 하나의 합창으로 만드는 것에 실패한 것이다.

나바호 인디언들은 그러한 질환은 균형이 깨졌을 때 나타난다고 말한다. 건강한 상태나 자연 상태에서는 땅과 그 위에 존재하는 모든 것들은 각각 짝을 지어 존재한다는 것이다. 즉, 남자와 여자, 밝음과 어두움, 건조함과 습함같이 말이다. 어느 한쪽이 다른 것보다 더 강해지면 그것이 병으로 나타난다. 질병이란 단순히 육체적 아픔과 고통만이 아니라 정신적인 불안과 사회적인 부적응을 의미하기도 한다.

오빠의 삶을 바라보면서 나는 균형이 흐트러진 세상을 보았다. 그것은 정상적인 생활을 무자비하게 파괴해버리는 무서운 병이다. 이곳의 맹금류들은 흐트러진 균형이 만들어낸 또 다른 형태의 희생자들이다. 그들의 서식지는 인간들의 안락함과 편리함을 위해 파괴되고 정복되어버렸다. 사람들은 남아 있는 자연 속에서 어떻게 행동해야 하는지를 거의 모르고 있다. 만약 어떤 동물이 우리에게 다가와서는 그가 무엇이 필요하다고 말하거나, 또는 우리가 어떻게 우리의 가장 가치 있는 능력을 사용할 수 있는지에 대해 조언을 한다고 해도 우리들 중에 누가 그것을 들어줄 수가 있단 말인가?

맹금류 보호센터의 직원과 자원봉사자들과 대화를 나누면서 그들이 새들의 천성에 순수한 존경심을 가지고 있다는 것을 발견했다. 그들은 이제 회복되어서 풀어주어야 할 때가 된 새에 대한 이야기는 가급적 피하려고 했다. 대신에 그들의 진척사항이나 조교 올빼미에 대한 이야기에 초점을 맞추곤 했다.

"오늘은 정말 믿을 수가 없어. 아퀼라가 나와 있을 때 그렇게 얌전하다니." 젊은 자원봉사자인 헤더 허시 Heather Hersh가 자신이 훈련시키고 있는 날개가 하나밖에 남지 않은 붉은꼬리수리에 대해 연신 감탄사를 쏟아냈다. 맹금류 보호센터 창립자인 샐리 로플린 Sally Laughlin도 내가 이곳에서 생활하는 동안 겪었던 잊지 못할 기억에 대해 이야기해달라고 요청하자, 야생으로 방사한 큰뿔부엉이가 다음 겨울에 그녀의 집 창문을 부리로 두드리며 먹을 것을 달라고 하던 것을 이야기해주었다.

이러한 순간을 기억하도록 만드는 것은 길들여져서가 아니다. 녀석들은 길들여진 것이 아니라 새와 인간이 서로 별개의 것이라는 것을 알고 있었고, 별개의 존재이기 때문에 서로 공유할 수 있는 어떤 부분이 있다는 것을 알고 있었던 것이다. "새들은 내가 그들로부터 아무것도 바라지 않는다는 것을 알고 있어요. 단지 그들의 아름다움과 야성을 존경할 뿐이라는 것도 알고요." 대부분의 새들이 그녀와 함께 있으면 아주 편안해한다는 불가사의한 현상에 대해 설명해주었다.

내 자신이 송골매를 통해서 경험한 것처럼, 야성의 아름다움과 힘이 새들로부터 마치 빛줄기처럼 뿜어져 나온다. 이를 지켜보고 있거나 받아들이면 마치 축복을 받는 것 같은 느낌이 든다. 고도로 민감한 맹금류에게는 이러한 선천적인 본성, 공포를 느끼지 않는 용감성, 인내심, 또는 무언가 소유하려는 욕망도 하나의 선물이다.

비핵주의자인 헤이즐 헨더슨 Hazel Henderson, 1933~, 앨 고어 Albert Gore 1948~, 심리학자 앤 윌슨 섀프 Anne Wilson Schaef 등과 같은 현대의 철학자들이 현대 사회의 집단주의 행동을 비판한 적이 있다. 그리고 물질 만능주의의 만연이 자연에 대한 약탈로 이어지고 있고, 이러한 물질주의에 중독되면 될수록 그 만족도는 점점 더 적어진다는 사실을 밝혀냈다. 앨 고어 전 부통령은 『위기의 지구Earth in the Balance』라는 책에서 "우리는 지구와 지구의 자원을 써서 없애고 있다. 우리의 고통을 없애는 하나의 수단으로 마구 써대는 것이다. 그리고 우리 스스로 없애버린 세계를 그리워하며 인공적인 대체품을 계속해서 만들어내고 있다"라고 말했다.

에드워드 윌슨은 우리 인간이 고통을 받고 있는 질병들은 심리적인 것이 아니라 실제로는 유전적인 요인으로부터 오는 것일 수도 있다고 말했다. 그는 "인간이 본능적으로 생명애生命愛를 가지고 있기 때문에 인간은 자연에 보다 친밀하게 접근할 수 있는 깊은 감정을 보유하고 있음으로써 훨씬 많은 이득을 취할 수 있다"고 말했다. 이 특성은 오랜 도시생활로 인해 많이 약해졌으며 처음에는 생명에 대해 무관심하다가 나중에는 자연에 적대적이게 된다. 사회의 문명화에 따라, 이 추세는 아마도 어쩔 수 없는 것일지도 모른다. 그래서 마치 올빼미가 연습을 통해 쇠약해진 날개의 힘을 다시 얻을 수 있듯이 우리도 자연과의 접촉을 다시 재개함으로써 우리 스스로 잃어버린 이 중요한 부분을 재활성화할 수 있을 것이다.

그렇다면 우리가 자연의 세계로 다시 돌아갈 수 있는 연습을 할 비행 연습장은 어디에 있을까? 어떻게 하면 송골매의 자아의식을 공유할 수 있을까? 자연의 영감을 탐구하는 것은 개인이 가지고 있는 인간의 의식세계에서 빠져나와 야생의 장소로 들어가는 것이다. 그곳은 각자가 홀로 앉아 자연의 영감, 즉 그 자신의 인생의 항로를 명백하게 지시해주는 영혼의 세계로부터 메시지를 얻기 위해 정진하고 기도하는 곳이다. 이곳에서 예수, 마호메트, 라코타 인디언의 추장인 크레이지 호스들과 같은 정신적인 지도자들도 자신들의 종족을 이끌기 위해 필요한 깨달음을 얻었다. 20세기의 라코타 인디언 주술사인 레임 디어Lame Deer, 1900?~1976는 땅 위 높은 곳으로 올려졌다. 올빼미와 매와 독수리의 왕국에까지 올라갔다. 그들은 그에게 그들의 날개 달린 나라의 한 부분이 되어달라고 말했고 주술사가 되기에 필요한 기술을 가르쳐주었다.

나는 레임 디어의 영감을 탐구하는 명상프로그램에 참가해본 적이 있다. 그들이 나를 이끌도록 내버려두었다. 그리고 어떻게 그런 경험이 사람을 바꿀 수 있는지를 목격했다. 레임 디어가 그랬듯이 야생에서 머무는 것을 연장하는 것이 꼭 장엄한 진리의 순간으로부터 오는 것은 아니다. 이것은 자주 탐구자가 자신을 그 장소에 젖어들도록 허락함으로써 얻어지는 축적된 효과일 경우가 많다. 바로 스스로가 자신의 뿌리를 내리게 한 곳이다. 태양과 먼지, 달빛과 바람이 피부를 스치고 지나갔다. 새들과 동물과 벌레들이 레임 디어를 그 땅의 일부로 받아들이고 그녀의 주위에서 자기들의 일상을 살아간다. 동물들와 벌레들의 주변을 자세히 살펴보면 그들 속에 비춰진 자신의 모습을 보게 된다. 하룻동안에 이루어지는 그들의 서서히, 그리고 정교하게 변화하는 모습, 그리고 자신이 변화하는 모습을 지켜보는 것이다.

명상 프로그램에 참가하면서 나는 유타주의 캐년랜드 출신의 사회사업가를 도와주었다. 20년을 함께해온 그녀의 남편은 최근에 죽었으며, 알츠하이머 병을 앓고 있는 어머니를 요양원에서 돌보고 있었다. 그녀는 자신이 살고 있는 대도시 밖에서 살아본 적이 거의 없어서 자신이 마주할 자연의 야생에 어떻게 적응할지 매우 걱정하고 있었다.

그러나 그녀는 명상 프로그램 2일차에 이미 햇볕이 따스하게 내리쬐는 바위에 앉아서 도마뱀에게 자기가 살아온 모든 얘기를 털어놓고 있었다. 도마뱀은 조용히 앉아서 그녀의 이야기가 끝날 때까지 다 들어주고 있었다.

그녀는 남을 도와주는 역할만 해왔지 자신의 편안함과 자신의 문제에 대해서는 누구에게도 도움을 요청한 적이 없었다. 그녀가 도마뱀으로부터 배운 것은 '자연은 그녀의 슬픔을 모두 듣고 증언해줄 수 있을 만큼 충분히 관대하다는 것'과 '지구상의 모든 생명체의 삶을 부드럽게 감싸줄 수 있을 만큼 인정 많은 존재라는 것'이다.

동물들은 소위 '개별적 동물친화의 지렛대 과정Personal Totem Pole Process'이라는 심리 치료 기술에서 변환을 돕는 도우미 역할을 한다. 깊은 이완의 상태에서 사람들은 의식의 백지상태에서 떠오른 것, 즉 자신의 기억, 공포, 질병, 직업상의 문제점 등에 촛점을 두고 집중한다. 그리고 그 속에 자신을 하나의 이미지로 비추어지도록 한다. 이때 자주 떠오르는 것이 동물일 것이라고 심리학자인 엘리지오 스티븐 갈레고스Eligio Stephen Galegos는 말한다. 왜냐하면 동물이야말로 우리의 먼 조상이기 때문이다. 그는 1982년 이 치료법을 개발한 사람이다. 동물들은 자기들에게 주어진 환경 안에서 살아 움직이고, 창조적이고, 자신을 알고, 살기 위해 투쟁한다. 그들은 사람들처럼 개인적인 약점 때문에 부담을 갖지 않는다.

이러한 내면 이미지 치료를 받은 사람은 단지 동물들을 만나기만 하는 것이 아니라 동물들과 이야기도 나누고 그들과 같이 여행을 떠나기도 한다. 그 이야기의 주제나 여행의 과정은 신비롭게도 구체적이고 현실적이다. 때때로 주술사들과 같이 자기 자신이 동물이 되기도 한다. 그리고 동물의 눈과 의식을 통해 세상을 경험한다. 동물들이 우리 속에 갇혀 있거나 상처를 입었을 때, 인간이 느끼는 것과 똑같이 고통을 받는다는 사실과, 아주 간단한 보살핌의 행동이 그 동물들이 건강을 되찾는 데 큰 도움이 된다는 사실을 깨닫게 할 것이다. 그리고 개인적으로 자신의 삶에 대한 새로운 면을 볼 수 있는 눈을 뜨게 하는 효과를 가져올 것이다.

명상 프로그램과 심리 치료 프로그램, 두 가지 모두에서 보통 사람들이 몇 가지 간단한 가이드 라인을 지키기만 하면 사람과 동물과의 만남은 큰 성공을 거둘 수 있다. 동반자 관계를 가져오기 위해서는 겸손이 가장 중요한 가치일 것이다. 여기서의 책임자는 인간이 아니다. 자신을 받아들여준 자연환경이다. 그래서 우리는 두 번째 지켜야 할 덕목으로 조건 없는 인내를 들지 않을 수 없다. 동물에게 급하게 다가가서는 안 된다. 웃고 감정을 토로하고, 통제하려고 대들고, 강력한 첫인상을 남기려 하는, 소위 우리가 직장과 사회에서 성공을 가져다준다고 가르치는 그런 태도들은 통하지 않는다. 우리는 기다려야 한다. 동물들이 먼저 움직일 때까지.

줄리 트레이시가 인턴들에게 필요한 가치들을 설명할 때 이렇게 말했다. "다른 사람들의 개인적인 특성에 대해 자연적인 존경심을 갖지 않은 사람들은 새들과 잘 지내지 못하는 경향이 있다." 가장자리의 영역에서는 우리는 의심하는 것을 버려야 한다. 인과응보라는 우리 생활에서의 친숙한 패턴은 때때로 아무런 의미가 없는 경우도 생긴다. 자연으로부터 받은 본능과 깨달음의 불꽃과 순수한 감성의 세계에서는 아무런 의미가 없게 된다.

미국의 환경보호론자인 버트 슈바르츠실트Bert Schwarzschild는 수바시오 산에서 하이킹을 하기 위해 이탈리아를 방문했다. 이곳은 성 프랜시스가 새들에게 산상 설교를 한 곳으로 유명하다. 그는 안으로 걸어 들어갈수록 더욱 괴로워했는데 산새의 울음소리가 멎은 공중의 침묵과 곳곳에서 발견되는 엽총 탄피들 때문이었다. 이탈리아에서는 산새 사냥이 하나의 게임으로 유행하고 있었다. 그날 밤 그가 침낭에 누워 있을 때 꾀꼬리 한 마리가 잡목이 우거진 숲 속에서 울기 시작했다. 그가 있는 곳에서 아주 가까운 곳이었다. 슈바르츠실트에게는 그 소리가 분명하게 도움을 요청하는 것으로 들렸다. 미국으로 돌아오자마자 그는 수바시오 산을 야생동물 보호구역으로 지정하도록 하는 캠페인을 벌였다. 단지 관심을 기울이고 그의 마음에 전달되는 자연의 메시지를 수신하는 동안 모든 의심을 떨쳐버림으로써 그는 인간과 동물에게 모두 이로운 일을 할 수 있었던 것이다.

오빠가 펜실베니아 북동부에 있는 집으로 돌아가기 전에 오빠를 만나기 위해 나는 우드스톡에서 북쪽으로 차를 타고 가고 있었다. 나는 채리티가 맹금류 보호센터에서 치료하고 난 후에 새들을 풀어주는 상황을 묘사하던 말이 생각이 났다. "우리는 그들이 여기에 있는 동안 다리에 묶어두었던 가죽 끈을 떼어냈어요. 새들은 한참 동안 자기들이 자유로워졌다는 사실을 몰랐죠. 그래서 사람들의 손 위에 그대로 앉아 있었어요. 그 손을 약간, 2~3 센티미터 정도 아래로 내리자 그제서야 새들은 자신들이 날 수 있다는 걸 깨닫게 되었어요." 그래서 마지막에는 공중으로 날아오르려는 새의 자연적 습성에 의해서 스스로 날아갔다.

물론 모든 새를 야생으로 돌려보내지는 않는다. 너무 많이 다친 새들은 안락사시키기도 한다. 다른 새들, 예를 들면 날개를 사용할 수 없거나 한쪽 눈의 시력을 잃은 새들은 훈련 조교로 활용하기 위해 머물기도 한다. 꼭 필요하면 어미를 잃은 새끼들에게 양부모의 역할을 수행하기도 하면서 말이다.

샐리 로린은 대부분의 새들은 우리 속에 갇혀 지내는 것에 대해서 잘 적응을 한다고 했다. "올빼미들은 자기 뒤에 단단한 벽이 있는 한 완벽하게 만족해요. 그들은 아무도 자기들에게 몰래 들어와 해코지 하지 않을 것이라고 알고 있기 때문이죠. 그리고 홰를 높이 만들어주어 아래를 내려다볼 수 있도록 해 자신들이 우월하다는 것을 느끼게 해주면 돼요." 새매나 수리처럼 '즐기기 위해서' 날아다니는 새들은 잘 적응하지 못한다. 이 모든 것은 새들 각자의 성격에 달려 있다.

심지어는 비행 연습장의 똑바른 비행 테스트를 비교적 잘 통과했을 경우에도 자연으로 돌아갈 수 없는 경우도 있다. 이런 경우에는 평생을 우리 속에서 지내거나 그것이 실패할 경우 포기하고 죽는 수밖에 없다. 포식자와 육식동물의 가이드라인에 의해서 살아온 모든 동물들에게 알려진 운명을 감수할 수밖에 없다.

고속도로를 따라 속도를 내서 달릴 때 나는 궁금했다. 무엇이 야성적이고 아름다운 송골매가 되도록 하는 것일까 하고. 그리고 나는 생각했다. 아마도 똑같은 의문이 인간들에게도 주어지지 않았을까 하고. 아마도 오랫동안 아프고 나서 우리도 또한 우리의 자연적인 거주지로 돌아가든지 병원에 남든지 선택해야만 할 것이다. 만약에 그렇다면, 무엇이 우리 오빠를 그렇게 만들었을까? 우리가 만약에 동물의 치유력을 받기 위해 필요한 것이 무엇인가를 잊어버렸다면, 무엇이 우리 인간들을 그렇게 만들었을까?

트레베 존슨 Trebbe Johnson

트레베 존슨은 『세상은 사랑해줄 누군가를 기다린다 The World is a Waiting Lover』의 저자다. 그녀는 자연과 자기 자신의 야성과 매력을 탐구하기 위한 여행을 제공하는 기관인 '비전 애로우'의 사장이다. 그녀는 전설과 자연, 영혼에 대한 저작들을 여러 미디어를 통하여 출간했으며 지금은 펜실베니아 북동부의 시골에 살고 있다.

말벌 나무

마이클 로즈

소년 시절의 일이다. 하루는 뒷산을 산책하고 있었는데 갑자기 폭풍우가 쏟아지기 시작했다. 하늘은 마치 구멍이라도 뚫린 듯이 빗줄기와 우박을 쏟아붓고 있었다. 온몸이 얼어붙고 흠뻑 젖어버렸다. 멀지 않은 곳에서 번쩍하고 번개가 치더니 이어서 천둥소리가 천지를 흔들었다. 귀가 먹먹해질 정도로 큰 소리가 났다. 대기는 물과 얼음으로 딱딱하게 굳어져버린 듯했고 거센 바람에 작은 나뭇잎과 가지들이 미친 듯이 흩날렸다. 옷이 젖는 것 따위는 문제가 아니었다. 어딘가 피할 곳을 찾아야 했다. 그 순간 나는 산 중턱에 있는 무서운 말벌 나무를 떠올렸다.

우리 동네 아이들은 모두 그 말벌 나무를 알고 있었다. 하지만 무서운 말벌이 지키고 있어 아무도 가까이 갈 엄두를 내지 못했던 나무다. 그 나무는 아주 늙은 퇴역 병사 같았다. 나무둥치는 커다랗게 갈라져서 그 사이로 어른이 비집고 들어갈 정도로 큰 구멍이 뚫려 있었다. 그 안에 무엇이 있는지는 아무도 모른다. 왜냐하면 그곳은 말벌들이 갈라진 둥치 주변과 안쪽을 항상 분주하게 돌아다녀 아무도 가까이 가지 않는 곳이었기 때문이다. 처음에는 말벌에 대한 두려움이 들었으나 이대로 비를 계속 맞을 수는 없다는 생각에 말벌 나무가 있는 곳으로 달리기 시작했다.

나무들 사이로 미끄러지고 넘어지고, 쏟아지는 빗줄기로 거의 앞을 볼 수 없을 지경인 상태로 겨우 말벌 나무까지 다다랐고, 나무둥치 사이의 틈으로 몸을 끼워 넣을 수 있었다. 나는 나 자신의 재빠른 행동에 스스로 놀라서 한참을 말없이 서 있었다. 비를 피할 수 있게 되자 주변을 조심스럽게 둘러보았다. 나무둥치 안은 희미한 등불 아래 있는 것처럼 어두웠다. 하지만 말벌은 눈에 띄지 않았다. 눈이 점차 어둠에 익숙해져갔다. 곳곳에 뚫린 구멍과 틈새를 통해 들여다보아도 아주 깨끗한 것처럼 보였다. 나는 그제서야 안도의 한숨을 내쉬고 나무둥치 안쪽의 공간에 앉아 몸을 기대고 쉴 수 있었다.

몇 분이 지나자 다시 폭풍이 몰려오는 소리가 들리더니 내 앞의 나무를 치고 지나가는 것이 보였다. 그러고 잠시 후, 서서히 훨씬 가까이에서 무언가 다가오는 소리가 들려왔다. 깊은 지하실에서 들어 앉은 보일러실에서 들려오는 듯한 붕붕거리는 단조로운 소리였다. 천천히 머리 위를 올려다본 순간 온몸에 난 털들이 모두 솟아오르는 것 같았다. 나무둥치 위쪽에 커다란 벌집이 매달려 있었다. 나는 기겁을 하고 그 자리에 주저앉았다. 수천 마리도 넘는 말벌들이 나무 안쪽을 기어다니거나 날개를 천천히 접었다 폈다 하면서 움직이고 있었다. 일반 꿀벌들의 두세 배 이상은 되어 보이는 이 말벌들은 누구에게나 공포의 대상이 아닐 수 없었다. 그리고 녀석들은 내가 거기에 침입한 것을 알고 있었다.

나는 천천히 그 자리에 앉았다. 다리가 후들거려서 서 있을 수조차 없었기 때문이다. 온몸의 힘이 한꺼번에 빠져나갔다. 너무도 놀란 나머지 살인벌과 말벌에 대해서 지금까지 들은 공포스런 이야기들이 모두 떠올랐다. 어떤 노인이 자기 정원에서 벌의 공격을 받고 죽은 이야기며, 조그마한 소녀가 벌에 쏘여 죽은 이야기, 목을 벌에 쏘여 목구멍이 막혀 죽은 개의 이야기, 말벌에 쏘여 병원 응급실로 실려간 이웃들 이야기까지. 공포에 떨면서 나는 머리 위에 뭉쳐 있는 벌들을 올려다보았다. 녀석들이 금방이라도 날아 내려와서 나를 공격할 것 같았다.

녀석들은 내가 거기 있는 것을 분명히 알고 있었다. 대부분의 벌들이 나를 향해서 내려다보고 있었고 녀석들의 더듬이가 의심적은 듯이 움직이고 있었다. 그리고 이제는 더 많은 벌들이 벌집에서 나와 나를 향해 대치하고 있었다. 녀석들이 붕붕대는 소리가 점점 더 커지고 곧 무슨 일인가 일어날 것이라고 말해주고 있는 것 같았다. 나무둥치 밑바닥에 웅크리고 있었기 때문에 밖으로 재빨리 뛰쳐나갈 수도 없었다. '그냥 밖에서 비를 맞을 걸' 하고 후회가 밀려왔다. 폭풍에 날리는 나뭇가지 따위의 위험은 지금 호시탐탐 나를 노리는 말벌 떼에 비하면 아무것도 아니었는데 말이다. 녀석들은 점점 더 가까이 내려왔다. 몇몇은 내 머리 가까이까지 내려와서 붕붕거렸다. 그리고 나머지 무리들도 서서히 내려오고 있었다.

나는 이제 막다른 골목에 몰린 것이다. 여기서 빠져나가려면 일어서야 하는데, 그렇게 하면 내 머리가 녀석들이 뭉쳐 있는 곳에 닿을 것이 뻔하다. 나는 눈을 감았다. 이 공포스런 상황을 피할 수 있는 유일한 방법이었다. 내 가슴은 공포로 완전히 오그라들었다.

비록 붕붕거리는 소리는 점점 더 커지고 짙어졌지만, 나는 문득 그 소리가 협박의 소리라기보다는 위로해주는 듯한 톤이라는 것을 깨달았다. 공황 상태를 진정시키고 다시 눈을 떴다. 말벌들은 이제 내 주위 사방을 둘러싸고 있었다. 녀석들의 검은 빛을 띤 갈색의 몸뚱아리들이 아주 가까이 있었다. 그럼에도 불구하고 웬일인지 무서움이 사라지고 있었다.

하지만 두려움은 사라져도 그 상황에서 어떻게 해야 할지 몰라 꼼짝 할 수가 없었다. 그 순간 두 가지의 이상한 일이 동시에 일어났다. 하나는 순간 적으로 무언가 불가사의한 평화가 나에게 밀려온 것이며, 다른 하나는 말벌 들이 나에게 아무런 해코지를 하지 않을 것이라는 확신이 든 것이었다. 이 사건 이후 몇 년 동안 나는 그때 왜 그런 일이 일어났는지 이상하다는 생각 을 자주 했다. 그리고 항상 이성적으로, 논리적으로 검토해보려고 노력했 다. 그러나 이것은 논리적으로는 도저히 일어날 수 없는 일이었다.

모든 것이 명백해지자, 나는 그제서야 말벌들이 내는 소리가 나에게 노래 를 불러주는 것이라는 걸 깨달았다. 나지막하게 그리고 부드럽게 붕붕거리 는 소리, 폭풍우가 몰아치는 소리 속에서도 또렷하게 들리는 그 소리는 바 로 말벌들이 나에게 말을 거는 소리였던 것이다. 나에게 안심하라고 달래주 는 소리였다.

이것은 결코 놀라서 죽을 뻔한 어린 소년이 꾸었던 백일몽이 아니다. 나의 의식 속으로 깊이 새겨진, 우리 모두가 내면에 가지고 있는 영원히 늙지 않 는 지혜의 샘 속에 가라앉은 현실이었다. 그들의 노랫소리는 분명히 일부러 내는 소리였다. 깊고 강력하게 의식 속으로 뚫고 들어오는 단조음이었다. 그 리고 소리 없는 그림으로 나와 대화를 시도하는 것이었다.

나는 마음속으로 벌집 안을 들여다보았다. 나는 알과 새끼들이 가득 찬 수 천 개의 방을 보았다. 홀로그래피로 보이는 것 같았다. 그리고 커다란 여왕 벌을 보았다. 나는 말벌들이 자기 사촌인 다른 종류의 벌들처럼 그저 사납 기만 한 것이 아니라는 것을 알았다. 그들은 훨씬 더 유순한 성질을 가지고 있었다. 나의 공포를 몰아내주기 위해 노래를 불러주고 있는 것이다. 그 노 래는 나를 자신들의 마음속으로 들어오라고 손짓하는 것이었다.

그때의 상황을 완벽하게 설명할 수는 없다. 그러나 나는 직관적으로 벌의 무리가 나를 받아들여 주었다는 것을 알 수가 있었다. 나는 안전했다. 그뿐만이 아니라 나는 또한 말벌 나무가 항상 나의 안전지대가 될 것이라는 것을 느꼈다.

폭풍우는 잠잠해졌다. 쏟아붓던 빗줄기도 한결 가늘어지고 땅 위에는 푸른 잎들과 흩어진 나뭇가지들이 널려 있었다. 조용한 가운데 말벌들은 계속해서 노래를 불렀다. 평화로운 초원과 시냇물과 커다란 오래된 나무둥치 그림을 내 마음속에 그려주고 있었다.

그 사건 이후 나는 말벌들의 개체수가 점점 줄어들고 있다는 것을 배우게 되었다. 왜냐하면 그들의 커다란 몸짓은 사람들을 놀라게 하기 때문에, 온순한 천성이 가려져 대량 멸종으로부터 자신들을 보호하기 위한 대피소 역할을 하지 못하는 것이다. 그리고 나는 그들이 이러한 현실을 받아들이고 있다는 것을 배웠다.

놀라움과 감탄과 슬픔을 가슴에 품고 나는 집을 향하여 걸어갔다. 내가 몸을 일으켰을 때 그들은 내 얼굴 앞 겨우 2~3센티미터까지 가까이 왔다. 다리가 저렸다. 내가 나무둥치 속에 있던 시간은 거의 45분 정도나 되었다. 나는 천천히 둥치 속에서 걸어나왔다. 천천히 똑바로. 말벌들은 조용해졌다. 주변에 가득 모여 있는 작은 곤충 한 마리라도 건들지 않도록 조심하면서 걸어왔다.

나는 이 일에 대해 부모님이나 친구들에게 한 마디도 하지 않았다. 세상에는 쉽게 해석이 되지 않는 일들이 있으니까. 지금에서야 그 일이 바로 눈앞에서 벌어지는 것처럼 이야기할 수 있게 되었다. 그리고 처음에는 무척 망설이긴 했지만 가끔씩 말벌 나무의 둥치를 찾아 들어가기도 했다. 그들은 다시는 나를 위해 노래를 불러주지는 않았지만 언제든지 나를 받아들이고 있다는 것을 느낄 수는 있었다.

슬프게도 내가 찾아갈 때마다 말벌의 숫자가 줄어드는 것 같았다. 정말 사랑하는 사람을 잃는 것처럼 슬펐다. 나는 이제 자연을 전과는 다른 시각으로 바라본다. 우리는 하나라는 것을 느꼈으니까. 하나됨을 경험한다면 거기에는 잃음이라는 것은 없다. 나는 지금도 이들 말벌들의 의식이 계속되고 있고 계속해서 우리의 관계가 지속되고 있다는 것을 알고 있다. 나의 가슴 속에는 그들의 노래가 살아 있고 그날처럼 영원히 계속 들려오고 있다.

마이클 로즈 Michael Roads

마이클 로즈는 유명한 오스트레일리아의 생태학자이자 작가이며 심령술사다. 저서로는 『자연과의 대화 Talking with Nature』, 『자연속으로의 여행Journey into nature』, 『신탁The Oracle』 등이 있다.

밤새가 노래할 때

『밤새가 노래할 때』 중에서 발췌

조이스 하이플러

　달콤하고 명랑한 노랫소리야말로 밤새들에게는 하늘로부터 주어진 선물이다. 높고 깨끗한 곳에서 노래하는 음악가인 밤새는 듣는 것은 모두 그대로 따라할 수 있다. 밤새는 가장 높은 나무 꼭대기에 올라 앉아서 들은 그대로 다시 연주하여 모두에게 들려준다. 이 녀석은 심지어 병아리가 얕은 시냇물을 건너 풀숲 사이로 어미 닭을 졸졸 따라다니며 내는 소리까지 흉내낼 수 있다.

　초원은 비둘기와 뻐꾸기와 메추라기의 노랫소리로 가득 찬다. 메추라기는 마치 "너 어딨니?" 하는 듯 울어댄다. 노란 몸에 검은색 목도리를 한 메도우락 미국산 찌르레깃과의 종달새 비슷한 새 - 옮긴이 주은 쏟아지는 햇살 속으로 자유의 노래를 불러대고 어두운 숲 속의 깊은 곳에서는 올빼미가 낮잠을 자면서 쿠룩쿠룩 소리를 내고 까마귀는 지속적으로 까욱대면서 문제를 만들어낸다.

　밤새나 지빠귀의 노랫소리는 다른 모든 소리 사이를 뚫고 시인의 귀에 찾아간다. 지빠귀는 통상 낮에 노래를 부른다. 하지만 녀석은 녹음을 하기에는 너무나 시끄러운 노래를 부르는 것이 보통이다. 벨벳 같은 어둠 속에서 모두가 조용한 때 이따금씩 갑자기 터지는 노랫소리가 밤하늘을 채우기도 한다. 아주 드물게 그리고 짧게 높은 떨림을 일으키기도 한다. 그 소리들은 사람이나 동물들을 변하게 만든다. 그것은 하나의 은총이요 선물이다. 변화는 은총 속에서 찾아 오는 것이다. 그리고 우리로 하여금 어떻게 하면 그 은총을 받을 수 있는 마땅한 자격을 갖출 것인가를 묻게 한다. 대답하는 소리가 들린다.

"아무것도, 아무것도 없습니다. 위대한 하느님의 사랑의 선물입니다."

"조용히 귀 기울이십시오. 그리고 들으십시오."

갑작스럽게 터져나오는 노래, 한밤중에 지빠귀는 마치 더 이상 그의 노래를 간직할 수 없다는 듯이 갑작스럽게 음악을 토해낸다. 이 소리에 때때로 자연조차도 잠을 이루지 못하는 밤도 있다.

밤새의 노래는 삶의 세레나데다. 내면의 굳은 긴장을 풀어주고 삶은 좋은 것이라는 것을 깨닫게 해준다. 이러한 깨달음은 낮 동안에 우리가 겪어야 했던 어려움에 대해 더 이상 걱정할 필요가 없다고 말해준다. 우리는 쉴 수 있을 때 쉬어야 한다고 알려준다. 깊은 잠을 자고 편하게 쉬어야 새로운 날을 맞이할 수 있는 기회를 갖게 되기 때문이다.

내가 자라나던 시절에는 자연의 음악이 아주 중요한 역할을 했다. 왜냐하면 당시에는 교회나 집에 음악을 연주할 악기가 전혀 없었기 때문이다. 그래서 우리는 자연의 소리에 맞추어서 같이 노래를 불렀다. 그 속에서 아름다운 화음을 이루는 소리와 삐걱거리는 소음을 만드는 음정들이 있다는 것을 알아냈다. 자연의 노래는 절대로 귀에 거슬리지 않는다. 어머니와 같이 노래하는 것처럼 항상 즐겁다. 어머니의 목소리는 부드럽고 어떤 노래든지 잘 어울리기 때문이다.

탄저병이 발병했을 때 나의 삼촌은 전염병이 번지는 것을 막기 위해 소들을 태우는 일을 맡았다. 결코 즐거운 일은 아니다. 우리는 말을 타고 목장마다 다니며 무리로부터 떨어져 나온 소들을 잡는 일을 했다. 삼촌은 앞에서 가고 나는 피거라는 말을 타고 뒤따라 갔다. 그러나 나는 삼촌이 인디언 말로 "소의 노래"를 부르는 것을 들을 수 있었다. 비록 우리가 질병과 싸워야 하는 것은 힘들고 어려운 일이지만 그렇게 말을 타고 노래를 부르는 것은 너무도 좋았다.

지금, 나는 달빛 아래 서 있다. 그리고 한밤중의 음유시인이 낮에 부르다만 노래를 부르는 것을 듣고 있다. 나는 이러한 소중한 노래의 기억을 되새긴다. 그리고 다시 한번 옛날로 돌아가고 이들 각각의 특별한 재능을 인식한다. 그들은 아직도 나와 함께 노래하고 있다고 말해준다.

그리고 체로키 인디언들이 〈어메이징 그레이스Amazing Grace〉를 자신들의 아름다운 체로키 말로 부르는 것을 들을 때마다 나의 가슴은 옛날 그 시절의 이야기로 가득 차오른다.

조이스 하이플러 Joyce Hifler

조이스 하이플러는 베스트셀러인 『밤새가 노래할 때When the Night Bird Sing』와 『체로키 인디언의 축제일 Cherokee Feast of Days』, 『이러한 일들에 대한 생각Think on These Things』의 작가다. 또한 전국적인 신문의 칼럼을 연재하고 있다. 히플러의 『체로키 인디언의 축제일』 제 2편은 '더 나은 생활을 위한 책' 상을 수상했으며 세퀴치sequichie 인디언족의 후예인 히플러는 인디언 영토 기념관의 명예의 전당에 헌정되었다.

오클라호마의 기적

『즐거움을 위한 맹세』 중에서 발췌

스카우트 클라우드 리

'오클라호마의 기적'이 우리에게로 온 것은 1982년 3월 7일이었다. 나는 이곳 '랜치' 목장의 북쪽에 있는 호수 옆에 배를 깔고 누워 있었다. 태양은 이미 지평선을 거의 넘어가고 있었다. 어미 말 카노아는 자신의 두 번째 새끼를 낳기에 가장 좋은 자리를 골랐다. 아빠 말 타호스는 미국승마협회의 종마 챔피언의 핏줄이었다. 그러나 망아지일 때 납에 중독되어 고통받아왔다. 수의사는 거세해야 한다고 이야기했고 곧바로 수술로 들어갔다. 하지만 타호스는 이 수술을 정말 싫어했다. 그리고 지금까지 내가 본 어떤 수술보다도 더 힘든 수술이었다. 하지만 타호스는 거세가 되었음에도 열세 달 만에 새끼를 임신시켰다.

나는 어미 카노아가 방금 태어난 오클라호마의 다리를 핥는 동안 그녀의 옆에 가까이 누워 이를 지켜보았다. 이미 새끼의 갈기와 꼬리는 황금색으로 빛나고 있었고 이마에는 하얀 별모양이 선명하게 드러나 있었다. 몸의 털과 갈기는 곱슬곱슬했다. 녀석은 비틀거리며 몇 걸음을 떼더니 돌아서서 나에게 똑바로 걸어왔다. 그러고는 내 코앞까지 와서 나의 눈을 깊숙히 들여다보았다. 나는 녀석의 큰 갈색 눈 속에 내 영혼이 비추어지는 것을 보았다. 그리고 그 순간 내 마음은 빛과 사랑으로 가득 찼다. 나는 가슴 깊은 곳으로부터 터져나오는 기쁨의 소리를 질렀다. 본능적으로 나는 이것이야말로 내 안에 있는 신으로부터의 사랑의 접촉이라는 생각이 들었다. 어떤 종교의 교리도 신성한 이 순간을 부정할 수는 없었다. 나는 즉석에서 녀석의 이름을 "오클라호마의 기적"이라고 지었다.

나는 많은 말을 기르고 있었다. 하지만 오클라호마 같은 녀석은 없었다. 녀석은 귀리나 곡식보다 사람을 더 좋아했다. 우리는 모든 가축들을 랜치 목장 안에서 자유롭게 방목을 시키고 있었다. 그래서 녀석은 내가 가는 곳마다 어디든지 따라다녔다. 우리는 햇살이 비치는 곳에서 같이 누워서 낮잠을 즐기기도 했다. 녀석은 내가 완두콩을 따러 밭에 가면 졸졸 따라왔다. 하지만 먹으라고 주지 않으면 절대 먹지 않는다. 내가 물가에 앉아 있으면 녀석은 마치 강아지처럼 앞다리를 내 무릎에 올려 놓고 쓰다듬어달라고 조른다. 심지어는 내 무릎에 앉으려고까지 했다. 그것도 여러 번씩이나. 고삐에 매서 끌려다니는 것은 녀석에게는 어울리지 않았다. 녀석은 자기가 빨리 자라서 나를 태우고 다닐 수 있는 나이가 되길 목놓아 기다리고 있었다. 바람 속으로 자유롭게 태우고 다닐 수 있기를 말이다. 맨 처음 녀석을 타고 나서 나는 녀석에게 어떤 전사의 이름을 붙여주어야 할까 생각했다. 녀석이 태어난 해 여름에 나에게 큰 재정적인 문제가 발생했다. 사업을 시작하려고 하는데 은행에 단지 3,000달러의 잔고밖에 없었다. 그 돈으로는 겨우 한 달 밖에 살 수 없었고 사업을 위해 투자할 돈은 하나도 없게 되는 것이다.

사업을 하려면 생활비 이외에도 은행에 충분한 자금이 있어야 했다. 특히 잘 모르는 분야에 뛰어들려면 더욱 그랬다. 하지만 내게는 사업 자금은 고사하고 생활비조차 넉넉하지 못했다. 게다가 어머니께서 다리를 다쳐 부모님을 부양해야 할 의무까지 지워졌다.

나는 황혼이 되어가는 저녁시간에 그네에 앉아 삐걱거리는 소리에 장단을 맞춰가며 자금 문제에 대해 깊은 고민에 빠져 있었다. 생각이 어지러워졌다. 휘발유 값은 올라가지, 취직할 데는 눈을 씻고 봐도 찾기 힘들었다. 사람들 모두가 돈이 없었다. 누가 보더라도 잘 다니고 있던 직장을 그만둔다는 것은 미친 짓이라고 생각되는 때였다. 결심을 하기란 너무도 어려웠다. 주저하고 고민하고 있는 중에 어디선가 '낯익은 목소리'가 들려왔다. 누군가가 나의 가슴속으로부터 말하는 소리였다. "당신의 정열을 믿으세요. 당신의 마음을 따라가세요." 나는 은행을 찾아가서 나의 재정상태와 투자 방법을 상의하기로 결정했다.

내가 가진 모든 물건들을 목록으로 만들고 개략적인 가치를 판단하는 데 2주나 걸렸다. 2주 동안 6쪽짜리 서류가 만들어졌다. 살아가는 데 필요한 나의 자산 중에 팔아야 할 것과 팔지 말아야 할 것을 결정해야 했다. 내 리스트에 있는 아끼던 물건들에게 일일히 작별인사를 해야 했다. 나는 가장 중요한 것이 무언지를 알고 있었다. 나 자신의 사업을 일으킨다는 것은 모든 것을 거는 일이라는 것을 깨달았다.

나의 청동침대는 정말 팔기 아까운 것이었다. 그러나 링고 스타를 파는 것은 더더욱 힘들었다. 녀석은 나와 같이 자란 서른 살 먹은 말이다. 서로 많은 이야기를 나누고 오랫동안 타고 돌아다니고 난 후에야 겨우 녀석의 이름을 긴 정리품 목록 맨 마지막에 써 넣었다. 그 과정은 정말 가슴을 도려내는 듯한 아픔이었지만 한편으로는 시원하기도 했다.

이 일을 마치고 나서야, 꿈을 실현하는데 자유로운 느낌이 들었다. 오클라호마의 기적만이 목록에 올리지 않은 유일한 소유물이었다. 오클라호마는 나의 영혼의 거울이었다. 내가 나 자신을 위해 간직해야 할 단 하나의 물건이었다. 오클라호마! 난 어떤 일이 있더라도 끝까지 지킬 거야.

페기라는 여인이 오클라호마가 내게 있어서 정말 소중한 존재라는 사실을 확실하게 상기시켜주었다.

페기는 그해 유월에 목장에 왔다. 시카고에서 온 중년의 사회복지사였다. 그녀의 몸은 구부러진 어깨며, 긴 목이며 불룩한 배가 마치 물음표 같은 모양을 하고 있었다. 그러한 자세를 가진 사람들은 통상 모험을 하지 않는다는 것을 나는 알고 있었다. 그녀는 항상 무언가 의문을 가지고 있었고 스스로 답변을 찾아냈다.

"나는 절대로 오솔길을 혼자 걸어 본 적이 없어요." 어느 날 그녀가 내게 말했다.

"그래요? 그럼 한 번 걸어보세요!" 몇 킬로미터 정도 확 트인 시골길을 가리키면서 내가 말했다. "저기 보이는 시골길 중에 한 군데를 골라서 가보세요. 혼자서!"

나는 알고 있다. "혼자 걸어가기"라는 말이 가지고 있는 은유적 의미를. 나는 이 의미를 그녀의 신경 속으로 각인시켜서 그녀의 마음속으로 자리잡을 수 있도록 해주고자 했다. 그녀가 우주 안에서 유별나지 않으려고 하는 행동은 혼자서 걸어가는 연습이 부족했기 때문이다.

페기는 도전하라는 나의 조언을 받아들여 돌아서서 자신의 의지에 따라 처음으로 오솔길을 향해 첫발을 내디뎠다. 그녀는 한 시간 이상을 혼자서 잘 걸어갔다. 그녀가 걸어간 것은 그저 그런 통상적인 숲 속에서 산책하는 것만이 아니었다. 그녀가 내디딘 한 걸음 한 걸음은 그녀의 남편, 아이들, 친구, 동료와 떨어져서 자기만의 길을 가는 걸음인 것이었다. 그녀는 오클라호마의 구릉 지대를 이리저리 돌면서 걸었다. 연못과 습지와 검은 인도빵나무 숲과 잎이 우거진 버드나무 사이를 지나서 걸었다. 그리고 북쪽에 있는 복숭아와 사과나무 과수원을 지나서 돌아왔다. 과수원은 온통 꽃이 만발했다. 새로움과 달콤함이 그녀를 휘감았다. 이런 풍요로움이 바로 '혼자 걸어가기'의 약속이었다.

그녀는 풍요로움과 새로운 생활의 아로마 향기를 가득 들이켰다. 그녀는 자신의 혼자 걸어가기의 흥분에 휩싸여 크고 당당하게 서게 된 것이다. '혼자서!'라는 단어가 그녀의 귓전에 울려 퍼졌다. '만약 내가 나의 길을 간다면, 나는 혼자일까?'라는 의문이 그녀의 마음속에서 자라났다. 그 해답은 하나의 약속으로 갑작스럽게 얻을 수 있었다. 바로 오클라호마가 나타난 것이다. 녀석은 나타나야 할 완벽한 타이밍을 위해서 페기의 뒤에서 기다리고 있었다. "놀랐지요? 당신은 혼자가 아니랍니다." 오클라호마가 그렇게 말하는 듯했다.

페기는 이루 말할 수 없는 감동에 빠졌다. 그러고는 자기가 발견한 놀라운 사실을 다른 사람에게 알리려고 뛰어갔다. 목장 집으로 가는 작은 길 100미터쯤 되는 곳에 이르렀을 때 그녀는 자신의 뒤에서 무슨 소리가 들려오는 것 같아 멈춰섰다. 바로 오클라호마가 그녀를 따라오는 것이었다. 페기는 한걸음에 내게 달려와 기쁨에 넘쳐 내 손을 잡고는 날아가는 시늉을 했다. 얼굴에는 눈물이 흘러내리고 있었다. "지금껏 아무도 나를 따라온 적이 없었어요. 그런데……." 그녀는 끝내 말을 맺지 못했다.

"당신이 아무 데도 간 적이 없는 것은 아니고요?" 내가 놀려댔다. 나의 사랑스러운 말에게 녀석이 준 선물에 대해 고맙다는 말을 하려고 돌아섰을 때 나의 눈에는 감격의 눈물이 가득 고여 있었다.

나는 그날 오클라호마를 포옹하려고 걸어가던 것을 잊지 못할 것이다. 내가 북쪽의 초원을 향하여 가슴을 펴고 당당하게 걸어가는 동안 바람이 내 눈물을 말려버렸다.

내가 오클라호마에게 점점 가까이가면 갈수록 내 몸은 더욱 가벼워지고 있는 것 같았다. 녀석은 언덕 위에서 환한 빛을 내고 있었다. 녀석의 부드러운 갈색 눈은 다시 한번 나의 눈을 똑바로 바라보고 있었다. 나의 영혼까지 꿰뚫어보는 것처럼. 내가 전에 한번도 들어보지 못한 것 같은 음악이 들려오고 있었다. 그 음악이었다. 내가 바로. 그때 나는 처음으로 천사가 노래하는 것을 들었다. 나는 오클라호마를 끌어안았다. 그리고 그렇게 함으로써 세상의 모든 것을 끌어안았다. 하나를 끌어안음으로써 전체를 포옹한 것이다. 나는 모든 생명 있는 것을 끌어안은 것이다.

오클라호마의 기적이 나의 정리물품 목록에 들어가지 않았던 것이 얼마나 다행인지!

1982년 아주 춥고 바람이 몰아치는 겨울의 어느 밤이었다. 바람이 세차게 그리고 오랫동안 불었다. 나는 오클라호마 옆에 누워서 벌벌 떨고 있었다. 우리는 조금이라도 따뜻해지려고 건초더미 속에 몸을 파묻고 있었다. 일주일 동안 우리는 녀석의 목숨을 위협하는 희귀한 바이러스와 싸우고 있었다. 이 치명적인 바이러스를 옮기는 쥐 한 마리가 우리 지역의 곡물 저장고에 기어들어갔다. 그 곡물들이 포장되어 사료시장에 나갔고 내가 우리 집의 아홉 마리 말에게 먹이기 위해서 그것들을 사온 것이다. 그리고 오클라호마가 그중에서 치명적인 바이러스에 감염된 곡식을 먹은 것이다.

일주일 동안 나는 이러한 위대한 신의 선물과의 만남이 짧은 것을 원망하면서 울었다. 북아메리카 전역의 모든 사람들은 오클라호마의 기적을 알고 있었고 녀석을 사랑했다. 녀석은 태어난 지 겨우 8개월밖에 되지 않았다. 오클라호마가 죽음의 숨결을 헐떡이면서 나에게 말했다.

"모든 것은 구름이에요. 모든 것은 아무것도 아닙니다. 당신은 집착으로부터 자유로워야 합니다."

내 꿈과도 바꾸고 싶지 않았던 유일한 존재, 그 녀석을 이제는 보내줘야만 한다는 사실이 하염없이 슬펐다.

스카우트 클라우드 리|Scout Cloud Lee

스카우트 클라우드 리 박사는 일리노이주립대학교와 오클라호마주립대학교에서 교수를 지냈다. 그리고 최상의 성취Peak of Performance 분야의 개척자로서 널리 알려져 있다. 스카우트는 미국 전역에 방송되는 리얼리티 쇼인 〈서바이버-바누아투 편Survivor-Vanuatu〉에 출연하여 3위 안에 입상하기도 했다. 『즐거움을 위한 맹세Sworn to Fun』, 『신성한 원The Circle is Sacred』 등 다수의 저서가 있다.

인간의 위대한 스승들

린다 존스

 서로 다른 종간의 의사소통은 전 세계적으로 인정되고 있다. 어린아이들처럼 동물과의 특별한 관계를 꿈꾸는 사람들에게는 실제로 동물과의 텔레파시가 가능하기도 하다.

 나는 다행히도 동물을 사랑하고 존중하는 전통을 가진 가정에서 자라났다. 엄청난 행운을 갖고 태어난 것이다. 아주 어려서부터 네 발 달린 짐승과, 깃털을 가진 새들과 기어다니는 곤충들을 좋아하고 이야기를 나누는 방법을 배웠다. "다른 사람이 너에게 해주기를 바라는 대로 다른 사람에게도 행하라." 어렸을 때부터 내 침실 벽에 걸린 액자에 쓰여 있던 가훈이다.

 우리 집안에서 지켜오던 이 황금률은 사람들에게뿐만 아니라 동물들에게도 적용되었다. 외할머니는 집안에서 단 한 마리의 거미라도 죽이는 것을 허락하지 않으셨다. 내가 여섯 살 되던 해, 외할아버지는 야생 토끼가 턱수염을 물어뜯고 계단을 뛰어 올라오는 탓에 자주 잠을 깨야 했다. 숲 속에서 다친 녀석을 발견하고 할아버지가 구해준 것이다. 서로 다른 종 간에 친밀한 관계를 맺고 대화를 나누는 것이 어떤 것인가는 우리 집의 부엌에 사는

316 날개 달린 형제, 꼬리 달린 친구

어미 고양이가 잘 보여주고 있다. 말이 끄는 씨 뿌리는 기계에 깔려 보금자리를 잃어버린 새끼 오리를 데려다주자 녀석은 새로 태어난 자기 새끼들과 한 우리에서 보살펴주었다.

어머니는 열려진 시럽 항아리에 빠져 허우적거리는 사슴생쥐를 깨끗이 씻어서 놓아주었다. 지금도 그때의 어머니 모습을 내 정신적 스크랩북 속에 선명하게 간직하고 있다. 외할아버지는 이러한 동물과의 의사소통을 통해 경주용 말의 조련사로서 성공을 거둘 수 있었다. 할아버지는 말이 나가서 이길 자신이 있다고 스스로 말하지 않는 한 절대로 스타팅 게이트에 세우지 않았다.

우리가 조금만 관심을 기울여 들으려고만 하면 동물들은 여러 방법을 통해 우리에게 이야기를 하고 있다는 것을 알 수가 있는 것이다. 우리가 듣는 법을 배우기만 하면 동물과 여러 가지 방법으로 대화를 나눌 수가 있다.

말과 같이 일하는 것은 내게 있어서 마치 숨 쉬는 것과 똑같다. 아주 어렸을 때부터 말이 목이 마른지, 놀랐는지, 신뢰하는지, 승리했을 때 상을 받고 자랑스러워하는지를 아는 방법을 배웠다. 이러한 지식은 몇 년 이상 말들과 아주 친밀한 관계를 지속해야만 얻을 수 있으며 우리 인간들의 의사소통 방법을 초월한 것이다. 나는 이러한 지식을 말이나 글을 통해 배운 것이 아니라 느낌을 통해 배웠다.

내가 동물과 나눈 첫 대화는 1964년 방울뱀과 나눈 것이다. 다른 모든 카우보이와 마찬가지로 나도 방울뱀을 죽여야 한다고 배웠다. 왜냐하면 방울뱀은 가축들에게 위험하기 때문이다. 그때는 나와 남편이 캘리포니아의 프레스노 동쪽에 있는 세쿼이아 산맥의 산기슭에 목장과 승마 훈련소를 운영하고 있을 때였다. 거기서 첫해에 우리 말 두 마리와 사냥개 한 마리가 방울뱀에게 물린 적이 있었다.

어느 따스한 봄날 좁고 구불구불한 산길을 따라 집으로 돌아오는 길에 아주 커다란 방울뱀 한 마리가 도로 위를 가로질러 기어가는 것을 만났다. 나는 트럭을 멈추고 이 뱀을 없애버려야겠다고 생각하며 트럭에서 내렸다. 커다란 돌덩어리를 주워서 아무것도 모르고 길 위를 미끄러져 건너가고 있는 죄없는 뱀을 향해 돌을 들어올렸다.

녀석은 처음에는 나에게 주의를 기울이지 않았다. 돌이 녀석의 몸을 으깨는 순간 알 수 없는 슬픔의 물결이 나의 마음으로 밀려왔다. 하지만 나는 녀석을 죽이는 것이 나의 의무라는 확신이 들었다. 두 번째 돌을 들어 올리는 순간 나는 확실하게 녀석으로부터 발산되는 텔레파시를 들었다. "저 여자가 나를 죽이려는구나." 그 순간 뱀은 도망가려던 자세에서 몸을 돌려 나를 향해 돌아서서 머리를 곤두세웠다. 나는 깜짝 놀랐다. 뱀이 나를 향해 머리를 세워서가 아니었다. 다친 뱀의 공격 정도는 쉽게 피할 수 있었다. 문제는 뱀에 대한 미안한 마음이었다.

나는 트럭으로 다시 돌아가면서 나의 일방적인 공격이 크게 잘못된 행동이었다는 것을 뼈저리게 후회했다. 그리고 진심으로 뱀에게 사과했다. 몇 주가 지난 후에 나는 J. 앨런 분J. Allen Boon의 『모든 생명체와의 친밀함Kinship with All Life』라는 제목의 책을 선물 받았다. 과거 미국 원주민과 동물의 왕국, 특히 방울뱀이 대한 신뢰의 관계를 맺어온 것에 대한 내용이었다. 이들은 서로가 서로를 존중해주었기 때문에 방울뱀은 무서움의 대상이 아니라 '작은 형제'로 대우하며 지내왔다는 것이다.

나는 목장의 모든 사람들에게 앞으로는 목장 안에서 방울뱀을 보면 나에게 즉시 알리고 절대로 뱀에게 해코지를 하지 말라고 지시했다. 한 달이 채 안 되어 우리 목장의 점프 훈련장에서 방울뱀을 여러 마리 발견하게 되었다. 나는 트럭을 타고 가서 두 개의 나뭇가지를 이용하여 뱀을 안전한 곳으로 옮겨주었다. 뱀은 아주 편안하게 아무렇지도 않게 움직였고 자기 갈 길을 가고 있는 중이었다. 나는 조용히 녀석들에게 접근해 나뭇가지 하나를 녀석들이 가고자 하는 길 앞에 놓고 텔레파시로 방해해서 미안하다고 말한 후 여기는 안전한 곳이 아니라고 설명했다. 그러고는 다른 곳으로 옮기는 것을 허락해달라고 요청했다.

뱀은 그 자리에 멈추더니 움직이지 않았다. 알아들은 것 같았다. 나의 텔레파시가 통했다는 느낌이 확실하게 내 머릿속으로 들어왔다. 나는 녀석에게 돌아서서 정문을 향해 270여 미터쯤 언덕을 내려가야 한다고 텔레파시를 보냈다. 그리고 또 다른 나뭇가지로 그 방향을 가리켰다. 한 치의 주저함도 없이, 그리고 쉬잇 소리도 내지 않고 방울뱀은 거꾸로 돌아서 천천히 내려갔다. 나는 녀석의 옆에서 나란히 보조를 맞추며 우리의 야외 점프 훈련장을 향하여 천천히 걸어갔다. 주기적으로 방향을 알려주면서. 지금 이 순간에도, 내가 어떻게 뱀을 우리 땅에서 멀리 떨어진 소들이 거의 없는 초원으로 보낼 수 있었는지는 확실하게 알 수는 없다.

나는 뱀에게 우리가 말의 점프 훈련을 위해 사용하고 있는 커다란 드럼통 밑으로 가달라고 요청했다. 방울뱀과 내가 드럼통이 있는 곳에 도착했을 때, 나는 나의 작은 친구에게 잠시 기다려달라고 말하고는 다시 나뭇가지를 녀석의 앞에 놓고 확실한 텔레파시를 주고받았다. 그러고는 드럼통을 옆으로 넘어뜨려 녀석의 코 앞으로 굴려놓고는 손에 든 나뭇가지로 녀석의 아래 부분을 부드럽게 쓸어서 그 안으로 들어가도록 한 뒤 드럼통을 다시 세웠다.

목장으로 돌아오는 길에 양 옆이 높은 플라스틱 바구니를 발견하고는 뱀을 그리로 옮겨야겠다는 생각이 들었다. 어떻게 화나게 하지 않고 드럼통에 있는 뱀을 바구니로 옮겨 담을까 하는 것이 문제였다. 우리의 믿음이 계속되고 있다는 확신하에 바구니와 드럼통의 끄트머리를 서로 맞대놓고 뱀에게 바구니로 이동해 달라고 텔레파시를 보냈다. 녀석은 망설이지 않고 기어 들어갔다. 나는 조심스럽게 플라스틱 바구니의 끝에 서 있었다. 녀석은 바구니 안에 똬리 틀고 앉더니 조심스럽게 바구니 가장자리를 코로 더듬어보는 것이었다. 자기 영역을 탐험이라도 하는 듯이. 방울 소리를 내거나 공격적인 징후를 보이지는 않았다.

조심스럽게 바구니를 트럭으로 옮겼다. 막대기 같은 것은 사용하지도 않았다. 그리고 소들이 없는 초원으로 차를 몰았다. 트럭에서 바구니를 내려놓고 옆으로 눕혀놓자 뱀은 천천히 풀 속으로 10미터쯤 기어가더니 멈춰서 똬리를 틀었다. 머리를 똬리 가운데에 눕히고는 나를 향해서 돌아섰다. 그러고는 '스스스스' 하고 반복되는 소리를 내는 것이었다. 분명히 녀석은 나와 이야기를 하고 싶은 것이다. 나도 땅 위에 편히 앉아서 약 20분 정도 우리의 숨결로 조용히 대화를 나누었다. 마침내 나의 새로운 친구에게 이런 놀라운 경험을 하게 해준 것에 대해 감사하고는 마음속에 놀라움이 가득한 채 집으로 돌아갔다.

이 경험은 나에게 전혀 새로운 세계를 열어주었다. 그리고 새로운 시각으로 동물을 바라보게 되었다. 여러 해 동안, 다른 생명체에 대한 특별한 교훈을 우리에게 남겨주면서 수없이 많은 방울뱀들이 나의 길을 가로질러갔다. 공포와 자기통제에 관한 교훈을 가르쳐준 기회도 여러 번 있었다. 한번은 열두어 명의 학생들을 가르치고 있는데 승마장 안에 커다란 방울뱀이 똬리를 틀고 앉아 있었다. 우리는 녀석이 방울을 울리거나 공격하지 않을 때까지 얼마나 가까이 갈 수 있는가를 실험했다.

마음을 차분히 가라앉히고 천천히 정상적인 호흡을 유지하는 사람은 숨을 거칠게 몰아쉬거나 정서적으로 불안정한 학생보다 뱀에게 가까이 다가갈 수 있었다. 성공의 요소는 공포를 얼마나 잘 극복하고 어떻게 상호 교감을 갖느냐 하는 것이었다. 우리가 길들여지지 않은 동물들과 이러한 경험을 나눌 수 있을 때 무언가 특별한 마술의 힘이 작용하는 것 같다.

동물들은 우리가 알고 있는 것보다 더 많은 의사소통 방법을 가지고 있다. 가이아는 뉴욕의 중심가에 있는 헌터 대학의 심리학과에서 1년 동안 실험용 원숭이로 지내왔다. 녀석은 그동안 내내 철제 우리 속에서 지냈다. 굵은 철사로 그물망을 만든 1세제곱미터의 작은 정육면체 우리였다. 바로 옆에 창문이 없는 다른 조그만 방안에는 무려 다섯 마리의 다른 원숭이들이 있었지만 서로 소리만 들을 뿐 볼 수는 없었다.

국립보건연구원으로부터 연구자금 지원이 중단되었을 때 연구진과 심리학과 학생들은 연구비를 줄이기 위해 이들 여섯 마리의 원숭이들을 의학연구소에 팔 수밖에 없었다. 연구진들과 심리학과의 학생들은 절망에 빠진 가운데 또 다른 해결책을 찾고 있었다. 당시 헌터 대학의 유인원 학과에서 박사과정을 밟고 있던 한 학생이 나에게 전화를 했다. 그 학생은 내가 워싱턴 D.C.의 국립동물원에 있는 직원들에게 강의를 할 때 만났었는데, 그곳 유인원 관리사였던 그 학생이 우리의 동물보호 프로그램을 기억해내고는 내가 도움을 줄 수 있을 것이라고 생각했던 모양이다.

나는 보호시설을 찾아보겠다고 약속하고 여러 곳에 전화를 해보았지만 아무 데도 보낼 곳이 없었다. 결국 가이아와 또 다른 원숭이인 이샤를 우리가 맡기로 결정했다. 만약 우리가 그들을 사회에 적응시키는 데 성공한다면 나머지 네 마리도 맡기로 했다.

일찍이 헌터 대학에서 가이아와 이샤를 사회화하려고 시도했지만 성공하지 못했다. 내가 할 일은 위축된 생활을 해온 그들에게 여러 가지 과일과 채소 등의 먹이를 제공하는 일이었다. 녀석들은 그동안 원숭이 사료와 바나나 분말, 젤리 비슷한 사탕을 먹어왔다. 우리는 녀석들이 좋아하고 먹고 싶어 하는 과일과 채소를 골라서 주었다. 일단 녀석들을 뉴멕시코에 있는 내 보호소에 데리고 갔다. 우리는 그들이 옥수수를 자르고 감자를 쪼개 먹고 버찌 씨앗을 뱉어내는 등 새로운 먹이를 좋아하는 것을 보면서 깊은 만족을 느꼈다.

음악과 시를 들려주고, 서로 다른 종 간의 의사소통 방법을 이용함으로써 우리 직원들과 자주 찾아오는 손님들이 쓰다듬어 주고 털을 골라주는 데 이르기까지 불과 일주일이 채 걸리지 않았다. 불과 몇 개월도 되지 않아서 녀석들은 이 방 저 방을 옮겨다니고 바깥 놀이터에 그늘이 지면 햇볕이 드는 곳을 찾아 여기저기 뛰어다니기 시작했다. 놀랍게도 녀석들은 처음 보는 개나 사람에 대해 별 관심을 보이지 않았다. 지나가면서 낯선 사람이 나타나면 한 바퀴 돌아보고 슬쩍 건드리는 것이 고작이었다. 나는 이들 가이아와 이샤가 충분히 적응했을 즈음 다른 네 마리의 원숭이들도 데려왔다.

가이아에게는 특별한 구석이 있었다. 이샤나 나중에 합류한 다른 네 마리의 원숭이들과는 확실히 달랐다. 가이아는 네 살쯤 되던 해 인도네시아에서 사로잡혔다. 그리고 16년 동안이나 격리되어 살아왔다. 다른 원숭이의 소리는 들었지만 보지는 못했다. 나는 사실 녀석처럼 아주 점잖고 생각을 깊이 하는 동물을 본 적이 없다.

녀석은 여러 가지 방법으로 인간과의 의사소통을 시도했다. 많은 경우 중에서 세 가지 특별한 사례만 소개할까 한다.

가이아는 어린이들을 아주 좋아했다. 어린 학생들이 단체로 방문을 하거나 원숭이에 대해 배우고자 하면 조용히 잘 보이는 가장자리에 앉거나 아니면 아예 어린이들 그룹 가운데 끼어들기 일쑤다. 한번은 우리의 동물보호대사 미국 책임자인 캐롤 랭Carol Lang이 유치원 학생들을 초대한 적이 있었는데, 그들 중에는 언제나 학급의 맨 뒤쪽에만 머무르는 네 살짜리 여자애가 있었다. 캐롤이 가이아를 데리고 들어와서 아이들을 만나도록 했다. 가이아는 잠시 문앞에 서서 아이들을 훑어보더니 수줍음이 심한 그 아이를 찾아내고는 그 아이가 놀라지 않도록 천천히 다가가 그 꼬마 여자애의 손을 잡더니 자기 입술을 갖다대는 것이었다. 그리고 키스하는 동안 그 여자애의 눈을 깊숙히 들여다보았다.

이 사건이 있은 후에도 가이아가 사려 깊다는 것을 인정하기가 어려웠던 것이 사실이다. 하지만 녀석이 새끼 고양이와 사려 깊은 대화를 나누는 것을 보고서야 확실한 믿음을 가질 수 있었다. 생후 4주쯤 되는 회색 고양이 새끼였다. 나는 그 고양이에게 더스티라는 이름을 붙여주었다. 내 사무실에서 가까운 도로 옆에 버려져 있는 것을 데려왔다. 가이아는 몇 달 전에 이미 앤젤이라는 버려진 고양이 한 마리를 입양하여 키우고 있었다. 앤젤은 처음부터 가이아를 무서워하지 않았다. 하지만 더스티는 달랐다. 아주 수줍어했고 가이아가 다가가면 침까지 뱉어가며 가까이 오지 못하도록 했다.

가이아는 마치 인간이 신경이 날카로운 동물에게 다가가는 것처럼 녀석을 아주 조심스럽고 사려 깊게 달래고 '진정'시키는 것이었다. 더스티 앞약 1미터 정도 떨어진 곳에 조용히 다른 쪽을 보고 앉아서 녀석이 위협을 느끼지 않도록 했다. 그러고는 턱을 벌리지 않고 우물거리면서 녀석에게 뭐라고 말을 걸었다. 그러자 더스티가 긴장을 풀고 편안한 모습을 보이는 것이었다. 가이아는 조금씩 더 가까이 다가갔다. 그러고는 얼마 지나지 않아 더스티 있는 곳으로 가서는 녀석을 들어올렸다. 가이아는 고양이 새끼를 어떻게 들어올려야 하는지를 몰라서 옆구리를 잡아서 자기 쪽으로 끌어왔다. 하지만 모성본능인지 며칠이 지나지 않아서 가이아는 녀석을 가슴에 앉고 마른 젖꼭지를 빨게 하는 것이었다.

더스티는 점점 자라면서 가이와와 꼭 붙어 지내게 되었고 가이아를 고양이라고 생각하는 것 같았다. 가끔씩 뒷다리 발톱으로 가이아의 배를 무자비하게 할퀴기도 했다. 가이아는 녀석과 함께 바닥에 구르기도 하고 가볍게 머리를 돌려서 녀석을 피하기도 했다. 그렇지만 단 한번도 녀석의 공격에 대해 보복을 하지 않았다. 몇 시간이고 녀석과 놀아줄 뿐이었다. 더스티가 얼마나 거칠게 노는지 마침내 녀석에게 발톱 덮개를 만들어줘야 했다.

가이아는 강아지들도 무척 좋아했다. 어느 날 생후 두 달 된 라브라도 리트리버가 상담을 받으러 사무실로 왔다. 가이아는 즉시 녀석과 어울리기 시작했다. 강아지도 이 이상스럽게 생긴 동물에 대한 의심이 없어지자 같이 놀았다. 가이아가 앉아서 녀석을 흔들어주면 녀석은 가이아의 앞발과 뒷발을 물고 늘어지는 것이었다. 그러다가 녀석이 너무 세게 물면 가이아는 조심스럽게 녀석의 앞발을 잡고는 녀석이 물러설 때까지 비틀어주었다. 그러면 잠시 동안 숨을 돌리고는 다시 달려들기 시작했다.

우리는 가이아에게 눈이 먼 치와와 새끼를 소개시켜주면서 그 장면을 녹화했다. 가이아는 평상시보다 더 조심스럽게 천천히 녀석에게 다가가서 손으로 녀석의 앞발을 건드렸다. 그러고는 조심스럽게 혀를 내밀더니 녀석의 작은 입에 대는 것이었다. 가이아는 각각의 새로운 상황에 대해 창의적으로 대처하는 능력을 가지고 있는 듯했다.

내가 컴퓨터 작업에 바쁠 때면 가이아가 내 사무실 바닥에 꼼짝 않고 앉아서 기다리곤 했다. 한번은 의자에서 일어나 스트레칭을 한 뒤 바닥에 있는 녀석의 옆에 앉아서 나도 모르게 평상시에는 전혀 하지 않던 행동으로, 녀석을 바라보고는 말했다. "쿠치 쿠치 쿠쿠." 그러자 가이아는 나를 똑바로 쳐다보더니 일어섰다. 부드럽게 그러나 분명히 의도적으로 자신의 두 팔로 나의 맨 팔을 잡고는 자기의 입으로 가져가서 이빨로 잘근잘근 깨무는 것이었다. 아프지 않게, 나를 똑바로 응시히면서, 그리고 분명히 이렇게 말하는 듯했다. "앞으로는 절대로 나에게 '쿠치 쿠' 하지 마세요. 알았죠?" 그러고는 등을 돌려 방을 나가버렸다.

그날 이후, 나는 가이아가 보통 원숭이를 훨씬 넘어서는 지식을 가진 존재라는 것을 확신했다. 가이아가 다른 동물과 의사소통하는 방법은 이를 지켜보는 많은 사람들을 감동시켰다.

몇 년이 지나자 나도 다른 동물과의 대화가 이제는 일상적인 생활의 한 부분이 되었다. 2~3년 전만 해도 나는 일주일 단위 승마 훈련에 참가하고자 하는 사람들을 초청해왔다. 동물과 영적인 수준에서 교감하는 것을 알고 있는 사람들이다. 그룹 훈련에 참가하기 전에 우리는 둥글게 원을 그리고 앉는다. 내가 모든 사람에게 눈을 감고 원의 중심에 있는 커다란 빛의 기둥이 있다고 상상해보라고 한다. 이 빛의 기둥은 하늘로부터 지구의 핵 속으로 연결되어 있다. 그리고 나서 그 빛 기둥을 우리들 자신 속으로, 주변으로 가져온다. 그 빛줄기로부터 또 다른 빛줄기가 나온다고 상상하고 그것을 자신의 왼쪽에 있는 사람에게 전달한다. 모든 사람들이 하나의 빛줄기로 이어질 때까지. 그리고 알고 있는 모든 동물들의 영혼을 원 안으로 불러들인다. 동물의 정신적 집합체가 된다. 그 동물의 영혼들은 우리에게 찾아왔던 선생이요, 천사였으며 다른 세상과 연결시켜 준 안내인이었다. 항상 동물들은 그림으로, 말로, 또는 사랑과 용서의 메시지로 우리와 대화를 나누고 우리의 가슴을 열게 해준다.

최근에 와이오밍 주의 비터루트 목장에서 훈련 중에 의미 있는 사건이 발생했다. 어느 날 아침 무스아메리카 말코손바닥사슴-옮긴이 주 한 마리가 쌍둥이 새끼를 데리고 홍수로 불어난 강을 건너다가 새끼 하나가 급류에 휩쓸려 우리 마굿간 근처의 둑에 걸렸다. 녀석은 아주 지쳤지만 이틀 동안이나 목장 근처를 뛰어다니며 제 어미를 찾았다. 여러 번 녀석은 우리가 사는 집에 가까이 왔다. 도움을 청하러 온 것이 틀림없었다.

동물 구조대에 전화를 걸었더니, 새끼를 그대로 두고 어미가 찾아오기를 기다리라는 것이었다. 하지만 아무리 생각해도 어미가 찾아올 것 같지는 않았다. 왜냐하면 어미는 새끼가 급류에 쓸려 강물 속으로 사라져버렸다고 알고 있을 것이 분명하기 때문이다.

많은 훈련생들이 새끼를 도울 방법이 없고 희망도 없다는 것에 대해 우울해했다. 우리들은 원을 만들어 앉았다. 새끼에게 사랑을 보내기 위해서, 그리고 녀석이 그 상황에 대해 알 수 있는 무언가를 가지고 있는지 알아보기 위해서였다.

그러자 나의 머리 속으로 무언가 들려오는 소리가 있었다. 나는 이것을 '무스의 주문'이라고 불렀다.

새끼 무스가
오늘 당신에게 왔네요.
모든 것이 하나라는 것을,
깊이 이해하는 길을
당신에게 보여주네요.

그날 저녁, 비터루트 목장의 공동 소유주인 멜 폭스Mel Fox의 안내로 30명이 모였다. 그리고 새끼가 떠내려 왔을 것 같은 방향으로 새끼 무스를 몰면서 산 위로 데리고 올라갔다. 마침내 우리는 녀석이 나온 초원으로 이어진 구부러진 길모퉁이까지 데리고 가는 데 성공했다. 녀석은 펄쩍 뛰더니 강둑을 뛰어넘어 저녁 어스름 속으로 사라졌다. 녀석이 무사히 어미를 만나도록 기도하는 소리가 여기저기서 조용히 늘려왔다. 이틀 후에 녀석이 어미와 쌍둥이 형제와 같이 있는 것이 동물 구조대에 의하여 발견되었다. 지난 이틀 동안 녀석과 같이 있었던 우리 모두는 이 특별한 무스의 주문에 깊은 감동을 받았다. 이러한 사건들을 경험하며 나는 동물들 역시 인간과 전혀 다른 존재가 아니라는 사실을 확인했으며 그들과의 공동 생활은 인간에게 주어진 큰 은총이라는 사실을 깨닫게 되었다.

린다 존스 Linda Tellington-Jones

린다 존스는 저명한 말 전문가이며 동물행동학자다. 그는 펠덴크라이스Feldenkrais, 독일 등 유럽에서 널리 이용되고 있는 대체의학의 한 방법으로 자세를 교정하고 호흡을 가다듬어 궁극적으로 의식계발까지 이른다는 수련법-옮긴이 주 **훈련방법**에 그녀의 심리사회학적인 지식과 동물의 정신적, 감정적 적응을 접목시켜왔다. 린다의 이 연구는 전 세계에서 인정을 받고 있으며, 동물 훈련과 의사소통의 인간적인 형태로 인식되고 있다. TTEAMTellington Touch Equine Awareness Method의 개발을 통하여 사람과 동물이 관계를 맺음으로써 동물을 훈련하고 사람을 치료하는 방법을 개발했다.

고대의 우호관계를 회복하는 길

페넬러피 스미스

내가 집에서 기르는 라마llama 아메리카 낙타와 아프간 하운드를 데리고 산책을
하곤 할 때면 사람들은 가끔 묻는다. "그 녀석들은 똑똑한가요?" 이 질문은
무엇을 뜻하는 걸까? "이녀석들의 행동과 반응은 인간에 비교하면 어떠한
가요?"이거나 "사람하고는 얼마나 닮았나요?", 또는 "사람들이 시키는 훈
련을 얼마나 잘 받아들이나요? 아니면 얼마나 사람의 명령에 잘 따르나
요?" 등등일 것이다.

이 질문은 동물을 생물학적으로 또는 지적으로 열등하다는 생각을 밑바
닥에 깔고 하는 질문이다. 그들은 스스로 동물과 거리가 많이 떨어져 있는
사람들이다. 동물을 하나의 흥미의 대상으로 보고 있지만 현명한 친구로서
존경하지는 않는 사람들이다. 그들은 동물은 주변의 세상에 대해 아무 것도
또는 거의 이해하지 못하고 인간들이 대화할 때 무슨 내용을 이야기하고 있
는지 알아듣지 못한다고 생각한다.

반대로 과연 동물들은 내 친구가 옆에 있는데 그 친구가 똑똑한지 어쩐지
나에게 물어볼까? 진심으로 동물을 보살피고 있는 사람들은 동물들과 함께

하면 무의식적으로 겸손한 행동을 보여준다. 어떤 종의 동물이든지 인간의 능력을 모방하지 않는 한 각각의 동물들이 가지고 있는 인지능력이나 지적 능력을 특별한 경우가 아니면 잘 드러내지 않는다.

동물의 의사소통에 대한 연구는 아직까지도 주로 우리의 신호를 배우게 하거나 인간의 말을 알아듣거나 또는 우리의 명령에 반응하는 것과 같은 간접적 대화를 중심으로 이루어지고 있다. 그러나 다행이 최근 들어 우리가 육체적으로, 정신적으로, 영적으로 서로 연계되어 있다는 것을 깨닫고, 문화적 인식을 공감하는 일들이 점차 늘어가고 있다. 이러한 연계는 생물학적 장벽을 초월하고, 생각과 감정과 정신적 상상력, 느낌들을 교환하는 등 다른 종과의 직접 대화의 가능성을 포함하고 있다.

이러한 직접적인 교신을 통해 우리는 동물 형제자매와의 관계에서 풍부하고 깊은 본성과 지혜를 발견할 수 있을 것이다. 자신들 스스로의 복잡한 정신적 세계 속에서 길을 잃은 인간들은 보다 깊은 영적인 본성을 잃어버렸다. 다른 종들과 멀리하려 하고 '우월하다'는 생각을 가짐으로써 정신적으로, 감정적으로, 그리고 영적으로 혼란에 빠졌다. 이러한 혼란은 지구상의 생물학적 환경에 엄청난 재난을 몰고 왔다.

나는 동물들이 인간을 '나쁜 길로 빠지는 것'에서 구해낼 수 있다고 믿는다. 마치 수천 년간 미국의 원주민들이 인간은 다른 동물과 균형과 조화를 이루며 살아야 한다는 것을 알고 있었던 것처럼, 동물과 지구의 삶의 파트너로서 관계를 맺어야만 한다는 것을 알게 됨으로써 인간들은 양심적이고 즐거운 생활을 영위할 수 있고, 지구상의 생물체계의 일원으로서 통합될 수 있다. 다른 종과는 다르다는 생각이나 우월감 같은 인간의 잘못된 생각으로 인해 우리가 지구 생태계에게 입힌 피해와 자연의 다른 구성원과의 왜곡된 관계는 종간의 상호 존경과 이해를 통해서만 극복될 수 있을 것이다.

나는 평생 동안 동물과 텔레파시를 이용하여 의사소통을 경험했고, 1971년 이후 인간은 물론 수천 마리의 다른 동물을 상담하고 치료했다. 이러한 경험을 통해 동물의 지적인 능력과 지혜로움, 친절함, 인내력, 사랑스러운 이해에 대해 셀 수 없는 깊은 감명을 받았다.

그들은 통상적으로 인간만이 발휘한다고 믿고 있는 능력, 즉 진지함, 신뢰, 사랑, 희생, 이해, 충성, 동정심, 친절, 명예, 정직, 통합, 겸손, 기쁨, 비이기성, 지혜로움을 보여주었다. 텔레파시 상담에서 여러 번 반복해서 동물들은 자기들이 가지고 있는 의사소통 능력, 이해력, 결단력을 보여주었다. 그들은 자기들의 견해가 인간에게 이해가 되고 수용이 되면 자발적으로 협력해주었다.

몇몇 생물학자들의 주장과는 반대로, 동물들은 자기 자신만 아는 것이 아니라 같은 종 내의 다른 동물과 다른 종들의 동물들을 자기의 영역뿐 아니라 전 세계적인 차원에서 인정하고 존중한다는 것을 경험했다.

지금부터 몇 가지 경험담을 소개하겠다.

코코는 투쿠먼 앵무새다. 녀석은 핀란드 헬싱키의 한 아파트에서 다른 두 마리의 투쿠먼 앵무새와 네 마리의 코카티엘 앵무새, 그리고 한 사람과 살고 있었다. 이들의 보호자인 에바Eva는 학대받고 있던 이들 앵무새들을 구출해주었고, 이 새들은 이제 아파트 안에서 자유롭게 날아다니고 있다.

때로는 새들끼리 서로 싸우기도 한다. 특히 에바가 외출하고 나면 더더욱 싸움이 심하다고 한다. 때문에 에바는 내게 앵무새들의 상담을 부탁했다. 텔레파시를 통해 그들과 대화하는 도중 어린 앵무새 두 마리가 나에게 자기들이 같이 살아가고 있는 생활과 다투는 이유에 대해 여러 가지 이야기를 해주었다. 그들이 준 정보에 따라 관리방법을 좀 고치고 에바가 그들과 좀더 이해심을 가지고 대화를 한 결과, 문제는 의외로 쉽게 해결되었다.

코코는 아주 조용한 녀석이었다. 에비가 녀석을 발견했을 땐 애완동물 가게에서 형편없는 몰골로 누군가에게 팔려가기만을 기다리고 있었다. 녀석은 그곳에서 몇 년이 넘게 고통스러운 삶을 살고 있었다. 에바는 녀석이 눈이 먼 것이 아닌가 하는 생각이 들었다. 좁은 공간에서 원을 그리며 날다가 잘 부딪쳤기 때문이었다. 백내장을 앓고 있는 것으로 알았는데 알고 보니 완전히 앞을 보지 못하는 것이었다.

상담을 시작할 때, 코코는 조금 떨어진 홰에 앉아서 반대쪽을 바라보고 앉아 있었다. 내가 코코에게 자신의 삶에 대해 물어보고, 녀석이 답변을 하면 내가 에바에게 통역해주었다. 코코는 깜짝 놀라더니 내가 있는 방향으로 갑자기 머리를 돌리는 것이었다. 그러고는 생각의 폭탄이 폭발하듯 물어왔다. "당신은 도대체 누군가요? 당신은 절대로 인간은 아니야! 내 말을 알아듣고 이해하다니! 틀림없이 새일 거야! 도대체 누군가요?"

나는 내가 인간이고 동물들과 텔레파시를 통해 이야기할 수 있다고 설명해주었다. 그리고 알아듣고 이해할 수 있는 사람이 또 있다고 알려주었다. 녀석은 나 있는 쪽으로 고개를 길게 빼고는 중얼거렸다. "이런 일은 있을 수 없어. 인간은 아무것도 이해하지 못하는데 말이야."

코코는 나에게 어린 새의 입장에서 자신이 어떻게 생각하고 느끼고 정신적인 이미지를 가지고 있는지 털어놓았다. 녀석은 사람들과 서로 사랑하는 관계를 가지고 싶다는 큰 희망을 가지고 있었지만 사람들은 계속해서 그에게 실망만 안겨주었다. 녀석이 바라는 동반자 관계 대신에 녀석을 함부로 대하고, 따돌리고 제대로 먹여주지도 않았다. 여러 해 동안 학대를 받자 인간에 대해 포기하고 자신의 세계로만 빠져들었다. 그리고 육체적인 시력을 잃고 말았다. 자신의 계산에 의하면 녀석은 31년을 살았다고 한다. 이 기간에 여기저기 옮겨다니고, 애완동물 가게에서 몇 년, 그리고 에바네 집에서 또 몇 년을 살았다.

비록 자신에 대한 에바의 친절과 사랑을 알고 있지만 지금도 가끔씩 외롭고 오해받고 있다는 것을 느낀다고 했다. 다른 새들이 녀석을 쪼아대기도 한다. 그래서 다른 새들이 가까이 날아오면 언제 어디에서 공격할지 몰라서 무섭고 두려워진다고 했다. 그래서 새장 안에 녀석을 위한 별도의 공간을 만들어주기로 했다. 에바가 좋다고 하자 코코도 기뻐했다.

코코는 계속해서 내가 있는 쪽으로 몸을 뻗었다. 일어서고 귀를 세우고 하면서 내가 녀석의 생각과 느낌을 알아듣고 이해하고 있다는 것을 확인하려고 했다. 녀석은 계속해서 인간이, 진짜 인간이 새처럼 말하고 이해한다는 것에 대해 얼마나 놀랐는지를 설명했다. 녀석은 안도의 가슴을 쓸어내리며 거의 울 뻔했다. 그리고 나를 육안으로 꼭 보고 싶어 했다.

내가 핀란드에 있을 때 한 워크숍에서 다른 사람들에게도 어떻게 하면 동물들과 텔레파시로 의사소통을 할 수 있는가에 대해 강의를 했다고 말했다. 녀석은 다시 한번 놀랐다. 코코에게 에바와 다른 사람들을 교육시키는 데 도와줄 수 있는지 물어보자 아주 좋아했다. 다만 아무도 자신을 만지지 못하게 해달라고 했다.

워크숍에서 코코는 내 옆 자리에서 이동용 유리 케이스 안에 만족스러운 표정으로 앉아 있었다. 그곳에서는 무엇이 어떻게 돌아가는지 듣고 있다가 사람들이 녀석과 의사소통을 실습하고자 하면 얼른 도와주었다. 우리는 참가자들이 육체적인 제스처를 넘어 그 이상의 에너지와 생각과 느낌을 인식할 수 있도록 교육했다. 그렇게 하기 위해서 교실 안에 있는 동물들에게 관심을 집중하고 초점을 맞추는 연습을 시켰다. 교실은 거대한 평화와 존재에 대한 깨달음과 다른 사람과 동물과의 조화로운 분위기로 가득 찼다.

그때 갑자기 코코가 유리 케이스 안에서 뱅글뱅글 돌기 시작했다. 에바가 놀라서 나에게 소리를 질렀다. 나는 에바에게 침착하게 지켜보라고 말했다. 코코는 잠시 동안 몇 바퀴를 더 돌더니 멈춰섰다.

연습이 끝난 후에 코코에게 왜 그랬는지 물어보았다. 녀석은 아직도 흥분이 가시지 않은 채로 말하기를 "모든 사람이 그렇게 평화와 이해와 동물과의 일체감으로 충만한 것을 보고 너무 기쁜 나머지 나도 그렇게 했다"고 말했다. 코코는 교실 전체가 아주 밝고 하얀 빛으로 가득 차 있는 것을 느꼈다고 했다. 그리고 교실을 한 바퀴 돌아보더니 박스 아래로 내려와 모이를 찍어 먹는 것이 아닌가? 녀석은 이제 볼 수가 있다!

나는 헤어지면서 에바에게 코코가 어떻게 지내는지 계속 알려달라고 요청했다. 에바는 그녀가 집에 돌아왔을 때 코코가 시력이 더 나아지지는 않았지만 한쪽 눈의 홍채로 더 많은 색깔을 감지할 수 있었다고 알려왔다. 코코는 보다 더 자신감을 갖게 되었고 행복으로 빛나게 된 것이다.

비록 시력이 완벽하게 회복되거나 영구적으로 회복된 것 같지는 않았지만 코코가 워크숍의 경험에서 얻은 것은 그것만이 아니었다. 앵무새 한 마리가 인간과의 관계를 통해서 새로운 희망을 가졌다는 것은 우리 모두에게 결코 잊을 수 없는 기억을 남겨주었다. 동물을 털옷을 입은 인간이라거나 깃털을 가진 인간으로 바라보아서는 안 된다. 그들은 그들 자신이다. 각각 서로 다른 감각과 생각하는 방법과 자신을 표현하는 방법과 삶을 살아가는 자세를 가지고 있는 독립된 인격체다. 만약 여러분이 다른 동물의 세계와 영적으로 연결되고 공유할 수 있다면 그 기쁨은 말할 수 없이 클 것이다. 그곳에서는 서로 구분할 필요도 없고 계층을 나눌 필요도 없다. 여러분의 소중한 영적 자연의 일체감 속에서 색다른 깨달음과 환희를 경험하게 될 것이다. 서로에게서 배우고, 지혜를 나누고, 조화 속에서 서로 성장하는 것을 향한 문을 열어주는 일이다.

무엇보다도 동물을 대하는 우리의 태도가 우리가 동물들의 의사소통을 어떻게 수신하고 그들이 얼마나 자발적으로 우리와 교신을 하고자 할 것인가에 영향을 미친다.

　비록 겉모양은 다르지만, 동물을 동료나 친구로서 똑같은 영적 에센스와 잠재력을 가진 우리 자신이라고 생각하고 존경하고 존중하자. 그들이 지적으로, 지각 능력이 열등하고 조금이라도 떨어지는 기준을 가지고 있다는 시각으로 접근한다면 그들의 참모습을 깨닫고 이해할 수 있는 스스로의 능력을 제한하는 것이다. 그들을 존중하며, 지적 존재로서 바라보고 대우한다면 그들은 우리에게 자기 자신에 대해 보다 깊고 넓게 알 수 있도록 만들 것이다. 그리고 우리와의 관계는 더 발전되고 성숙하고 승화되며 확장될 것이다.

　동물의 생물학적 측면만 강조하면 그들의 육체적 형태 뒤에 숨어 있는 영적인 에센스와 지혜를 볼 수 없다. 겸손히 받아들일 자세를 갖추면 동물들은 당신에게 가르침을 줄 것이다.

　미니어처 당나귀인 드루와의 경험은 또 하나의 깊은 감동을 가져다주었다. 녀석은 이전 주인으로부터 심한 학대를 받다가 구조되었는데 몇 가지 비정상적인 행동을 보여주었다. 계속해서 넘어지고, 자기 다리를 물어뜯고, 자기 마구간의 한쪽 구석에 건초를 쌓아두었다. 어떤 때는 아주 믿음직하지만 갑자기 사람들로부터 도망쳐버렸다. 또 가끔 자학적이고 자신을 괴롭히는 행동을 보이기도 했다.

　드루는 아주 작은 헛간에 갇혀 지냈다. 그래야 자해를 하지 못하고 녀석을 잘 돌보아 줄 수 있기 때문이다. 녀석은 친한 염소 친구를 가지고 있었는데, 드루가 자학적인 증세를 나타내면 외양간 가로 막대 밑으로 재빨리 도망쳐나왔다. 비록 드루가 비정상적인 행동을 하긴 해도 녀석은 사람들과 친했고, 사람들이 가까이하고 사랑으로 돌봐주는 것에 대해 깊이 감사하고 있음을 보여주었다.

내가 드루를 처음 만났을 때, 녀석의 눈은 두꺼운 막이 끼어 있었고 퉁퉁 부어 있었다. 녀석은 나를 조용히 응시했다. 자신의 살아온 이야기와 고통에 대해 대화하는 동안, 나는 녀석의 근육이 경련을 일으키고 있고 녀석의 척추가 고통스럽게 비틀어져 있다는 사실을 알게 되었다. 그의 주인 식구들은 우리가 대화하는 시간 내내 곁에서 바라보며 놀라움을 금치 못했다. 녀석은 잠시도 쉬지 않고 자기 다리를 물어뜯던 행동을 중단하고 얌전히 나에게 집중하고 있었다.

드루는 나에게 당나귀로 태어나기 이전에 자신은 사랑의 정령이었으며, 사람들에게 사랑과 빛을 나누어주려고 이 세상에 왔다고 했다. 하지만 그는 사람들을 잘 몰랐다. 그저 모든 사람들이 착하고 자기의 선물을 받아줄 것이라고 생각했다. 그래서 그는 세부적으로 사람들을 만나는 계획도 세우지 않았다.

드루의 이전 주인은 동물을 학대하는 사람이었다. 그는 '스포츠'를 즐기듯이 드루와 레슬링을 연습했다. 녀석을 거칠게 다루고 몸과 마음에 상처를 입혔다. 드루는 이들 인간들을 이해할 수가 없었고 몇 년 동안을 이들로부터 고통을 받으며 지냈다. 녀석은 지속적인 척추 부상으로 신경이 끊어지고 사지가 마비되자 자기 다리를 물어뜯었던 것이다. 이 불쌍한 당나귀는 그나마 자신의 고통을 덜어주고 편안히 쉬고 싶어서 건초더미를 쌓아 편안한 자리를 만들려고 했던 것이다.

드루와 나는 같이 노력했다. 내가 영적인 치료를 통해서 증상을 종식시킬 수 있다고 말해주었다. 자신의 지나온 삶에서 고통스러운 기간을 다시 한번 경험하는 동안 녀석은 깊은 고통으로부터 피를 토하는 비명을 질러댔고 그 비명은 나의 뼛속까지 파고드는 것 같았다. 커다란 비명을 지를 때마다 녀석은 더 많은 고통과 혼란을 풀어내버렸다. 20여 분 간의 치료가 끝나자 녀석은 똑바로 설 수 있게 되었고 반짝이고 크게 뜬 눈으로 나를 바라보며 자신을 이해해준 것에 대해 고맙다고 인사했다. 우리는 안도의 한숨을 내쉬고 같이 크게 웃었다.

드루는 아주 순수한 영혼이었다. 사랑스럽고 친절하고 감사할 줄 아는 동물이었다. 그는 사람들을 너무도 사랑했기 때문에 사람들의 어두운 면과 정신적인 소외감을 인간 자신과 동물들에게 잔인하게 표출한다는 사실에 대해 준비하지 못했다. 모든 인간이 자기와 같은 영혼을 가지고 있다고 믿었지만 녀석은 그들의 잔인성에 의해 무자비한 고통을 당했다.

우리의 치료기간이 끝나자 녀석은 자신이 처음부터 원하던 대로 사람들에게 사랑과 빛을 가져다줄 수 있도록 사람들과 같이 지내면서 돕고 싶다고 말했다. 녀석은 이제 초원에 나가서 모든 사람들을 반갑게 맞이할 수 있다고 했다. 녀석의 두 눈은 기대감으로 반짝이고 있었다. 나는 녀석에게 앞으로 몇 주 동안은 몸을 부드럽게 하고 재활운동을 계속해야 한다고 권했다. 녀석은 옛날과 같은 비정상적인 행동을 전혀 하지 않았다. 몇 개월이 지난 후에 사람들이 알려오기를 녀석은 이제 믿음직하고 평온함을 지니고 있으며 행복해한다고 전해왔다.

동물과 대화를 나눌 때 우리 자신을 얼마나 열 수 있는지가 대단히 중요하다. 동물들은 그것을 우리가 알고 있는 것보다 훨씬 명확하게 알고 있다. 다른 동물 속에 있는 지혜로운 스승은 언제나 우리 사이로 걸어 들어오고 있다. 누가 자신에게 가까이 다가오고 이해하려고 하는지를 끈기 있게 기다리고 있을 뿐이다. 나는 이런 메시지를 그들 한 사람 한 사람에게 전달해주고 있을 뿐이다.

2월의 어느 날 밤이었다. 내가 막 집에 도착했을 때, 문간에 청개구리 한 마리가 안으로 들어오려고 문을 향해서 앉아 기다리고 있었다. 나는 녀석을 조심스럽게 들어올렸다. 그리고 정원에 있는 나무들 사이에 놓아주려고 했다. 하지만 녀석은 다른 계획을 가지고 있었다. 내가 기대했던 것처럼 점프해서 달아나기는커녕 내 손을 떠나려 하지 않았다. 내가 떼어내려 하면 할수록 녀석은 점점 더 강하게 기어올랐다.

녀석을 내 얼굴 앞으로 가까이 대고는 녀석이 왜 여기에 머무르려고 하는지 알아보기로 했다. 녀석은 조용히 그러나 분명하게 나에게 고맙다는 인사를 했다. 나는 아주 오래 전에 만났던 사람을 다시 만난 것 같은 느낌이 들었다. 녀석은 말하기를 사람들은 개구리들이 깨끗한 물과 깨끗한 공기가 필요하다는 사실을 알아야 한다고 했다.

나는 녀석이 개구리, 도롱뇽, 도마뱀 같은 지구상의 모든 양서류를 대표해서 말하고 있다는 것을 알고 있었다. 그들의 거대했던 숫자는 전 세계적으로 눈에 띄게 줄어들었다. 이제 멸종 위기의 경고가 보이기 시작했다. 녀석은 나와 같이 시간을 보내면서 서로 친밀하게 지내고 그의 메시지가 반드시 전달되어야 한다는 것을 알려주고 싶어 했다.

이제 우리가 잃어버린 것을 찾아야 할 시간이다. 우리의 친애하는 다른 동물 친구들과 친밀한 관계를 회복하고 이해해야 한다. 우리의 선천적인 이해능력과 우주적인 텔레파시 언어를 다시 얻기 위해서 우리는 좀더 천천히, 개방적으로 기다리고 바라보고 들어야 한다.

동물과 마음과 마음으로 이야기하고 가슴과 가슴으로 대화하며 그들의 이야기를 들어주는 것이야말로 전체로 나아가고, 우리의 무한한 잠재력의 거대한 수수께끼의 한 부분으로 우리를 이끌어나가는 지름길이 될 것이다. 우리 인간은 모든 관계에서의 치료의 힘과 지혜와 생명, 사랑의 거대한 저수지를 회복할 수 있다. 그리고 지구상의 모든 생명체들과 상호협력하며 조화를 즐길 수 있다.

모든 동물들은 기다리고 있다. 호기심과 기대에 가득 차서…….

페넬러피 스미스 Penelope Smith

페넬러피 스미스는 다른 종들 간의 의사소통 분야의 개척자로서 유명한 『동물이 말하다Animal Talk』와
『동물들이 말할 때When Animals Speak』의 저자이며 《스피시스 링크Species Link》의 편집자다. 그녀의 새
로운 연구들은 미국은 물론 전 세계의 신문, 잡지의 기사에서부터 시작해 각종 책자에서 그리고 라디오,
텔레비전 방송에서 인용되고 소개되었다. 그녀는 효과가 증명된 텔레파시 의사소통 치료법을 개발했다. 이
방법은 고대 원주민의 지혜와 현대 과학적 지식을 결합한 것이다. 지난 30년간 전설적인 스승으로서 그녀
는 많은 직업적인 동물 의사소통 전문가의 영역을 확보하는 데 도움을 주었다.

다른 천사들 : 어느 여인이 쓴 바이블

수전 매컬로이

어느 날 황혼 무렵, 비몽사몽간에 인간과 동물과의 관계를 이용한 치료법에 관한 책을 써야겠다는 생각이 갑자기 떠올랐다. 아주 막연하긴 하지만 샘물처럼 선명한 생각이었다. 심지어는 책의 제목도 떠올랐다.

'다른 천사들-인간을 가르치고 치료해주는 동물들.'

그 당시 나는 마지막 암 치료를 받은 지 4년이 지난 뒤였고 수술과 방사선 치료 때문에 항상 손에 장갑을 끼고 살아야 하는 회복기간 첫 단계를 겨우 넘긴 시절이었다. 내가 아직까지 살아 있다는 사실이 기적이 아닐 수 없었다. 직장에서 나는 '용기와 적극적인 자세의 위대한 예', '기적을 가져온 진정한 노력'으로 평가받고 있었다. 하지만 나 자신은 영웅이라는 느낌이 전혀 없었다.

다음 날부터 글을 쓰기 시작했다. 먼저 '진정한 믿음이 있어야 할 곳에 믿음을!' 이라는 글을 내 마음으로 썼다. 내가 키우던 개 케샤에 대한 이야기였다. 녀석은 악성 구강암으로 죽었다. 6년 동안 내가 가지고 있던 종양과 비슷한 크기로 자라고 나서야 발견했다. 내가 암으로부터 살아남을 수 있었던 것은 녀석으로부터 배운 치료법과 용기 때문이었다.

나는 암으로 죽어가는 케샤를 어떻게 보살폈는가에 대해 썼다. 각 페이지마다 눈물로 범벅이 되었다. 나는 그 초안은 사람들에게 거의 보여주지 않았다. 내가 녀석에게 너무 강하게 매달렸다는 것을 부끄럽게 여겼기 때문이다. 할 수만 있다면 녀석을 성자의 반열에 올려놓고 싶다는 생각이 들 정도로 썼으니까. 케샤에 대한 이런 감정에 빠질 때마다 나 자신이 다른 사람으로부터 완전히 고립된다는 느낌을 버릴 수가 없었다. 아주 어렸을 때 어머니는 내가 동물을 좋아하는 것을 보고 너무 조숙하다고 말했다. 그러나 세월이 흘러감에 따라 나 스스로 동물에 대한 열정은 내가 성숙하지 못한 것을 나타내는 지표라고 항상 생각하게 되었다.

하지만 이런 생각에도 불구하고 용기를 냈다. 나의 케샤에 대한 이야기를 사랑하는 사람과 과학자들과 같이 나누기로 결심했다. 그들은 이 이야기를 무거운 침묵 속에서 읽고는 말했다. "너무나도 슬픈 이야기네요. 너무나 슬퍼서 당신이 스스로 개가 되고 싶어하는 것 같아요. 개의 수준으로 말이에요." 눈물과 분노에 가득 찬 나는 그에게서 종이를 낚아챘다. 하지만 나의 삶이 언젠가 세상에서 인정받을 날이 온다면 나는 나 자신을 자랑스럽게 영웅이라고 부를 것이라는 것을 알고 있다.

나는 푸르고 깨끗한 곳에 사는 것이 필요하다는 것을 깨달았다. 새들과 다람쥐와 끊임없는 자연의 소리를 들으며 살아야 한다는 것을. 수십년 동안 나는 자기가 좋아하는 곳을 선택해서 살아가는 것은 별로 중요하지 않다고 생각해왔다. 어떤 직업을 가지느냐 하는 것이 어디에서 어떻게 살아가는가를 결정하는 중요한 요소라고 사람들은 말한다. 하지만 이제는 나 자신의 작은 공간에서 벗어날 수밖에 없다. 친구와 가족으로부터 멀리 떠나고, 회색빛 도시와 기름 냄새 나는 물과 스모그로 가려져 보이지 않는 지평선을 떠나기로 했다. 나는 양치식물과 이끼류가 풍성한 해변과 깊고 은빛의 물이 흐르는 강이 있는 곳으로 이사했다. 이웃에는 여자들만 사는 가족이 있었다. 이사한 후 집 주변을 정리하다가 우리는 우연히 마주쳤다. 얼마가 지나고 나는 그들과 나의 책에 관한 황혼의 꿈을 나누어 가졌다. 그리고 제목을 '또 다른 천사들'이라고 붙였다.

한 번역가가 말하기를 나에게는 진정한 파트너가 필요하다고 말했다. 그리고 1년 사이에 나는 진정한 동반자 한 사람을 발견했고 그와 결혼을 하게 되었다.

결혼식 후 한 달쯤 뒤 나는 '돌아온 천사'라는 글을 전국적으로 유명한 애완견 잡지에 실었다.

동물을 사랑하는 생활이야말로 가장 순수한 인간의 내면임을 증명해 보이겠다는 나의 생각을 쓴 글이었다. 마치 갯바위에 매달린 작고 부드러운 조가비처럼 지난 수십 년 동안 스쳐간 그 모든 것에 집착했던 나 자신을 표현해보았다. 서른여섯 해 동안 오로지 헌신했던 일이다. 여기에 집중하면 다른 생각은 아무것도 들지 않았다. 밝게 빛나는 내면의 불빛을 찾아내서 나 자신의 순수한 생명을 정의하는 평생의 작업이었다. 나의 지나간 세월을 통해 진실의 조각을 찾으면서 느낀 감동을 적은 글이었다. 얼마 지나지 않아서 잡지에서 내 글을 읽은 한 사람이 전화를 해왔다. 처음에는 조용한 목소리로 시작해 얼마 동안은 큰 소리를 내지 않았다. 그러나 시간이 길어지자 인내는 끝이 났다. 서로의 생각이 다르고 삶의 의미를 다르게 보는 사람들과의 시각의 차이가 얼마나 큰지 분명하게 깨달았다.

그리고 전화뿐 아니라 수많은 편지들도 받았다. 나와 생각이 다른 사람들도 있었지만 대다수의 사람들이 나를 격려하는 편지를 보내왔다. 우리 집 우편함은 나를 환영하고 더 많은 천사 동물을 기리는 편지로 가득 차 있었다. 편지 홍수를 어떻게 해야 할지를 몰라서 나는 허둥지둥 편지들을 박스에 넣어 침대 밑에 감춰두었다.

이듬해 봄, 나의 순수한 삶, 나의 영혼이 만드는 삶은 나도 모르게 시작되었다. 우리는 1에이커_{약 4,000평방미터} 정도의 땅으로 둘러싸인 작은 집으로 또다시 이사했다. 뒤뜰에는 잡초 밭 위에 빈 외양간이 있었고, 오래된 골동품 나무로 만든 붉은 구조물들이 연륜의 분위기를 물씬 풍기는 그런 집이었다. 주변은 아주 조용하고 빈 공간과 먼지와 오래된 둥지들만이 가득 차 있었다. 나는 새로 이사한 집을 아주 좋아했다. 우리의 아름다운 정원과 보초들처럼 서 있는 독미나리와 전나무들, 그중에서도 나는 외양간을 제일 좋아했다.

나는 본능적으로 이곳이 신성한 곳이라는 것을 알아차렸다. 수백 마리의 동물들과 그들의 혼령이 깃든 신성한 땅이었다. 외양간은 그 자체로 하나의 신성한 국가를 형성하고 있었다. 아니 신흥 종교집단이었다. 우리는 조용히 이곳에 불려온 것이다. 그러고 나서 나는 조용하면서도 애원하는 소리를 들었다. "나를 외롭게 하지 마세요." 나는 수표책을 꺼내서 재빨리 이 텅빈 외양간을 동물로 채웠다. 그리고 당황해서 어쩔 줄 모르는 남편에게도 그렇게 하라고 했다. 처음에 우리가 들여온 것은 빨갛고 노란 깨어난 지 하루 밖에 안 된 병아리 떼였다. 그리고 이어서 고양이들. 그 다음에는 동물 세계의 참선도사인 미니어처 당나귀가 병아리 소리에 부드러운 소리를 더하여 웅장한 외양간 교향곡을 들려주었다. 거위가 나와서 알토 섹션에 가담하고, 측은해 보이는 얼굴을 한 라마 페드라는 간이 차고에서 부드럽고 은근한 허밍 사운드를 보냈다. 신성한 곳을 새로 만들어냈다. 외양간에 새로운 동물의 왕국이 생긴 셈이다. 카나리아와 앵무새 그리고 또 다른 고양이들이 합창단을 만들며 살게 되었다. 우리만의 왕국이 자라나고 있던 것이다.

동물의 왕국이 우리 헛간에서 만들어지고 있는 동안에도 편지들이 계속해서 몰려들고 있었다. 나는 내 삶 안에서 느리고, 지속적인 리듬으로 기운과 힘이 모이는 것을 느꼈다. 나는 잠깐 취미 삼아 동물을 돌보는 일에 손을 댔다가는 운명처럼 이 일을 계속하게 되었다. 수의사 보조원으로, 개 조련사로, 말 보호사로, 애완견 보호센터 관리, 동물원 관리, 야생동물 구조, 인도적인 활동 등으로 관련되는 일을 계속할 수 있었다.

나의 새로운 집에 대한 환희와 감탄으로 들떠 있을 때, 거의 들리지 않을 정도의 속삭임이 들려왔다. 이 속삭임은 점차 또렷한 소리로 커지면서 아주 큰 소리가 되어 다가왔다. 동물의 소리였다. 설명할 수 없는 동물의 음악소리가 거룩한 천상의 트럼펫 소리처럼 들리는 가운데 나의 목적을 찾았다. 새로운 직관의 목적이 아니라 아주 또렷하고 순수한 즉석 축복을 인식하게 되었다. 거부할 수 없이 나의 생활은 동물과 연관된 것이었고 현재도 그렇다. 마치 내가 수년 동안 나의 길에 붙어 있듯이, 동물과 함께하지 않았던 적이 없이, 나의 공간과 시간과 생각을 그들과 함께 나누려는 희망을 버린 적이 단 한번도 없었다. 동물들도 인내해왔고, 나와 연결을 끊은 적이 없었다. 나에게 그들은 가장 좋아하는 '집'에 대한 기억이다.

그해 여름 나는 수백 통의 편지를 다시 꺼냈다. 그리고 한때 내가 꿈꾸었던 꿈과 정면으로 마주치기로 했다. 책을 다시 쓰기로 한 것이다. 인간과 동물과의 관계에서 발견될 수 있는 모든 신비와 환희와 치료에 대해서 말이다. 어떤 이론이나 원칙이 아닌 경험으로부터 나오는 진실된 이야기를 쓰기로 했다. 나는 이 일을 시작하는 것을 주저하고 머뭇거리는 나의 모습을 지켜보았다. 애완견 잡지에 한 편의 글을 발표한 적이 있는 작가로서의 나 자신의 모습, 암 환자였고 자기 자신에 집착하는 사람, 꿈을 건드리기는 했으나 그 꿈이 성숙하기 전에 포기한 사람인 내 모습을 볼 수 있었다. 나는 진흙투성이 바위 아래에서 곤충을 잡던 어린아이처럼 자신의 삶을 사냥하는 여인이었다.

'이 세상에는 성자와 자신의 일을 열심히 하는 사람들에게 쏟아지는 한없는 은총이 있다' 는 사실은 나의 생애를 가치 있게 만드는 하나의 진실이다. 흥분하고 눈물을 쏟게 만드는 가치다. 나는 내게 책을 내는 임무가 주어진 것은 우주가 신비롭게도 혹은 실수로 우주의 메시지를 세상에 전하는 수단으로 나를 택했기 때문이라고 생각한다. 아마도 이것은 사실일 것이다. 하지만 내가 알게 된 사실 가운데 하나는 나에게 동물에 대한 책을 쓰는 것은 내 영혼의 집을 찾아가는, 가치를 따질 수 없는 보물지도라는 사실이다. 이것은 단지 쏟아진 은총이 아니라 내가 세상으로 가지고 와야 할 선물이다. 이것은 하나의 생명을 불어넣는 것이요, 세상을 변화시키는 작업이다. 붉은 벽돌색 책 표지로 포장된 가장 강렬하고 힘든 종류의 작업이다. 나는 당시에는 이것을 몰랐다. 그러나 나에게 나 자신이 누구인가를 알려준 그대로 이 우주에 대해 내가 이해한 것들을 모아서 나만의 경전 쓰려고 하고 있었다.

어떤 형태로든 책이 만들어지기 전에 나는 이 일에 몰두해야만 했다. 이 작업은 평생 동안 글쓰기에 대한 알레르기를 가지고 있는 한 여인에게는 작은 일이 아니다. 그러나 나는 빨리 일어섰고, 은총이 나를 씻어주었다. 한 출판업자가 우리 집에 나타났다. 마치 꿈이라도 꾸는 듯이 내 서랍을 열고 내가 처음으로 썼던 아주 지저분한 원고를 보여주었다. 그리고 3일 후에 이 전국적인 판매망을 가진 출판사와 출판 계약을 맺었다. 진짜 저술활동이 시작되었다. 편지의 내용들은 설명형 텍스트로 바꾸었다. 나는 편지 하나하나마다 나의 의견을 붙여놓았다. 편지들과 내 생의 조각들이 나를 안내했다. 하지만 나의 한편에서는 아직도 오래된 공포와 자신 없음에 매달려 있어서 마치 젖은 모래에 조개들이 숨어들듯이 나로 하여금 글을 쓰는 일에서 도망가게 만들기도 했다. 나는 누구였을까? 나는 누군가가 나에게 이런 일들을 말해주기를 기다렸다. 신기하게도 그 당시에 내가 받은 편지 또한 비관적이고 주저하게 하는 것들이었다.

출판사에서 첫 번째 초벌 교정판을 보내왔다. "아주 좋은 시작입니다"라는 평가와 함께. 그러나 책을 받아보는 순간 나는 놀라 자빠질 뻔했다. 나는 내가 해야할 말을 모두 했다고 스스로 확신했다. 그러나 내가 받은 교정본 책에는 페이지마다 노란 포스트 잇이 가득 붙어 있었다. 마치 작고 노란 주먹처럼 나 자신에게 설명하라고, 나 자신을 드러내라고, 논리에 맞지 않는 의견에 대해 증거를 대라고 협박하는 것 같았다. "나는 도저히 이것을 믿을 수가 없어요. 당신은 믿을 수 있나요?" 하고 붙여진 편집자의 메모지가 말하고 있었다. 내가 무엇을 믿고 있나? 나도 모르는 것이었다. 나는 다시 한 번 신이 실수를 한 것이 아닌가 하고 의심하고 고민했다. 분명히 내가 이 일에 적임자가 아닌 것 같았다. 나는 다시 여러 작가들의 다른 책들을 자세히 들여다보았다. 내 삶 속에서의 동물의 힘에 대해 내가 믿고 있는 것이 무엇일까? 내가 전달하고자 하는 것들을 어떻게 말해야 할까? 등에 대한 답을 찾기 위해서였다.

그러던 중 질병의 위기가 나의 동물의 왕국을 덮쳤다. 그리고 나의 즉각적이고 집중적인 도움을 요구했다. 도서관에서 시간을 보내거나 책을 쓰기 위해 시간을 보낼 여지가 없었다. 여기저기서 동물들이 목이 막혀 쓰러지고, 힘들게 새끼를 낳고, 그리고 죽어가고 있었다.

맨디는 온순하고 여윈 라마였다. 겨울의 추위에 지친 나머지 나의 노력에도 불구하고 세상을 뜨고 말았다. 나는 알고 있었다. 녀석이 죽음의 문턱에서 마지막 순간을 보내기 위해 주저앉았을 때 내가 정말로 최선을 다하지 않았다는 것을, 나의 모든 것을 다 바쳐 녀석을 살려내려고 하지 않았다는 것을. 나는 그저 내가 나눠줄 수 있는 것을 주었을 뿐이었다. 그리고 녀석은 죽어갔다.

나는 슬픔과 죄의식에 빠져들어서 내가 어디까지 할 수 있는가에 대해 나의 생각을 다시 되짚어보았다. 아니 어디까지 할 것인가에 대해, 나 자신이 내가 돌보고 있는 동물들의 생명을 위해 할 수 있는 일이 무엇인가에 대해 나는 다시 한번 그 경계선을 보았다. 시간과 에너지와 물리적인 힘의 감정적 한계에 대해 생각해보았다. 그리고 이러한 생각들을 순하디순했던 라마의 뻣뻣하게 굳은 차디찬 몸뚱아리 위에 던졌다. 자신의 외모에 걸맞게 '하얀 버스'라는 별명으로 불리던 맨디는 죽은 후에 꿈속에서 나를 찾아왔다. 자책하며 괴로워하는 내게 용서와 자비심의 비전을 보여주었다. 그리고 나에게 풀어야 할 다른 개념을 던져주었다.

나의 아버지께서도 그해 겨울에 돌아가셨다. 아버지를 잃고 나는 한동안 아무것도 할 수 없었다. 마지막 날까지 아버지의 시중을 들었다. 가장 고통스러운 순간순간을 같이했었다. 아버지의 용변을 받아내고 짓무르지 않도록 연고를 발라드렸다. 온몸이 땀에 젖어 잠을 깨면 목욕을 시켜드렸다. 아버지의 임종 후에 나는 추모의 글을 써서 장례식에서 읽었다. 절대로 울지 않았다. 심지어 교회 안에 있던 사람들이 전부 눈물을 흘리는데도 나는 울지 않았다. 아니 울 수가 없었다.

집에 돌아 온 지 며칠이 지나서 당나귀 사이먼이 음식이 기도로 넘어가서 발작을 일으켰다. 치명적인 것이다. 갑자기 녀석의 굽은 등을 쳐다보며 내 눈에서 눈물이 주르르 흘렀다. 아버지를 위한 눈물이었다. 헛간의 동물의 왕국에서, 나는 슬픔의 신비에 빠져들었다. 슬픔은 어떻게 우리에게 찾아오는 것일까? 장례 예배와 조문 카드와 축복의 기도와 아버지의 차디찬 육체.

이것들은 나에게 슬픔을 가져다준 것이 아니었다. 작고 고통으로 가득 찬 당나귀가 나로 하여금 나를 기다리는 고통 속으로 돌아가는 길을 알려주었다. 그리고 나서야 나는 우리가 필요로 하는 곳에서 우리의 치료법을 찾을 수 있다는 것을 알았다. 그것은 성경 속에 있을 수도 있고, 친구들의 말 속에 있을 수도 있고, 장례식장에 있을 수도 있고 아니면 헛간 속에 있을 수도 있다. 그리고 우리를 움직이게 하고, 우리를 아프게 하고 우리를 치료해준 그 무엇에 대해 아무런 사과를 할 필요가 없다는 것을 알았다.

나는 아이를 가진 적도 없고 책임감 있는 애완동물 주인도 아니었다. 그리고 나의 개와 고양이도 새끼를 낳은 적이 없었다. 그러던 중 우리의 새집에서의 두 번째 여름을 맞이할 때 나는 우리 닭이 병아리를 까는 것을 보았다. 한번도 들어본 적이 없는 아주 특별한 소리를 들었다. 사랑으로 가득 찬 소리였다. 어미 닭은 구구거리며 아주 부드럽게 아직까지 태어나지 않은 자기의 새끼들을 부르고 있었고 나는 어미 닭이 내는 사랑이 담긴 그 소리를 듣고 있었다.

시시는 우리의 첫 엄마 당나귀다. 겨울이 한참 깊어가던 어느 날 밤 시시는 진통을 시작했다. 그날 따라 뼛속까지 시릴 정도의 매서운 바람과 차가운 겨울비가 지붕 위로 몰아치고 있었다. 나는 침낭을 들고 외양간 평상에 누워 다섯 시간이나 녀석의 해산을 지켜보았다. 녀석의 몸이 고통과 흥분으로 휩싸여 떨리는 것을 보면서 격려와 응원의 말을 속삭였다. 녀석은 일어서서 서성이면서, 온몸이 땀에 흠뻑 젖은 채로 내 눈에 시선을 고정시키면서 마치 이렇게 말하는 것 같았다. "잘 보세요. 이렇게 시작하는 거랍니다……." 녀석의 부풀어 오른 옆구리는 배 속의 새끼가 좁은 자궁 안에서 스스로 자리를 잡느라고 이리저리 꿈틀거렸다. 시시는 일어섰다 앉았다 하기도 하고 몸을 엎치락 뒤치락거리며 뻗어보기도 하고 신음소리를 내기도 하면서 새로운 생명의 탄생을 위해 진통을 견디고 있었다.

서너 시간 정도 지났을 때였다. 새끼가 그만 배 속에 끼어 나오지를 못하고 있었다. 나는 시시에게 다리를 나에게 기대고 밀어내라고 말했다. 그리고 녀석은 내 말을 알아듣고는 엉덩이를 나의 가슴에 붙인 채로 신음소리를 내면서 힘을 주었다. 그러자 바로 새끼가 내 무릎 위로 튕겨져나왔다. 양수와 피로 범벅이 된 태반과 함께. 새끼는 곧 바로 비척거리며 네 발로 일어서려고 버둥거렸다. 태반이 내 다리 위에 떨어져 있었고 탯줄이 길게 늘어졌다. 바로 그 순간 시시가 새끼에게로 돌아섰다. 그 이른 새벽의 어둠 속에서 나는 다시 한번 예의 그 소리를 들었다. 이번에는 당나귀의 가슴 속에서 우러나오는 소리였다. 부드럽고 달콤한, 따스하면서도 깊은 어미의 사랑의 소리였다. 새끼가 목젖이 울리는 소리로 대답했다. 갑자기 나는 아기를 갖는다는 것이 어떤 것인지, 아이를 낳는다는 것이 어떤 것인지, 아이를 사랑한다는 것이 어떤 것인지를 알게 되었다. 남편과 나는 새끼에게 스타라는 이름을 붙여주었다.

나 자신의 경험의 진실과 신비를 믿기 시작했을 때, 나의 편지들도 그 변화를 반영하기 시작했다. 나에게로 오는 이야기들은 놀라운 것들이었다. 용기를 불어넣어주는 이야기들, 강하게 버티라고 힘을 실어주는 이야기들이었다. 같이 지내고 있는 동물에 관한 이야기, 야생동물에 대한 이야기, 꿈속에서 사람에게 찾아온 동물에 관한 이야기도 있었다. 그리고 새로운 생각, 풍부하고 맛깔나는 아이디어들도 있었다.

내가 한 페이지 한 페이지 읽어갈 때마다 나의 세상은 변화하기 시작했다. "우리는 우리의 이웃에 살고 있는 야생동물과 함께 살아가고 그들로부터 배우면서 살아간다는 것을 깨닫지 못하는 한 완전한 인간이 될 수 없다"라고 십여 년 전에 붉은 여우와 함께 생활했던 로저 푹스Roger Fuchs가 편지를 보내왔다. 로저의 글은 나의 마음을 좀더 활짝 열게 해주었다. 내 창문 밖의 허브가든의 휘파람새, 데이지 부시의 꿀벌들과 같은 모든 생명들의 삶을 받아들이기 전까지의 나의 삶이 얼마나 무의미하고 무미건조하며 각박한 것이었는가를 깨닫게 해주었다. 로저를 비롯한 다른 많은 사람들의 편지를 통해서 나는 '단지 장미의 향기를 맡기 위해 이따금 생각날 때마다 잠시 멈추는 것으로는 충분하지 않다'는 것을 알았다. 그 속에 코를 박고 그들과 같이 살아야만 할 필요성을 절감한 것이다.

책을 쓰고 있는 동안 한 여성을 만났다. 동물과 대화하는 사람이었다. 몇 시간이나 우리는 서로 동물들의 의사소통 능력에 대해 이야기를 나누었다. 그녀는 나에게 동물들에게 말을 걸어보라고 했다. 내가 말하고자 하는 내용을 그림으로 그려서 보여주라는 것이었다. 그러면 동물들은 나의 뜻을 훨씬 잘 이해할 거라고 했다. 처음 몇 번은 그녀의 방법대로 해보았다. 스스로 바보 같다는 생각을 했으니까. 하지만 몇 개월이 지나자, 이제는 제2의 천성이 되었다. 나는 벌레들에게도 이야기하고, 닭에게도 이야기하고, 강아지에게도 말을 건다. 나는 녀석들에게 내가 언제 시내에 나가고 언제 돌아오는지 이야기하고 내가 집을 비우는 동안 해야 할 일들을 말해주었다. 봄에는 두더지에게 잔디밭에 들어가지 말라고 얘기했다. '동물과 대화하기'는 내가 농장 전체에서 사용하는 제2외국어 이상이 되어버렸다. 동물들을 고려할 가치가 있는 대상으로, 서로 대화하는 대상으로 대우하게 되는 아주 간단한 과정이 그들에 대한 나의 인식과 존중과 그들과 같이 하는 기쁨을 수십 배 증가시켜주었다.

편지의 홍수 속에서 동물과 깊은 관계를 맺고 있다는 사실에 대해 부끄러워했던 생각과 고지식한 기존의 문화에 얽매여 스스로 위축되었던 것들은 말끔히 사라져버렸다.

내가 스스로 만들어낸 감정적 고립의 딱딱한 세포는 따뜻하고, 분별 있고, 훌륭한 사람들로부터의 격려의 말에 눈 녹듯이 사라져갔다. 그 사람들은 모든 생명 있는 것들을 사랑하는 열정을 가지고 있으며, 그들의 열정은 오히려 나보다 더하면 더하지 부족하지 않았다. 나는 혼자가 아니었다. 아니 단 한 순간도 혼자인 적이 없었다.

내가 암에 걸렸을 때, 가장 하고 싶었던 것은 즉석에서 그리고 평생 하느님과 통하는 것이었다. 나의 가장 친한 친구인 클레어는 수년 전에 이미 하느님과의 이러한 통함을 경험하고 있었다. 그녀는 자신의 친구인 '하느님'과 '천사'와 '기쁨을 주는 아이들'과 이야기를 나눌 수 있다. 마치 내가 식사 약속이나 세탁소에 예약하는 것처럼 그저 생활의 일부가 되어 있었다. 나는 한번도 그녀가 어떻게 해서 그녀의 내면과 외부의 세계로부터 그러한 능력을 가지게 되었는지를 이해할 수가 없었고 그녀 또한 설명해준 적이 없었다. 우리 집 헛간의 왕국과 내 책을 저술하는 가운데 나는 그것을 발견했다. 이것은 아마도 내 친구 클레어가 그곳에 이르기 위해 갔던 그 길은 아닐 것이다. 마치 각각의 영혼의 집에 도달하는 길이 각각 다르듯이 말이다. 그러나 그것은 나의 길이었고, 여러 번의 노력을 통해 얻어진 아주 위대하고 환희에 찬 길이었다.

서적 총판에 의하여 드디어 몇 년을 준비한 책이 온 세상에 퍼져나갔다. 초안의 제목이었던 '또 다른 천사들'은 모든 사람에게 편안하게 다가가지 못했다. 그래서 제목을 『스승과 치료사로서의 동물-그 진실된 이야기와 영향』이라고 바꾸었다. 이 책의 저술은 나의 인생관을 바꾸어놓았다. 부끄러움의 베일을 벗고 점잖고 기쁨이 넘치며 우리를 축복해주는 지혜를 가진 동물의 나라에서 겪는 나의 일상을 자신 있게 공유할 수 있게 된 것이다. 붕붕거리며 날아다니는 곤충들과 부지런히 움직이는 닭들이 살아 움직이는 허브 가든에서 향긋한 내음을 맡고 하느님의 품 안에서 춤추는 나의 생활을 여러 사람들에게 나누어줄 수 있게 된 것이다. 그 하느님의 품은 날개같이 도 생겼고, 닭 벼슬같이도 생겼다. 또는 당나귀의 주둥이나 잠자리의 더듬이일 수도 있다. 매일매일 만나는 그 어느 것도 될 수 있다.

수전 매컬로이|Susan McElroy

매컬로이는 동물 및 자연과의 관계의 중요성을 알리는 많은 저서를 출간했다. 여기에는 《뉴욕타임스》 베스트셀러인 『스승과 치료자로서의 동물Animal as Teacher and Healer』이 가장 유명하며 전 세계에 20개 이상의 언어로 번역되어 보급되었다. 그리고 이 책은 동물생태학의 기본서에 포함된다.

집으로 가는 길을 찾아서

케이트 솔리스티

　나는 동물의 말을 알아듣는 능력을 가지고 있다. 말이 아닌 다른 언어로
의사소통을 하는 존재들의 생각과 느낌을 듣는 능력을 가지고 있는 것이
다. 나는 한때 다소의 차이는 있을지언정 모든 사람들이 이러한 능력을 가
지고 있다고 믿고 있었다. 대부분의 사람들이 이러한 기술을 타고났기 때
문에 내가 가진 능력이 보통 사람들의 능력을 많이 초월하는 것은 아니라
고 생각했다.

　내가 어린 아이였을 때, 나는 아주 또렷하게 동물과 식물들이 나에게 이
야기하는 소리를 들었다. 소리를 들은 것이 아니라 대화를 했다. 다른 존재
들의 생각이 나의 마음 속으로 아주 편안하고 자연스럽게 전달되어 왔다.
그들의 느낌과 그들의 감각이 나의 인식세계 속으로 흘러 들어오는 것이다.
이 지식은 내가 인간의 형태가 아닌 다른 모습을 가지고 있는 생명체들과
관계를 맺고 대화하는 데 큰 도움을 주었다. 내가 이러한 대화에 대해 부모
님께 이야기하자, 부모님은 하나의 상상일 뿐이지 동물이나 식물과 대화하
는 것는 아니라고 일축해버리셨다. 아무도 내가 정말로 동물과 말을 주고받

는다는 사실을 믿지 않았다. 나도 나 자신을 의심하게 되고 내가 내 주위의 다른 사람들과 다른 것은 아닌가 하는 느낌이 들기 시작했다. 무엇이 진짜 인지 의심하게 되었다. 그때 내 나이 겨우 세 살이었다.

다행히도 누군가가 나를 도와주러 나타났다. 그는 오렌지와 크림색의 얼 룩고양이였다. 나는 녀석을 더스티라고 불렀다. 더스티는 내가 하는 일에 대해 부모님을 이해시키려고 하거나 받아들이게 하려 하지 말라고 말했다. 그는 나의 이러한 경험을 자신에게 이야기하라는 것이었다. 그리고 다른 동 물이나 식물들과 이야기하고 그들로부터 배우는 것을 기꺼이 도와주겠다고 했다. 나는 그제서야 안심이 되고 무척이나 고마웠다. 마침내 누군가가 나 를 이해하는구나! 하고.

그 후 3년간은 고양이, 개, 거북이, 개똥벌레, 다람쥐, 그리고 모든 기어다 니고, 헤엄치고 날아다니는 동물들과 이야기하고 만나는 일에 푹 빠져버렸 다. 나는 나무들로부터 그들이 어떻게 인간들에게서 자신을 보호하고, 산소 를 공급하는지를 배웠다. 또한 장미로부터 어떻게 그들이 태양, 비, 땅과 사 랑에 빠져드는지를 배웠다. 또한 거북들이 어떻게 땅 냄새를 맡고 내일의 날씨를 예측할 수 있는지도 배웠다. 이것이야말로 마술의 시간이었다.

내가 다섯 살이 되자 유치원에 다니기 시작했다. 유치원 생활도 재미있었 지만 얼른 집에 와서 더스티에게 아이들과 하루 종일 그곳에서 일어난 일에 대해서 이야기하는 것이 더 재미있었다. 나에게 학교는 정원에 비하면 아주 낯선 곳이었다. 그때까지도 그것은 하나의 새로운 모험이었다.

초등학교 1학년을 시작하기 전에 더스티는 나에게 지금부터는 사람들을 사귀는 데 더 많은 시간을 보내라고 말했다. 그는 나에게 그들의 말을 좀더 잘 듣고 인간관계 속으로 뛰어들라고 말했다. 내가 다른 생물들의 세계에 뛰어든 것처럼 말이다. 내가 다른 동물 친구들과 같이 있을 수 있다면 그렇게 하겠다고 했더니 그들은 항상 그곳에서 나를 기다리고 있을 것이라고 말했다.

나는 학교 생활에 보다 더 충실하기 시작했다. 인간 친구들도 사귀기 시작하고 읽는 방법도 배웠다. 그리고 나 스스로 즐기기 시작했다. 그러던 중 시월의 어느 날 밤에 내가 막 잠이 들려고 할 때 더스티가 침대로 올라오더니 말했다. "나는 네가 정말 자랑스럽단다. 너는 정말 잘 하고 있거든. 하지만 이제 우리가 같이 해온 일들을 끝내야 할 때란다." 나는 녀석의 부드러운 목소리를 듣는 순간 달콤하고 깊은 사랑이 나를 둘러싸고 있는 것을 느끼며 잠이 들었다.

그 다음 날 녀석은 가버렸다. 우리 집에서 불과 몇 미터밖에 떨어지지 않은 도로에서 차에 치인 것이다. 나의 고통은 말로 표현할 수 없었다. 그 일이 있은 후 나는 편도선염을 앓아누었다. 그리고 다른 동물과의 의사소통 능력을 닫아걸기 시작했다. 더스티의 죽음과 더불어 나의 가슴을 열게 했던 모든 즐거움은 사라졌다. 아무도 녀석을 대신할 수가 없었다. 나는 그 엄청난 고통을 다시 받는 것보다 차라리 나의 가슴을 닫고 다른 동물이 말을 걸어오는 것을 듣는 능력을 없애버리는 것이 더 좋다고 생각했다. 여덟 살이 되던 해 드디어 그 능력이 없어졌다. 더 이상 그들로부터 아무런 소리도 들리지 않았다. 나는 '정상적인' 아이가 된 것이다.

아주 많은 사람들이 동물과 나무와 초원과 호수와의 특별한 관계를 기억한다. 이것은 언어를 초월한 대화를 할 수 있는 우리의 능력을 다시 회복하기 위한 기초를 만들고자 하는 순수한 사랑을 기억하는 것 속에 들어 있다. 또한 이것은 아주 깊고 가슴에 사무치는, 그리고 때로는 아주 고통스러운 기억의 내면 속으로 기꺼이 들어가고자 하는 의지 속에 들어 있다. 이러한 기억은 우리를 얽매고 있고, 어떻게 들을 수 있는가를 알고 있는 우리 자신의 일부분을 풀어줄 수 있어야 들어갈 수가 있다. 그리고 우리가 들을 수 있을 때 이 지구가, 아니 온 우주가 사랑스러운 '지각능력'이 있는 존재라는 것을 다시 한번 기억하게 되는 것이다.

수많은 개인적인 치료를 통해, 동물과 식물의 이야기를 들을 수 있는 나의 능력이 되살아났다. 나는 이제 나의 삶을 다른 동물들을 위해 봉사하는 데 공헌하고 있다. 대부분 아는 사람과 가족들에게 그들의 사랑하는 동물의 소리를 들을 수 있게 해주기 위해, 그리하여 서로에 대해 더 많이 알 수 있도록 일대일로 일한다. 가끔은 내 스스로가 질병으로 고통받고 있는 동물들의 목소리가 되어주기도 한다. 이들 동물들은 우리가 하는 것처럼 자신들의 상태가 어떤지, 어디가 아픈지를 이야기할 수 있는 기회를 갖게 된다. 그리고 때로는 사람들이 그들 주변의 다른 동물들의 '언어'를 들을 수 있도록 도와주기 위해 워크숍을 열어준다.

이것은 이 과정을 풀어나가는 각각의 개인들에게는 아주 특별하고 유일한 과정이다. 나는 모든 사람이 내가 듣는 만큼 들을 수 있다고 장담하지는 못하지만 그 여정이 시작되고 계속된다면 우리들 주변의 다른 동물들에 대한 깊은 이해와 일체감과 생명의 연계성을 알게 해줄 것이라고 믿어 의심치 않는다. 이러한 관계를 깊게 하는 것은 때로 그들의 삶 속에 있는 모든 존재들과의 접촉이 더 좋아지고 그들 자신이 더욱 평화로워지도록 돕는다.

동물들이 아주 미묘한 생각과 감정을 지닌 존재라는 것을 알게 된 것은 우리 주변의 말 못하는 존재들의 말을 들을 수 있기 때문에 가능했다. 나는 그들이 스스로의 삶을 선택할 수 있다는 것을 알았다. 나는 인간과 정기적으로 접촉을 가지는 동물개, 고양이, 말과 같은들은 우리와 지속적으로 친밀한 관계를 가지고, 우리의 기억을 도와주고 우리의 생존권인 사랑을 찾는 데 도움을 주도록 선택되어졌다는 것을 알았다. 그들의 깊은 사랑과 접촉을 통해 우리는 사랑하는 법을 기억해내게 되었다.

　다른 동물들, 즉 새, 토끼, 생쥐, 햄스터, 흰담비, 물고기 등과 같은 동물들은 그들 자신의 독특함에 빠져버린 사람들을 도와주고 있다. 우리와 함께 살아감으로써 그리고 우리와 삶을 공유함으로써, 그들은 우리를 아주 특별하고 측량할 수 없는 방법으로 지원하고 있다. 어떤 개 한 마리가 이렇게 말했다. "나는 당신의 발밑에 놓인 카페트예요. 그 삭막한 삶으로부터 완충작용을 해주는 거지요."

　우리와 함께 사는 많은 개들은 우리에게 안전망을 제공한다. 매일매일 조건 없는 사랑으로 세상과 상대하는 우리를 도와준다. 고양이는 초연함의 교훈을 가르쳐준다. 그리고 육체적, 감정적, 심리적 질환을 치유하는 방법을 알려준다. 말들은 우리에게 그들과 같이 함으로써 완전한 사랑과 신뢰를 경험할 기회를 제공한다. 그렇게 함으로써 우리는 하나됨의 희열을 맛볼 수 있게 된다. 이들 동물들을 우리의 목적만을 위해 통제하고 조종하려고 한다면 이러한 선물을 받을 수 없다. 모든 동물들은 우리에게 죽음이란 단지 육체를 사용하는 것을 끝내는 것일 뿐 그 이상의 의미를 지니지 않는다는 것을 가르쳐주고 있다. 죽음은 '종말'이 아니다. 영혼은 결코 사라지지 않는 존재다.

　내 고객 중의 한 사람인 리사가 전화를 해왔다. 시시cc라는 이름의 어리고 힘이 넘치던 비즐라_{형가리산 중간 크기의 사냥개-옮긴이 주} 종의 개가 죽은 지 1년이 지났다는 것이다. 시시는 리사의 아주 특별하고 남다른 동반자였고 리사는 녀석이 보고 싶어 미칠 지경이라는 것이었다. 그녀는 녀석을 잃은 슬픔과 죄의식을 극복할 수 없었다. 리사는 나에게 전화해서 시시가 잘 지내고 있는지 알고 싶어 했다.

　시간과 공간을 초월하여 시시는 모든 것이 만족스럽다고 리사를 안심시켰다. 녀석은 나의 몸으로 들어와 리사에게 그녀와 같이 지낸 그 짧은 시간이 너무도 좋았고 많은 것을 배웠다고 말했다. 리사는 시시가 다시 돌아왔으면 좋겠다고 말하자 시시는 그것이 가능하다고 말했다. 우리는 둘이서 시시의 새로운 몸을 찾기 위해 여기저기 알아보았다. 리사는 오스트레일리아 셰퍼드의 몸이 좋겠다고 결정하고 가장 좋은 어미 개를 찾아다녔다. 시시는 다시 태어났다. 리사는 녀석을 보러 긴 여행을 다녀왔다. 흥분과 기쁨에 넘쳐서 리사는 작고 귀여운 강아지 한 마리를 골랐고, 집으로 데려온 지 몇 주가 지나서 나에에 편지를 보내왔다.

"나는 새로운 나의 사랑 시시Cissy를 갖게 된 기쁨을 당신과 나누기 위해서 이 편지를 씁니다. 녀석과 같이 있으면 있을수록 더욱 더 많이 녀석을 사랑하게 됩니다. 매일매일 나는 녀석과 새로운 추억을 만들어가죠. 녀석은 아주 똑똑하고, 성숙하고, 영리하답니다. 그리고 매일매일 녀석 안에 들어 있는 시시cc를 봅니다. 이 작은 강아지는 시시를 쏙 빼 닮았고 시시를 나에게 그 전보다 더 건강한 모습으로 데려온 거예요. 가끔씩 나는 녀석에게 나와 우리 가족에게 다시 돌아와서 고맙다고 말한답니다. 우리는 서로 너무나 많이 사랑합니다. 그리고 앞으로 함께할 삶을 고대하고 있어요."

강아지에 대한 사랑과 자신의 용기를 통해서 리사는 자신의 슬픔과 죄의식을 치유하고 특이한 가능성에 대해 그녀의 마음을 열었던 것이다. 다른 육체에 같은 영혼을 섭혼하는 가능성을 말이다. 리사의 삶과 죽음에 대한 생각은 이제 영원히 바뀌었다. 나는 리사와 시시 덕분에 이 경험을 많은 고객들에게 알릴 수 있게 된 것을 참으로 영광으로 생각하고 있었다.

나는 많은 야생동물들이 어머니 지구와 그의 선물인 생명의 그물을 지탱하는 것을 선택했다는 것을 알았다. 과학자들은 우리가 이 지구상에 있는 생명들의 삶의 복잡한 패턴을 제대로 이해하지 못한다는 것을 인정한다. 이제 우리와 같이 지구를 공유하고 있는 존재들에게 정확히 그들이 누구인지를 물어보아야 할 때가 되었다. 나는 그들이야말로 어떻게 하면 인간들이 만들어놓은 이 어지러운 지구를 치료할 수 있는가를 알고 있을 것이라고 믿고 있다. 그들은 이 세상에 살고 있는 존재의 다른 시각을 보여줄 것이다. 현재 지구상에 살고 있는 소위 '문명화'된 인간들의 방법과는 전혀 다른 길을 제시해줄지도 모른다. 그러나 만약 우리가 그들 모두보다 더 우월하다는 생각을 계속 가지고 있거나 우리가 그들의 조언을 들을 수도 있다고 생각하지 않는다면, 우리는 절대로 그들에게 묻거나 들을 수 없을 것이다.

많은 사람들이 진리의 길을 보여주기 위해서 왔다. 헨리 데이비드 소로 Henry David Thoreau 1817~1862의 책은 150년 이상 읽혀지고 있다. 노자老子, ?~?, 에밀리 디킨슨Emily Dickinson 1830~1886, 레이첼 카슨Rachel Carson, 1907~1964 등 많은 사람들이 '듣는 것'에 관한 책을 펴냈고 많은 선지자들이 말한 바 있다. 여기에 새로운 것은 아무 것도 없다. 단지 간단하게 인간과 무수한 지구상의 생명체들의 생존 문제가 좀더 긴박해졌다는 것 밖에는.

나는 이 책에 나오는 모든 동물에게 소리를 선물하고 싶었다. 우리는 어머니 대지의 귀다. 우리는 어머니 대지에게 계속해서 노래를 불러주어야 한다. 자장가와 아침의 영광의 노래, 축복의 노래, 슬픔의 노래를 불러주어야 한다. 우리를 통해 어머니 대지는 지구상에 무슨 일이 일어나고 있는지를 듣는다. 자신이 돌보고 영양분을 제공하고 있는 생명들의 맥박을 느끼고 있다. 우리는 지구에 살고 있는 생명, 우리를 둘러싸고 있는 생명들과 지구의 반대편에서 살아가고 있는 생명들의 리듬 속으로 들어간다. 우리는 시간의 흐름을 노래한다. 새로운 생명의 탄생을 노래한다. 어미 코끼리가 새로 태어난 새끼에게 불러주는 자장가는 어미 코끼리가 수천 년 동안 불렀던 자장가와 똑같다. 어미는 다음과 같이 노래한다.

오, 나의 사랑하는 새로 태어난 아기야. 너는 미래요, 생명의 불빛이란다. 매일 아침 노래로 새벽을 맞이하고, 노래로 석양을 맞이하고, 그리고 전 세계가 하나가 되리라. 네가 기쁨으로 가득 찰 때 노래하거라. 네가 슬픔으로 가득 찰 때 노래하거라. 너와 함께 걸어가는 모든 생명들은 항상 소중한 것이란다. 모든 호흡은 순수하단다. 위대한 어머니의 리듬 안에서 듣고 마시거라. 네가 매일 배우는 것에 대해 노래로 답하여라. 이것이야말로 신성한 믿음이요, 살아가는 이유란다.

바다에는 혹등고래가 어머니 대지를 노래한다. 고래의 노래는 그들의 지상의 사촌인 코끼리에게 메아리친다. 고래는 대부분 인간의 가청범위보다 더 높은 음정으로 노래한다. 반면에 코끼리는 더 낮은 음정으로 노래한다. 모든 종들은 노래를 한다. 모든 지구를 둘러싸고 있고, 통과하고 있고 위에 있거나 내려와 있거나 모든 창조물이 만드는 창작 교향악의 베이스의 음정으로 노래하는 것이다. 이 음악은 아주 중요한 목적을 가지고 있다. 이 음악은 대지 주파수의 화음을 지니고 있다. 지구상의 모든 생명의 균형을 맞추어주고, 평화롭게 해주고 촉진시켜준다. 음악이 없이는 생명도 없다.

우리는 코끼리와 고래의 노래를 우리의 귀와 마음으로 들을 수 있다. 듣는 방법은 여러 가지가 있다. 보는 방법도 많이 있듯이. 지금이 바로 그때다. 우리들 각자가 이 세상에서 걷는 방법을 바꿀 수 있는 기회를 가지고 있다. 우리들 각자가 우리의 의식을 바꿈으로써 미래의 모양을 만들어낼 수 있는 기회를 가지고 있다. 당신 주위의 현실을 둘러보라. 아름답지 않은가? 모든 생명체들 사이에 형제애와 동정과 협조와 사랑을 가지고 있지 않은가? 당신을 행복하게 만들어주지 않은가? 이 세상은 또 다른 현실로 다시 만들 수 있다. 에덴 동산이 손에 닿을 거리에 있다. 그리고 그곳은 낙원을 믿는 사람들 각자가 만들어낼 수 있다. 어디서부터 시작해야 할지 모른다면 동물의 눈을 깊숙히 들여다보라. 그리고 물어보라. "어떻게 시작해야 하지?" 자 이제 당신의 가슴을 활짝 열어보자. 그리고 기다리고 귀 기울여 들어보자.

케이트 솔리스티 Kate Solisti

케이트 솔리스티는 인간과 동물의 유대관계를 발전시키고, 인간과 동물과의 관계를 재설정하는 데 공헌했다. 케이트는 영국 수의사 회의와 로키 산맥 지역 수의사 회의의 초빙 강사이며, 벨기에에 본부를 두고 있는 국제전문말조련사연맹의 초빙강사이기도 하다. 저서로는 『개와의 대화conversation With Dog』, 『고양이와의 대화conversation With Cat』 등의 동물과의 대화 시리즈와 『총론적 동물 핸드북Holistic Animal Handbook』 등이 있다.

거북, 원숭이, 그리고 인간에 대한 이해 앤서니 로즈

1. Kellert, Stephen R. 1996. *The Value of life*. Washington, D. C. : Island Press

2. Montgomery, Sy. 1991. *Walking with the Great Apes*. Boston : Houghton-Mifflin.

3. Rose, Anthony L. et al, 2003. *Consuming Nature*. Los Angeles : Altisima Press.

4. Wilson, Edmund O. 1995 *Naturalist*. New York : Warner Books.

동물의 열정과 야생동물의 윤리 마크 베코프

1. Fitzgerald, M. 1987 "Pain and Analgesia in Neonates." *Trends in Neurosciences* 10:346.

2. Kennedy J. S. *The New Anthropomorphism*. 167. New York : Cambridge University Press.

3. Quoted in Holloway, M. 1995. "Profile : Ruth Hubbard-Turning the Inside Out" *Scientific American*, 272:49-50

4. Johnson, L. E. 1991. *A Morally Deep World; An Essay on Moral Significance and Environmental Ethics.* 122. New York : Cambridge University Press.
5. Taylor, P. W. 1986. *Respect for Nature: A Theory of Environmental Ethics.* 313. Princeton, N. J.: Princeton University Press.

더 읽을거리

1. Allen, C. and M. Bekoff 1997. *Species of Mind : The Philosophy and Biology of Cognitive Ethology.* Cambridge, Mass.:MIT Press.
2. Bekoff, M. 1997. "'Do Dogs Ape' or 'Do Apes Dog?' Broadening and Deepening Cognitive Ethology." Animal Law 3:13-23.
3. Bekoff, M.(ed.) 1998. Encyclopedia of Animal Right and Animal Welfare. Westport, Conn.: Greenwood Publishing Group, Inc.
4. Bekoff, M. 2000. *The Strolling with Our Kin : speaking for and Respecting Voiceless Animals.* New York: Lantern Books.
5. Bekoff, M. (ed.) 2000. *The Smile of a Dolphin : Remarkable Accounts of Animal Emotions.* Washington, D. C.:Random House/Discovery Books.
6. Bekoff, M. 2002. *Minding Animals : Awareness, Emotions, and Heart.* New York: Oxford University Press.
7. Bekoff, M. 2004. Wild justice, and fair play:Cooperation, forgiveness, and Morality in animals. Biology&Philosophy 9, 489-520.
8. Bekoff, M. (ed.) 2004. *Encyclopedia of Animal Behavior.* Westport, Conn.: Greenwood Publishing Group, Inc
9. Bekoff, M. 2006 *Animal Passion Beastly Virtues : Reflections on Redecorating Nature.* Philadelphia: Temple University Press.
10. Bekoff, M. 2006. *Animal emotions and Animal sentience and Why they Matter: Blending "science sense" with common sense, compassion and heart. Animal, Ethics, and Trade.* Earthscan Publishing
11. Goodall, J. and Bekoff, M. 2002 *The Ten Trusts : What we Must do to Care for the animals We love.* San Francisco. CA: Harper Collins.

세레니티 파크의 앵무새 로린 린드너

1. Bradshaw, G. A., A. N Schore, J. Brown, J. H. Poole, and C J. Moss. 2005 "Elephants Breakdown." *Nature*.
2. Williams C. 2006. "Elephants on the Edge Fight Back." *New Scientist*
3. Bradshaw, G. A., Green Linden, P., Schore, A. N. "Behavioral and Physiological Effects of Trauma on Psittacines." *Proceedings of the Annual Conference of the Association of Avian Veterinarians.*

어린 수염고래의 감사 인사 크레이그 포턴

1. Gaskin, DE, 1972. *Whales, Dolphins and Seal.* Heinemann Education Books.

거북 아저씨 조지프 브루책

1. Potter, Tom. 1993. *Clanology: Clan System of Iroquois.* North American Indian Travelling College.

겸손한 자세,
그리고 희망으로가는 길

세계적으로 유명했던 비어트릭스 포터Beatrix Potter, 1866~1943와 휴 로프팅Hugh
Lofting, 1886~1947 같은 사람들의 위대한 동물 이야기와 동물 사랑에도 불구하고,
과학은 동물이 가지고 있는 여러 가지 능력과 동물과 인간의 깊은 교감과
이해능력을 받아들이지 않고 있다. 대신에 단순히 '의인화'된 이야기 수준
으로만 인식한다. 『날개 달린 형제, 꼬리 달린 친구』에서는 인간과 다른 생
명체와의 교감에 대한 감칠맛 나는 놀라운 이야기, 일화, 혁신적인 과학적
경험을 찾아내어 수록했다. 이러한 교감은 서로 다른 동물 간의 대화와 공
감을 나눌 수 있는 단어의 영역을 확장시키고 고취할 수 있는 것들이다.

이 이야기들이 신비한 기적과 같이 들리겠지만 실제로 일어난 사실들이
다. 지구의 가장 원시적인 지역에서 일어나기도 하고 가장 가까운 가정에서
일어나기도 한다. 이 책에 수록된 이야기들은 이제 새로운 물결이 필요하다
고 제안한다. 모든 국가에서 동물들에 대한 보호 범위를 증가시키기 위한 획
기적인 노력이 필요하다는 사실에 대해 긴급한 이해를 촉구하고 있다. 동물
들을 새롭게 인식하고 그들의 존재를 인정하며 상호 의사소통을 해야 한다

는 이들 개개인의 경험과 주장은 새로운 인간적 양심을 일깨운다. 어느 때보다 더 많은 종들이 멸종의 위기로 내몰리고 있고, 수백만의 동물들이 인간의 소비로 인해 죽어가고 있는 오늘날에 시기적절한 주장이 아닐 수 없다.

이 책이 의도하는 바는 서로 다른 종과의 의사소통과 교감, 상호 이해를 통해서 이종異種 간의 관계가 가지는 중요성과 즐거움, 그리고 그 가능성을 확실하게 보여주고자 하는 데 있다. 이는 모든 인간의 행동에 있어서, 그리고 현재와 보다 영원한 미래에 있어서 가장 중요한 것 중의 하나일 뿐만 아니라 반드시 이루어나가야 하는 것들이기도 하다. 여기에 수록된 개개인의 주관적인 이야기와 견해가 다른 종과 우리가 속해 있는 생태계 전체의 행위와 감정과 사고에 대해 새로운 빛을 비추어주는 데 도움이 되길 바란다. 이것은 바로 우리 모두의 희망이기도 하다.

『날개 달린 형제, 꼬리 달린 친구』에 기고한 이들은 각각 다른 국가와 서로 다른 문화 속에서 살고 있는 사람들이다. 우리는 이들과 함께 과학의 굴레에 가로막혀 있는 가능성을 넓혀나가기 위해 한 목소리를 내야 한다. 요즘시대에도 '정상적'인 것으로 받아들여지고 있는 동물에 대한 우월감을 깨야 한다. 우리를 둘러싸고 있는 다른 동물과 식물들의 '풍요의 뿔그리스 신화에 나오는 어린 제우스 신에게 젖을 먹였다고 전해지는 염소의 뿔로서 풍요의 상징임 - 옮긴이 주'사이에서 겪은 개인적인 경험과 놀라운 이야기들에 또 다른 설명을 연구하고 제시함으로써 이러한 목소리를 낼 수 있다. 우리는 단지 이러한 다른 생물들과의 공생관계를 인정하고 애정을 가져야 한다. 야생과 집안 모두에서 말이다. 그리고 동물들이 얼마나 뛰어난 지각능력을 가지고 있고, 얼마나 섬세한 감정을 가지고 있는지를 알고 인정해야 한다. 마지막으로, 우리들 각자가 살아가면서 겪은 불가사의한 경험과 놀라운 순간들을 이야기하고 설명해야 한다. 이러한 이야기들이야말로 새로운 사실을 깨닫고 인정하도록 우리 마음을 열어줄 것이며 우리의 가슴을 보다 깊은 감정의 샘물로 이끌어줄 것이며, 우리 사회를 생태학적으로 건강한 사회로 이끌어갈 것이다. 물론 우리 사회가 이러한 이야기에 귀를 기울이고, 인간들 스스로가 깨달음에 동의했을 때, 인간 스스로가 다른 인간을 포용하도록 이끌어줄 것이다.

인간이 다른 생명체에게 미치는 고통을 끝내고자 한다면, 그리고 서식지의 파괴에 이어 몇 시간 후에, 며칠 후에, 그리고 몇 년 후에 다가올 멸종의 위기를 피하고자 한다면, 이들 세계에 대해 겸손한 자세를 가져야 한다. 도덕적으로, 행동으로, 그리고 과학적으로 겸손해야 한다. 우리에게는 선택의 여지가 없다. 우리가 다른 동물보다 우월하고 강력한 힘을 가진 인간이라는 자긍심은 하나의 시대착오적인 것이다. 다른 종에게 폭력을 휘두르는 것은 분명히 우리 자신을 파괴하는 것이요, 진화론은 상호 이해와 존중이라는 공생공영의 큰 가마솥을 휘젓는 것이다. 이미 오래전에 뛰어넘었어야 할 것들이다. 진화론은 가치에 대한 존경심과 상호 간의 동행을 위한 사랑과 동정심을 위한 가능성을 제시하지는 않는다. 단지 우리 각자각자가 스스로 선택하고 실천할 때만이 그것을 가능하게 한다. 이 소중한 책에서 다른 생명체와의 공존공생은 여러분에게 직접 보여주듯이 우리들 앞의 길을 펼쳐보여줄 것이다. 여러 방면에서. 생물애生物愛, 자연애自然愛, 그리고 희망으로 가는 길을 말이다. 다른 종들과의 가장 의미 있는 만남을 위한 길을 가르쳐줄 것이다. 우리는 다른 우주 어딘가에 있는 보이지 않는 생물의 단세포 유기체를 찾는 것이 아니다. 이 하늘 아래에서 우리 자신을 찾아가는 것이며, 혼자가 아니라는 것을 일깨워주고자 하는 것이다. 지구 자체에만도 약 5,000만 종의 생명체가 살아가고 있으나 그중에 '호모 사피엔스' 즉 인간에 의해 확인된 종은 160만 종도 안 된다. 게다가 그중 7,000~8,000종들이 멸종의 위기에 처해 있거나 멸종하고 있다. 그 숫자는 매우 빠르게 증가하고 있다. 이들과의 공감대를 형성하기 위한 시간이나 의문을 제기할 만한 시간은 많이 남아 있지 않다.

하지만 그럼에도 불구하고 다행스럽게도 아직은 시간이 있다.

이 세상의 모든 친구 여러분! 그리고 이 책을 읽는 독자 여러분!

지구라는 한 공간에서 탁월하다고 스스로 자처하는 어느 한 종에 의해 유린되며 살아가는 그들, 우리에게 다가온, 그리고 우리와 친해지고 싶어 하는 그들, 바로 우리의 꼬리 달린 형제, 날개 달린 친구를 향한 사랑의 길을 어떻게 만들어나갈 것인가를 이 책에서 찾아주시길 바란다.

1998년

마이클 토비아스 & 케이트 솔리스티